지구 걱정에 잠 못 드는 이들에게

Comment rester écolo sans finir dépressif

지구 걱정에
잠 못 드는
이들에게

로르 누알라 지음
곽성혜 옮김

나의 생태우울에게.

네가 없었다면 아무것도 가능하지 않았을 거야.

너를 일찍 만난 게 얼마나 다행인지 몰라.

일러두기

• 책은 『 』, 논문은 「 」, 신문, 잡지는 《 》, 영화, 드라마는 〈 〉로 표시했다.
• 각주 중 원주에는 〔원주〕로 표시했다. 그 외 모든 각주는 옮긴이주다.

차례

용어 정리

생태불안 éco-anxiété

기후위기와 생태위기에서 비롯된 불안감. 현재 진행 중이거나 다가올 환경 재난에 대한 만성적 두려움.

생태우울 dép'écolo

기후위기와 생태위기에서 비롯된 우울감. 불면증과 섭식장애 등의 증상을 동반하며 일상생활에 지장을 초래하는 수준으로 발전하기도 한다.

지구통痛 mal de Terre

기후위기와 생태위기로 인한 심리적, 육체적 통증. 지구와 자신의 삶이 긴밀히 연결되어 있다는 감각에서 비롯되며, 생태불안과 생태우울의 크고 작은 고통 전반을 일컫는다. 분노, 슬픔, 좌절, 공포, 무기력 등의 상태를 포함한다.

지구걱정인 éco-anxieux, ⟨écoflippé, dép'écolo⟩

앞서 말한 증상들의 일부 혹은 전부를 겪는 사람들을 지칭한다.

생태주의자 écolo

프랑스에서는 에꼴로écolo라는 표현이 흔히 쓰이지만 한국에서는 직관적으로 이해되지 않기에 '생태주의자'로 번역했다.

탄소 허리띠(를 졸라매다) (se serrer) la ceinture carbonée

지구 온난화의 가속을 막고자 이산화탄소를 포함한 온실가스 배출을 줄이려는 노력을 뜻한다. 욕망을 절제하며 검소한 생활을 한다는 의미의 관용구 '허리띠를 졸라매다'를 비튼 것.

'마리' 대신 '명' / 물살이

인간동물에게는 쓰지 않고 비인간동물에게만 쓰는 종차별주의적인 언어를 편집자 재량으로 일부 수정하여 표기한다. 2022년에 정립한 혜엄 출판사의 편집 원칙을 이 책에도 반영하였다. 일반적으로 동물을 세는 단위인 '마리' 대신 인간동물과 비인간동물 모두 동일하게 '명命'으로 센다. 또한 원문의 poisson을 '물에서 사는 고기'라는 의미의 '물고기' 대신 '물살이'로 호명한다. 이러한 교정은 두루미 출판사의 단행본 『왜 비건인가?』와 계간지 《물결》의 편집 원칙을 따른 것임을 밝힌다.

인류애를 잃을 수 없다

이슬아 (작가, 헤엄 출판사 대표)

내가 글을 쓰고 책을 팔며 살아가는 동안 내 친구는 운동을 업으로 하며 살아간다. 그 운동exercise 말고 이 운동movement 말이다. 친구는 웬만해선 울지 않는다. 그는 강인한 실무자다. 문제를 파악하고 해결책을 모색한 뒤 의연히 움직인다. 한국 동물권 운동과 멸종반란 운동의 최전선에 그의 팀이 있다. 도살장과 시위대와 유치장을 드나들면서도 그는 울지 않았다. 수십 명의 소와 개를 구조하고 생추어리를 짓느라 생고생을 하면서도 웬만해선 눈물을 흘리지 않았다. 할일이 태산이니까. 그의 눈은 언제나 당장 해결해야 하는 업무 목록을 향해 있다.

하지만 기후위기 얘기만 나오면 그의 눈가가 붉어진다. 지구의 온도 변화가 초래할 일들, 사실상 이미 시작된 그 일들은 언제나 그를 슬프게 한다. 그의 연인은 중얼거린다. "나랑 싸울 때도 어지간하면 안 우는데 '기후'라고만 말해도 운다니까."

나는 이 이야기가 웃기다. 한편으로 전혀 웃기시 않다. 내 친구의 모습은 분명 조금 유난스럽고 우스꽝스러운 데가 있다. 하지만 그와 비슷한 심정으로 울게 될 우리들의 근미래가 내게는 예정된 장면처럼 그려진다. 홀로세를 지나 인류세로 접어든 우리의 생태적 운명을 룰루랄라 콧노래하며 낙관하기란 어렵다.

많은 것이 바뀔 것이다. 겪어보지 않은 혼란 속에서 살게 될 것이다. 인류는 이 변화에 대한 경험이 없다. 아직 발휘해보지 않은 잠재력까지도 끌어모아야 할 게 분명하다. 그러기 위해서는 이 책의 저자 로르 누알라의 말처럼 "우리 자신을 성심껏 돌보아야" 한다.

이 모든 게 인간중심주의 때문에 벌어졌는데, 여전히 우리를 성심껏 돌보자고 제안하는 게 염치없이 느껴질 지도 모르겠다. 하지만 우리를 돌보는 건 언제나 중요하다. 기운이 필요하기 때문이다. 격변하는 세계 속에서 나와 주변을 수습하고 좋은 방법을 발견하고 저항하고 웃고 견디려면 말이다. 비인간에게 저지른 만행을 만회하기 위해서라도 우리에겐 힘이 필요하다.

나와 친구들의 손에 쥐여주고 싶어서 이 책을 만들었다. 2020년 겨울에 프랑스에서 판권을 사와 번역 작업을 거쳐 출간했다. '생태불안'이라는 개념이 한국에서는 아직 생소하게 느껴지지만, 해외에서는 활발히 논의 중인 연구 대상이다. 기후위기와 생태위기에서 비롯된 심리적, 육체적 증상들은 보다 충분히 다루어질 필요가 있다. 생태불안을 겪는 이들의 상태는 단순한 걱정의 차원을 넘어선다. 아직까지는 국제질병분류 목록에 들어있지 않으나 거기에 이름을 올리는 것은 시간 문제일 거라고 로르 누알라는 말한다. 외상 후 스트레스 말고도, 외상 전 스트레스 또한 가능하니까. 수많은 심리학자와 정신의학자들이 생태불안으로 인한 정신적 고통에 주목한다. 이 연구들은 기후위기 시대의 마음을 살피는 새로운 기준이 될 것이다.

어지러운 세상에서도 서로를 돌볼 방법을 어떻게든 찾아내고야마는 우리의 모습을 상상한다.

인류애를 잃는다는 말은 내 입에서 쉬이 나오지 않는다. 그러기엔 마음에 걸리는 얼굴들이 너무 많다. 지금 이 순간에도 사랑하는 사람들은 나름대로 최선을 다해 하루를 보내고 있다. 허리가 망가진 채로도 내가 먹을 배추 농사를 짓는 외할아버지의 얼굴과, 벌써부터 내 책을 예리하게 비판하는 초등학생 제자의 얼굴과, 타국에서 아이 둘을 키우는 언니의 얼굴이 떠오른다. 나는 그들을 참으로 아끼지만 다 알지는 못한다. 알지 못하는데 감히 인류애를 잃어도 되는 걸까? 인류는 언제나 미지의 대상이다. 이 공부가 계속되는 한 인류애를 잃을 수는 없을 것이다. 우리가 지구와 어떻게 상호작용하며 살아왔는지, 그 방식 중 어떤 것들을 반복하면 안 되는지 탐구하는 일은 인류뿐 아니라 다양한 지구생명체와 물질에 대한 공부로 이어진다. 기후위기는 우리로 하여금 자꾸 타자에게로 눈을 돌리게 만든다. 다들 기후당사자라는 점에서 우리는 한 배를 탔으니까. 모두의 생명권이 달려있으므로, 기후정의운동은 유례없는 범지구적 운동일 수밖에 없다.

『지구 걱정에 잠 못 드는 이들에게』는 묻는다. 낙담

하지 않고 생태주의자가 될 수 있을까? 기후위기를 조금이라도 명랑하게 개선할 수 있을까? 좋아하는 타인뿐 아니라 싫어하는 타인과도 협력할 수 있을까? 우리의 저항은 어디를 향해야 할까? 우리가 과연 서로를 구할 수 있을까? 로르 누알라는 이 질문들을 한 발 먼저 치열하게 고민해온 작가다. 그의 지성과 유머 감각이 우리에게 좋은 참고가 되면 좋겠다.

이 특별한 책를 통째로 꼼꼼히 옮긴 번역자 곽성혜에게 감사를 전한다. 오랜 스승이자 친구인 그가 프랑스 서점을 살피고 책을 찾아 소개해준 덕분에 이 책이 한국에 나올 수 있게 되었다. 나의 부족한 출판 솜씨를 언제나 보완해주시는 최진규 선생님께도 감사를 전한다. 우리의 일 또한 희망에 관한 것이라고 믿는다. 지구별의 가장 아름다운 모습 중 한 장면을 표지에 그려주신 이영리 작가님께도 감사를 전한다.

그리고 진심으로 소망한다. 이 책의 독자님들이 부디 안녕히 주무시기를. 새 아침을 명랑하게 맞이할 수 있도록.

2023년 봄
정릉 헤엄 출판사에서

서문

뼛속 깊이 녹아든 생태주의 때문에 나는 오랫동안 힘들고 우울한 나날을 보냈다. 나는 혼자였고, 길을 잃었고, 화가 났고, 슬펐고, 당황했다. 지금은 다르다. 이제 우리 편은 셀 수 없이 많아졌다. 우리는 그토록 염원하는 변화가 정말로 이 땅에서 실현되는 것을 보기 위해서 우리의 모든 잠재력을 끌어모아야 한다. 그러기 위해서는 제일 먼저 우리 자신을 성심껏 돌보아야 할 것이다. 이것이 무너져가는 이 세계 속에서 우리의 정신 건강을 최대한 잘 살피고, 지금의 생태·보건·경제 위기가 우리 정신에 미치는 영향을 잘 관찰하는 것이 그토록 중요하고 시급한 이유다.

생태주의자들 사이에서 자살 유행병이 돈다는 소문을 들어본 적이 있는가? 붕괴론자들*, 즉 산업 문명이 붕괴할 거라고 믿는 이들 사이에서는? 아니면 엔지니어나 기후학자, 환경 전문기자들 사이에서는? 못 들어봤다고? 나도 못 들어봤다. 하지만 이들이 (유기농 베로 된) 밧줄

---

*　collapsologue. 파블로 세르비뉴Pablo Servigne 등 급진적 생태주의자들이 주창하는 붕괴론collapsologie을 지지하는 사람들을 가리킨다. 붕괴론은 기후위기, 석유 종말, 식량난 등의 재난으로 인류 문명이 붕괴할 거라고 예측한다.

을 열 번쯤 목에 감을 이유는 충분할 것이다. 나만 해도 내가 또 왜, 어쩌다가 블랙 프라이데이 세일이 한창인 이 때에 여기 이 모니터 앞에 앉아 우리 지구걱정인들의 심리상태에 대해 주절주절 쓰고 있는지 정말 모르겠다. 15년 동안이나 일간지 《리베라시옹Liberation》에서 매일같이 환경 관련 기사를 썼는데! 아침부터 저녁까지 나쁜 뉴스만 붙들고 씨름하는 데 신물이 났는데! 온갖 정보들을 다루면서도 나는 기사화할 만한 기쁜 소식을 한 번도 들어본 적이 없다. 너무 괴로웠다. 가까운 친구들은 모든 것을 어둡게만 보는 나를 걱정했다. 이런 아이러니가 있나! 눈을 가리고 있는 건 그들인데 어둠 속에서 헤매고 있는 건 나라고?

생태주의는 내 눈을 뜨게 해준 대가로 내 삶을 조금씩 갉아먹었다. 한 번 눈을 뜬 이후로는 두 번 다시 감을 수 없었다. 나는 사라져가는 생물종과 망가져가는 풍경들을 위해 울었고, 화학물질 오염 때문에, 크고 작은 원자력 사고들 때문에, 그리고 수많은 태풍의 눈으로 빨려들어간 사람들 때문에도 울었다. 나는 내 기사들을 쓰기 위해 환경에 관한 논문, 보고서, 인터뷰만을 닥치는 대로 읽어치웠다. 콘퍼런스와 시위, 저항운동, 대담 등을 상세히 보도하기 위해 연구자, 정치인, 활동가, 전문가, 그리고 '보통 시민들'을 수없이 만났다. 후쿠시마부터 히로시마, 황폐해진 해안들까지 두루 다녔고, 녹고 있는 빙하와 파괴된 원시림들을 돌아보았다. 요즘 시대에 어울리는 질문은 아니지만 그래도 나는 묻고 싶다. 뺨을 호되게 얻어맞고서도 때린 상대와 사랑에 빠지는 게 가능할까? 장담하는데 가능하고도 남는다. 우리는 뺨에 후끈한 일격을 당하고도 미친 듯이 사랑에 빠질 수 있는 것이다.

내게는 2003년 체르노빌이 그랬다. 그때 나는 확실성의 세계로 들어섰고, 그곳만이 나의 유일한 피난처가 되었다. 생태주의에 빠진다는 것은 내 안에 훨씬 오래전부터 있었을 어떤 괴로움을, 그러니까 어린 시절과 관련된 개인적이고 내밀한 작은 붕괴들을 한껏 비웃어주는 것이었다. 체르노빌을 내 어깨에 얹는 것은 내 우울 따위는 아무것도 아니라고 스스로에게 다짐하는 것이었다. 당시에는 어디든 더 끔찍해 보이는 곳을 찾아다니는 것이 나의 생존 방식이었다. 체르노빌은 내 생태주의 여정이 시작되는 첫 단추였고, 또한 지구에서 인간의 위치에 관해, 생명에 대한 나의 사랑과 몰이해에 관해 그 뒤로 오랫동안 경험하게 될 숱한 각성의 순간이 시작되는 첫 경험이었다. 이 주제를 생각하면 내 눈에는 이보다 더 중요한 문제가 없어 보였다. 사랑, 천연와인, 숨이 멎을 듯한 풍광 정도나 비견이 될까. 매일매일 나는 내 꿈의 직업을, 그러니까 앎의 갈증을 해소하기 위해 질문하고, 정보를 찾고, 분석하고, 알리고, 이야기하는 그런 직업을 갖게 해준 어떤 알 수 없는 존재에게 감사했다. 모든 사람이 알게 되기만 하면 문제가 해결되리라고 믿었던 걸까?

《리베라시옹》에서 일한 15년 동안 1522편의 기사를 썼고, 그중에서 90퍼센트가 환경 관련 기사였다. 하지만 긍정적인 소식을 다루는 기사는 거의 없었다. 마치 어린이 병동을 도는 장의사나 종양학과 전문의처럼 일하면서 깔깔거릴 기회도 거의 없었다. 이 일은 빠르게 돌아가는 충격의 왈츠였고, 정신없이 쏟아내는 탐방 기사들의 어지러운 향연이었다. 그렇게 수년을 보내면서 나는 강박신경증이 생길 정도로 쇠약해졌다. 오늘날 내 인생은 모든 것이 탄소발자국으로 환원되고 거의 모든 것이 유기농으로 채워지며, 생각하고, 선택하고, 행동하고, 좋아하는 모든 것이 지구와 그 위에서 살아가는 우리의 삶의 조건을 먼저 따져본 뒤에 결정된다. 그러니 숨이 막힐 수밖에!

그런데 나만 이런 것도 아니다. 이제는 미디어에도 '생태불안éco-anxiété'이라는 개념이 등장해 우리의 불안정한 심리상태를 드러내 준다. 생태불안은 간단히 말해서 일종의 '지구통痛'이다. 사람들은 이제 한층 극심해질 폭우와 홍수, 태풍, 화재, 가뭄, 폭염 등에 물질적, 경제적으로 대비하라고 조언하면서도 이 암울한 미래를 심리적으로 대비해야 한다는 말은 하지 않는다. 붕괴의 리히터 규모로 측정해 보자면, 코로나 바이러스는 강도 2에 해당된다. 확진자 수에 비해 사망자 수가 많지 않고 생필품 보급에 큰 차질이 빚어지지 않았다는 점에서 코로나 바이러스는 우리에게 재난을 살짝 스쳐가게 해준 셈이다. 맞다, 그럼에도 불구하고 많은 이들이 포화 상태에 이른 집중치료실에 들어가지 못한 채 홀로 세상을 떠났고, 의료진들은 턱없이 부족한 의료 시설과 물자들 앞에서 무력감에 시달리며 어쩔 수 없는 선택들을 해야 했다. 하지만 내가 여기서 말하고 싶은 것은 이 바이러스를 통해 세계가 스스로의 무방비 상태를 직면하게 됐고, 너무나 무의식적으로 이루어져서 이전에는 아무 문제가 없어 보였던 소소한 구매 활동이나 작은 행위들 속에도 사실은 어마어마한 도미노 현상이 내재해 있음이 드러났다는 점이다. 이미 기후 폭주의 조짐이 시작됐고 우리에게는 선택의 여지가 별로 없다. 사람들은 생태전환과 패러다임의 변화가 얼마나 중요한지 설교하며 당장의 변화를 호소하지만, 다가올 파국에 대해 우리가 느끼는 심리적 위기에 대해서는 모른 체 한다. 그렇지만 이번 세기 동안 장막이 서서히 걷히면서, 응석받이 어린아이처럼 '항상, 당장, 다' 갖고 싶어 안달하는 우리의 편협한 정신이 심각한 타격을 입게 되리라는 것이 자명해졌다. 수세기 동안 탈탈 털린 끝에 생태계의 곳간이 비어가고 자원은 재생이 어려워 허덕거린다. 무엇보다도 이는 80억 명에 육박하는 인간들이 정도의 차이는 있더라도 대체로 각자의 욕망만을 좇아온 결과다. 우리는 엄마의 젖을 너무 악착같이 빨다가 엄마의 손에 방 반대편까지 내동댕이쳐질 지경에 이른 것이다. 500나노미터 크기의 바이러스가 소위 발전했다고 하는 사회들을 어떤 물류 혼란과 경제적 공포 속으로 밀어 넣었는지를 볼 때, 이 타격은 아주 매서운 수준일 게 분명하다.

놀랍게도 내 경우에는 지구 걱정이 개인적 우울을 낮게 하는 항우울제가 되어주었다. 물론 나는 르완다 대학살에서 살아남은 생존자도 아니고, 장기간에 걸친 근친상간의 생존자도 아니다. 또 나르시시즘적 성도착자에게 시달린 피해자도 아니다. 하지만 나름 깊고 내밀한 상처가 어린 시절을 장식하고 있는 것도 사실이다. 흔히들 그렇듯이, 우리 부모님도 당신들이 할 수 있는 최선의 선택을 하셨다. 일찌감치 헤어지셨다는 얘기다. 나는 이혼 가정의 외동딸이었는데, 이혼한 부모가 서로 화기애애한 문자 메시지를 보내며 아이의 스케줄을 상의하는 그런 쿨한 경우가 아니었다. 두 분은 상처로 너덜너덜한 이혼을 하셨고, 변호사나 사설탐정을 통하지 않고서는 서로 말을 섞거나 상대하지도 않을 만큼 골이 깊었다. 그러던 중 아버지가 수년 동안 종적을 감춰버렸고, 그 바람에 아버지는 우리 집안에서 절대로 언급해서는 안 되는 금기이자 휘말려서는 안 될 사랑의 소용돌이가 되었다. 어린 아이로서 적절한 정신적 지지를 받지 못했던 나는 마음 한구석에 불안과 외로움이 무성하게 자라는 황량한 구멍이 생겼다. 그때나 지금이나 결핍은 나의 조국이고 버림받는 것은 내 여권이다. 나는 그 휑한 구멍을 앙칼진 웃음과 끝없는 유기농 와인으로 채웠고, 나 자신에 대한, 그리고 내가 좋아하는 이들과 나를 좋아하는 이들에 대한 혹독한 태도로 채웠다. 나는 어릴 때부터 사랑도, 삶도, 기쁨도, 모두 갑자기 끝나버릴 수 있음을 알았고, 머리카락을 잘라도 금세 자라듯이 어떤 것도 결코 오래 지속되지 않으리라는 것을 알았다. 그러니 지구상의 생명이 그러지 않으리라는 법이 어디 있을까? 생태 문제들을

통해 나는 대륙 하나를 통째로 발견했다. 그곳에는 부질
없는 희망의 골짜기들과 무능의 호수들, 고통의 산들, 그
리고 아무리 소리를 질러도 누가 와서 위로해 주거나 (사
랑으로!) 질식시켜주지 않을 사막들이 있었다. 나는 내
내면의 작은 히로시마보다 더 끔찍한 것들이 세상에 많
다는 사실을 알고서 '안도감'을 느꼈다. 진짜 체르노빌이
존재했고, 그곳에는 진짜 피해자들이, 그러니까 단순히
두려움과 불안, 현실 부정과 우울에 빠진 가정에서 사는
게 아니라, 진짜 세슘 137 속에 엄폐된 지역에서 살아남
은 이들이 있었다. 붕괴는 분명 나의 고통스러운 진정제
였다. 이 지구통은 근사했고, 내 작은 개인사는 그렇지
않았다.

나처럼 대중의 지독한 무관심에 맞서 싸워온 사람
들은 생태위기가 이렇게 활발히 공론화되는 것을 보면
서 조금은 숨통이 트이는 것을 느낀다. 코로나 바이러스
와 함께 이제 삶의 속도를 늦춰야 한다는 목소리도 순식
간에 퍼져나갔기 때문이다. 그리고 나노미터에 불과한
크기로 코로나 바이러스는 사회 시스템 일부를 마비시켰
다. 공장이 멈췄고, 거리가 텅 비었고, 가게들도 문을 닫
았으며, 고속도로는 한산해졌고, 의미 없는 활동들이 유
보되었고, 시간 여유가 생겼다. 몇 주 만에 바이러스는
생태주의의 최고 아군이 되었다. 이 바이러스 덕분에 단
순하고 소박한 삶에 대한 열망들이 퍼져나갔다. 개인들
의 의식이 빠르게 깨어났고, 세계화가 불러온 위기가 새
롭게 조명되었다. 이제 미래의 '느린 속도'가 자리를 잡

은 걸까, 아니면 일시적 현상을 겪고 있을 뿐일까? 머지 않아 알게 되겠지만, 어쨌든 모두가 이 주제에 관해 이야기한다는 사실만으로도 다행스러운 일이 아닐 수 없다.

벌써 여러 해 전부터 나는 이 책을 쓰고 싶었다. 꼭 기자여서만이 아니라, 무서운 과학적 사실과 거기서 도출되는 결론들을 붙들고 씨름해온 한 인간으로서의 소망이었다. 이 책에서 나는 거대한 벽 앞에서 좌절하고 무력감을 느꼈던 한 여성으로서의 내 경험을 기자의 목소리로 이야기한다. 그래서 경력을 살려 생태심리학자와 정신분석학자, 예리한 관찰자와 운동가 들을 인터뷰했고, 특히 오랫동안 생태주의자로 살아온 일반 개인들의 증언을 수집했다. 이를테면 매력적일 것 없는 도표나 숫자들과 싸우는 사람들, '아무도 관심 갖지 않을 게 뻔한데도 대중을 결집하기 위해' 온갖 캠페인을 기획하는 사람들의 이야기를 들었다. 이들 중에는 전 생태부 장관들, 베테랑 활동가들, 그리고 '우울하지 않게' 직접행동에 나서는 이들도 있다. 한 사람 한 사람의 이야기를 듣고 글을 읽으면서 나는 덜 외로워졌고, 이해받는 기분과 동질감, 인간적 온기를 느꼈다. 그들은 이 피할 수 없는 의심의 시간을, 순수한 두려움과 깊은 분노, 그리고 슬픔으로 얼룩진 이 시간을 어떻게 겪어내고 있을까? 지구의 위독한 상태를 자각하는 것이 우리의 정신 건강에 어떤 영향을 미칠까? 어떤 사람들이 어떤 방식으로 영향을 받을 것이며, 그 파급효과는 어느 정도일까? 우리는 우리가 사랑하는 존재들, 그러니까 아이들, 청소년, 약자, 몽상가들,

질레존*, 홍학과 연못의 수련에게 어떻게 힘을 실어줄 수 있을까? 또한 우리가 좋아하지 않는 이들, 이를테면 꼰대들까지도 어떻게 도울 수 있을까? 마지막으로, 우리의 정신 건강이 기후변화 대응에 어떤 영향을 미칠까? 대체 어떻게 지치지 않고 저항할 수 있을까? 다들 잘 견뎌내기 바란다. 지치지 않고 싸우려면 먼저 우울해져야 하고, 솔직해져야 하고, 불안을 온몸으로 받아들여야 하고, 그런 다음에 다시 버려야 하니까.

우리는 피할 수 없는 존재론적 불안을 정면으로 마주하고 있다. 미안하지만 조금 우울해지지 않고서는 생태주의자로 살 수 없다. 중요한 것은 하루 24시간 동안 우울해하지는 않는 것이다. 두려움과 분노에 사로잡히는 것은 멋도 없고 쓸모도 거의 없다. 억눌린 감정에 휘둘리는 것은 괴롭고, 엉뚱한 과녁에 대고 행동하는 것은 허망하다. 그리고 깨진 독에 물을 붓고 있자면 부아가 치민다. 그러면 우리의 '냉철한 희망'이 들어가야 할 바늘귀는 무엇일까? 나도 모른다. 삶의 충동? 또는 자기를 완벽하게 다스리면 찾아온다는 영혼의 평정상태, 아타락시아? 아니면 '될 대로 되라' 정신인가? 우리에게는 할 일이 있다. 넘어야 할 벽이 있고, 벽을 넘자면 사다리를 조

---

*   les Gilets jaunes. '노란 조끼'라는 뜻이다. 2018년 11월, 마크롱 정부의 유류세 인상에 반대해 운수노동자와 저소득층을 중심으로 촉발됐으나 매주 주말마다 집회가 거듭되고 규모가 커지면서 반정부 시위로 확산되었다. 정치인이나 특정 단체의 개입을 허용하지 않은 채 시민들 개개인이 에스엔에스를 통해 시위를 구성하고 이끌어갔다는 점에서 주목을 받았다.

립해야 하며, 사다리를 조립하자면 손에 연장을 들어야한다. 그리고 어차피 이런 일을 해야 한다면 그래도 음악을 들으면서, 농담을 주고받으면서 하는 편이 낫다. 나는 매일매일 삶을 조금씩 더 불태우는 사람이고, 냉소적인 데다 끊임없이 불평을 늘어놓는 사람이다. 그래서 유머를 탄띠처럼 둘러메고 다니면서 기운 빠지는 일이 생길 때마다 비웃음을 날려준다. 나는 영화 〈인생은 아름다워〉의 로베르토 베니니처럼 산다. 포로수용소에 갇혀서도 곁에 있는 아이의 열정과 삶의 의욕을 지켜주기 위해 형편없는 침상과 줄무늬 죄수복조차 놀이로 만들어버리는 그 주인공처럼 말이다. 아이들을 먹이고 날마다 웃게 하는 것은 앞으로 우리가 수십 년 동안 해나가야 할 중요한 프로젝트다. 물론 여기에는 약간의 거짓말과 그린워싱이 섞일 수밖에 없음을 인정한다. 그렇지만 어떤 상황에서든 꿈과 탈출구는 필요한 법이다. 왜냐하면 아침에 일어날 수 있어야 하니까. 뭐, 차라리 (유기농 베로된) 밧줄을 선택하겠다면 어쩔 수 없지만.

그리고 케네디 가문 사람들의 말마따나, 우리는 결코 무너지지 않을 것이다!

로르 누알라

1부

지구걱정인의 증상들

생태우울이 뭐야?

생태불안, 기후우울, 솔라스텔지어, 녹색 번아웃… 모두 인류 문명의 종말과 붕괴의 징후들과 함께 나타나는 지구통의 다른 이름들이다. 지금은 잠깐씩 생태주의자가 되어 코끼리 셋을 살리고 요구르트 병을 올바로 분리배출하면 되는 그런 시국이 아니다. 지구 곳곳에서 벌어지는 온갖 재난들에도 불구하고 세상은 수십 년 동안 아무것도 변하지 않았다. 오히려 상황은 갈수록 악화되어 이제 인간의 운명을 걱정해야 하는 지경에 이르렀다.

2015년, 책 한 권이 폭탄처럼 떨어졌다. 파블로 세르비뉴Pablo Servigne와 라파엘 스티븐스Raphaël Stevens가 공동 저술한 『어떻게 모든 것이 붕괴할 수 있는가Comment tout peut s'effondrer』. 이미 1972년에 2030년 이후의 붕괴 과정을 예견한 로마클럽의 『성장의 한계』*처럼, 재러드 다이아몬드Jared Diamond의 『문명의 붕괴Collapse』를 비롯한 다수의 열정적 에세이들처럼, 그리고 셀 수 없이 많은 과학 논문들처럼 이 책 역시 인간 문명의 붕괴를 엄중히 경고한다. 또한 이 책은 10만 부가 훌쩍 넘게 팔리면서 현세

---

* Club of Rome. 1968년 4월 시 ∬럽이 경계, 재계 학계 지도급 인사가 이탈리아 로마에서 결성한 국제 연구기관으로, 인류와 지구의 미래에 대한 보고서를 발간한다. 『성장의 한계』로 세계적 명성을 얻었다.

대를 위한 작은 붕괴론 교과서로 자리매김했고, 냉철하고 치밀한 논리와 풍부한 근거를 갖춘 최초의 성공적인 미래 경고서가 되었다. 두 저자는 이전 저자들이 이미 귀에 딱지가 앉도록 주장해온 내용들을 더욱 완벽한 방식으로, 더욱 조리 있게 설명한다. 그러니까, 200년 넘게 이어져온 산업 문명이 이제 숨이 끊어지기 직전이라는 것, 천연자원은 고갈되고, 날씨는 미쳤고, 생물종 다양성은 위기고, 환경오염은 끊이질 않고, 경제는 링거를 꽂고 누워 있다는 데 대해서 말이다. 문명이 붕괴하리라는 예측은 기후변화에 관한 정부간 협의체IPCC나 투자 은행들은 물론이고, 점점 수가 늘어나는 작가와 전문기관, 비정부기구나 과학자 들의 핵심 의제로 올라 있다. 미국 펜타곤에서 발표한 한 보고서*는 기후변화가 가져올 대혼란과 첨예한 긴장들 때문에 심지어 미국 군대마저 붕괴할 거라고 예상하고 있다. 생태주의는 이제 샌들을 신고 페루 스타일 비니를 쓰고 다니는 대안세계화주의자**들의 전유물이 아니고, 이제껏 한 번도 심각하게 받아들여진 적이 없지만 정말로 심각한 사안이다. 생태 문제는 아주 서서히 사람들의 일상 속으로 스며들었고, 지금은 어느새 온갖 나쁜 뉴스와 걱정, 극단적 전망, 출구 없는 절망의 왕국

*   이 훌륭한 52쪽짜리 보고서를 내려받아 보기 바란다. https://climateandsecurity.files.wordpress.com/2019/07/implications-of-climate-change-for-us-army_army-war-college_2019. pdf. 〔원주〕

**   altermondialiste. 신자유주의와 기존의 세계화에 반대하면서 "또 다른 세계는 가능하다"는 이념 아래 생태, 공정, 연대, 인권 등의 가치를 옹호하는 운동가들.

이 되었다. 그 결과, 이 문제에 발가락 하나라도 담그는 사람이면 모두 우울해지지 않을 재간이 없다.

증상들의 종합 선물 세트

아폴론 같은 신이 내게 주술을 걸었는지, 아니면 거대한 세이렌이 70억 인구를 미혹했는지 모르겠지만, 어쨌든 나는 나쁜 뉴스들의 왕국에 산다. 카산드라, 그 우울한 예언자가 바로 나다! 나는 방사능에 오염된 땅의 여왕이고, 범람하는 붉은 슬러지*의 뮤즈이며, 폭발한 공장들의 무녀이자, 지구 온난화로 녹아내리는 빙하의 뿔나팔, 그리고 허망한 정치적 수사들의 여사제다. 나는 신문 환경면의 생태 전문기자로 일해왔고, 녹색, 유기농, 공정, 자연에 관한 정보 전달자이자, 또한 불안 유발자다! 그렇게 나는 20년 가까이 생태 문제에 매달려 살면서 상황이 빠르고도 확연하게 나빠지는 것을 목격해왔다. 지구별은 지역을 가릴 것 없이 이미 어디에나 빨간 경고등이 들어온 상태다. 한편으로는 이산화탄소 배출 때문에 대기가 점점 탄소로 가득 차고 지구 기후 체계가 바뀌고 있다. 또 한편으로는 생명들의 기반이 흔들린다. 비인간 생물

---

* 하수 처리나 정수 과정에서 생기는 침전물로, 수많은 인명피해가 났던 2010년 헝가리 화학 슬러기 거장고 붕괴 사고, 2015년 브라질 댐 붕괴와 슬러지 범람 사고 등을 비롯해 세계적으로 심각한 환경 재앙의 한 요인이 되고 있다.

들이 야생 서식지를 잃어가고 천연자원도 인간들의 끝없는 탐욕에 그 한계를 드러내고 있는 것이다. 그렇지만 나는 독자들에게 여섯 번째 대멸종에 대한 청구서를 내밀려는 것이 아니다. 금속자원과 에너지가 바닥나고 있고, 물이 말라가고, 하천의 3분의 2가 살충제에 오염됐으며, 환경오염과 그에 따른 각종 암이 만연하고 있지만, 여기에 대해 누구의 책임을 물을 생각은 없다.

눈을 돌리는 곳마다 재난이다. 사방에서 경고등이 깜박거린다. 흔한 일상용품들 중에 탄소를 배출하지 않는 상품이 없다. 속옷에서부터 청바지, 토마토, 탐폰, 참치 캔, 시멘트 블록에 이르기까지 어느 것 하나 제품 주기 분석*의 정밀 검사를 무사히 통과하지 못한다. 매번 결과는 참담하다. 환경오염 물질 함유, 탄소 과도 배출, 지나친 자원 낭비, 건강과 자연을 고려하지 않는 제조 방식 등. 한마디로, 인간은 지구에서 살면서 수천 년에 걸쳐 생태계와 자연의 균형을 교란해 왔고, 결국 우리가 여기에 존재하는 것만으로도 우리 자신의 멸망을 초래할 수 있을 지경에 이르렀다. 심지어 이제는 산업 문명이 그 마지막 숨을 헐떡이고 있고, 붕괴가 머지않았다고들 한다. 소소하고 지엽적인 붕괴도 아니다. 총체적인, '생태' 체계 전체의 붕괴다. 이런 사실을 아는 사람이라면 당연히 잠을 설칠 수밖에.

---

* 제품의 제조 공정이나 서비스를 생산하여 폐기하기까지의 모든 과정이 환경에 미치는 영향을 평가하는 분석 기법.

나는 이 여행을 2003년에 시작했다. 본론으로 돌아가기 전에 독자들에게 솔직하게 밝혀둘 것이 있다. 생태 불안은 치료되는 게 아니라는 점이다. 이 불안은 생텍쥐페리의 『어린왕자』에 나오는 여우처럼 서서히 길이 들고 익숙해지다가 우리 정신에 아주 철석같이 눌어붙는다. 2019년 9월17일, 라디오에서 노래나 들었으면 좋았을 텐데 내가 왜 《르몽드Le Monde》 사이트를 뒤적였는지 모르겠다. 그날 《르몽드》는 어두운 미래 이미지들을 한층 무겁고 암담하게 끌어내리는 데 성공했다. "2100년 최대 7℃까지 상승─프랑스 기후 전문가들, 지구 온난화 더욱 어둡게 전망." 휴…. 7℃라니! 프랑스의 최고 기후 연구소들(국립과학연구센터, 대안에너지 및 원자력에너지위원회, 기상청)이 2021년 IPCC 보고서*에 포함될 미래 모델들의 일차 자료를 공개했는데, 그 내용이 곧바로 각종 일간지와 라디오, 프랑스 통신사AFP를 통해 보도된 것이었다.

최대 7℃까지. 뉴스를 접한 뒤로 두툼한 외투 하나가 내 기분과 행동, 세상과의 관계까지를 모두 에워쌌고, 그 안에서 적어도 보름 정도는 지낸 것 같다. 하지만 더이상 당황하지는 않았다. 이미 길이 들고 익숙해졌기 때문이다. 나는 20년 가까이 기후와 환경 문제에 골몰하면

---

* 6차 IPCC 보고서가 2021년 8월 9일 공개됐다. 이 최종 보고서는 2100년까지 지구 평균 기온이 최대 5.7℃까지 상승할 수 있으며, 2040년이면 파리기후협약에서 약속한 제한 온도인 1.5℃까지 상승할 것이 유력하다고 예측했다.

서 사람들에게 위험을 알리고, 뉴스를 전달하고, 심지어 탄소까지 배출해가며 지구 곳곳의 크고 작은 붕괴 사고들을 보도해왔다. 그래서 더 이상 당황하지 않는다. 천만에. 대신 나는 우리 집 보리수나무에 입을 맞추었다. 이 나무는 콘크리트로 포장된 흉측한 테라스 아래 단단히 뿌리를 내린 채 한 세기 동안이나 버텨왔다. 그러니까 내 보리수는 오랜 붕괴의 시간을 견디는 일에 일가견이 있는 것이다. 이제 나는 당황하지 않는다.

최대 7℃라니, 젠장! 이건 어느 봄날 오후에 겉옷을 벗게 해주는 기분 좋은 기온 상승 얘기가 아니다. 매우 중대한 정보, 다시 말해 우리 모두 죽게 됐다는 통보가 날아든 것이다. 기자인 내 친구 에리크 라블랑슈Éric La Blanche는 한 발 더 나아가 내게 기막힌 비유를 들어주었다. 인간의 몸의 '정상적인' 평균 체온은 37℃다. 거기에서 7℃가 올라간다면 무슨 일이 벌어질까? 44℃에 이르면, 인간은 죽는다. 지구 표면 온도는 대략 1만 년 동안 평균 15℃를 유지했다. 이 1만 년 동안 지구에서의 삶의 조건은 비교적 안정적이었다. 그래서 우리는 동굴 생활에서 벗어나 정착 생활, 전쟁, 마야 문명과 바이킹의 멸망, 르네상스 시대, 히로니뮈스 보스Hieronymus Bosch와 프랜시스 베이컨Francis Bacon을 거쳐 달나라로 여행까지 갔다. 그런데 여기서 7℃가 더 높아진다는 건 단순명료한 일이다. 더 이상 생물이 살아남을 수가 없는 것이다. 그날 나는 《르몽드》를 읽지 말았어야 했다. 다시 한 번 해치를 닫았어야 했다. 투발루 섬들과 녹고 있는 북극, 방사능에 오염된 우크라이나와 일본, 프랑스 시골의 신음하는 땅들, 정치적 수사들, 실망만 안기는 희망들이 모두 머릿속에 떠올랐다. 그렇게 나는 기후를 둘러싼 고통의 회오리에 빨려 들어갔고, 그 회오리만이 내 존재를 가늠하는 유일한 척도가 되었다. 하지만 보다시피, 나는 여전히 잘 버티고 있다! 심지어 코로나 바이러스 때문에 봉쇄령이 내려졌을 때는 아무 고통도 느끼지 못했던 것 같다. 이것은 (너무) 우울해하지 않고 생태주의자로 남을 방법을 찾는 독자들에게 조금은 희소식일 것이다.

15년 동안 나는 상황이 악화되는 것을 지켜보았지만 동시에 새로운 활력들이 힘을 모으는 것도 목격했다. 몰지각과 무관심이 판을 치는 사이 여기저기 균열이 일어나기 시작했고, 세계 곳곳에서 사람들이 눈을 떠갔다. 15년이 지나는 동안 생태 문제는 그늘에서 벗어나 밝은 곳으로 나왔다. 하지만 불행하게도 이 짧은 시간은 상황이 걷잡을 수 없는 수준으로 악화되기에 충분한 시간이었다. 코로나 바이러스는 고작 2주 만에 어떤 자연재해나 기후 재난보다도 사람들의 관심과 성찰을 많이 끌어모았다. 블룸협회* 창립자이자 여전히 생태운동의 최전선에 서 있는 클레르 누비앙Claire Nouvian은 이번 바이러스의 부수적 효과에 대해 이렇게 비꼬았다. "이제는 우울해하는 사람들이 많아졌다는 게 유일한 위안이네요."

---

*   Association Bloom. 해양 생태계 보호를 위해 2004년에 창립된 비영리 단체.

전 생태부 장관 델핀 바토Delphine Batho 역시, 지금은 롤러코스터의 기복이 조금 누그러지기는 했어도 여전히 혼란스러울 때가 많다고 고백한다. "지구통이 주기적으로 도져요. 벌써 오래전부터요! 꽤 자주 느끼죠. 아니, 사실…" 그녀가 잠시 고민하다가 덧붙인다. "항상 느껴요." 그녀는 이따금 어린 시절을 보낸 사부아 지방의 초원으로 훌쩍 떠나곤 하지만, 그곳은 이미 나비조차 날아다니지 않는 곳이 됐다. 그런데도 손쓸 수 있는 일이 없으니 슬픔을 가누기 힘들다. "뭔가가 항상 머릿속 한구석을 차지하고 있는 것 같아요. 그게 저를 계속 괴롭히고 심지어 인생 계획까지 바꾸게 하는 거죠."

뤼크 마뉴나Luc Magnenat*는 직업상 다른 사람들의 이야기를 듣는다. 이 제네바인 정신분석가는 스스로를 생태불안증자로 정의하면서 자신이 느끼는 '불안의 본질과 성격'을 항상 세심하게 관찰한다고 설명한다. 그렇지만 심리 전문가인데도 그 역시 현실에 영향을 받지 않을 수 없다. "오늘 아침에 2030년 화석연료 추출량에 대한 예측 기사를 읽었어요. 우리가 제한하기로 한 양보다 120퍼센트나 초과 생산할 거라고 하더군요. 더구나 우리는 이런 기사들을 신물 나게 보잖아요." 아닌 게 아니라, 이날만 해도 베네치아는 일주일 새 세 번째 홍수를 겪었다. 프랑스 남부는 대규모 홍수로 일곱 명의 목숨을 잃었

---

* 훌륭한 저서 『정신분석으로 보는 환경 위기La Crise environnementale sur le divan』를 도미니크 부르Dominique Bourg와 공동 저술했다. 〔원주〕

다. 프랑스 스키장 운영자조합Domaines skiables de France 대변인은 스키장들을 지켜낼 방법에 대해 다음과 같이 호소했다. "여러분, 7℃가 오르면요, 제설기도 다 내다 버려야 되고, 리조트랑 리프트 시설까지 전부 걷어치워야 되는 거예요. 쉬는 시간이 끝났다고 사방에서 종소리가 울리는데 아무도 운동장을 떠날 생각을 하지 않네요. 다들 정신 못 차리는 문제아들인 거죠."

기분 좋은 하루를 보내다가 문득 우울감이 밀려오기도 하는데, 이럴 경우 더욱 당황스럽다. 알렉상드라는 즐거운 나날을 보내는 중이었다. 일주일에 두 차례씩 파리에 가서 점토 소조도 배웠다. 어느 날 아침, 그녀가 프랑스 앵테르France Inter*를 듣고 있을 때였다. 극작가와 감독으로 구성된 3인조 영화 제작팀인 레파라지트Les Parasites 가 출연해, 카날 플뤼스Canal+에서 방영하고 있는 그들의 충격적인 미니시리즈인 〈붕괴〉**를 홍보했다. 알렉상드라는 내 친구다. 나는 좋은 일을 한답시고 그녀에게 벌써 1년 전에 그 붕괴 교과서 『어떻게 모든 것이 붕괴할 수 있는가』를 선물했다. 내 딴에는 (거대한 진실에 눈을 뜨게 해주는) 영화 〈매트릭스〉의 파란 약을 선물한다는 판단이었지만, 실제로는 우울증 촉진제를 주입한 격이

*   프랑스 공영 라디오 방송.
**   〈붕괴l'Éffondrement〉는 8부작 미니시리즈로, 슈퍼마켓, 양로원, 생태 공동체 등에서 필름 전체를 롱테이크로 촬영했다. 붕괴가 일어날 경우 일어날 수 있는 상황들을 그렸다. 카날 플뤼스와 인터넷 사이트 www.lesparasites.fr에서 볼 수 있다. 〔원주〕

었다. 그 뒤 알렉상드라는 몇 주 동안 울적한 시간을 보낸 끝에 내게 자기를 가만히 내버려둬 달라고 부탁했다. 이렇게 덧붙이면서. "우리 두 아이한테는 건강한 엄마가 필요하거든." 하지만 그녀는 어두운 생각의 요요현상을 얕잡아 보고 있었다. 라디오를 듣던 이날 아침, 알렉상드라가 "두 아이를 보호하기 위해" 밀어내려 했던 불안이 다시 전면에 나타났다. 그녀는 내게 이렇게 문자를 보냈다. "정말 다 무너질까 봐 무서워. 어떻게 감당해야 할지도 모르겠고. 그냥 부인하고 싶은데. 잊어버리고 싶은데. 아이들을 생각하면 더 겁이 나. 기분 좋은 아침인데 나는 눈물이 줄줄 흘러. 화려한 크리스마스도, 덧없는 조명들도 역겨워…. 사람들을 계속 꿈꾸게 하는 게 무슨 의미가 있어? 산타는 피를 흘리고 있잖아." 아니, 알렉상드라, 산타는 피를 흘리고 있지 않아. 산타는 그냥 쓰레기야, 수백만 톤에 달하는 쓰레기라고.

봉괴론을 접한 지 10년도 넘은 에리크 라블랑슈는 하루도 이 주제에 관해 생각하지 않는 날이 없다. 그는 차분하고 합리적인 사람이지만 그런데도 무사하지 못하다. 그 참담한 미니시리즈 〈붕괴〉를 보고 나서 다시 충격에 휩싸인 것이다. "어떤 마을에서 사람들이 서로를 분류하는 에피소드 있잖아. 그걸 보고 겁이 덜컥 났어. 만약에 내일 이런 일이 벌어진다면 어떡하지? 난 아직 준비가 안 됐는데, 배낭도 없고, 집도 없고, 플랜 B도 없는데. 내 손으로 할 수 있는 게 아무것도 없는 거야. 그런데다 붕괴가 일어나리라는 걸 15년 전에 알았으면서도 하나도 대비하지 않았잖아. 나 자신이 너무 원망스러울 테니까 벌써 엄청난 후회가 밀려드는 거지. 안 되겠다, 뭔가 실용적인 직업 훈련을 받아야겠다, 생각했어." 그리고 그의 생각은 고삐 풀린 듯 뻗어나갔다. 먼저 미용자격증을 따기로 마음먹었다. 왜냐하면 "어쨌든 머리카락은 계속 자랄 테니까!" 그다음에는 재봉자격증을 따리라. 단, "전기 재봉틀은 나중에 작동이 안 될 테니까 수동으로." 여세를 몰아 가짜 무기도 사야겠다고 생각했다. "이게 있으면 사람들이 함부로 공격을 못하잖아. 내가 누구를 죽일 염려도 없고. 물론 누가 진짜 무기를 들고 공격하는 날엔 망하는 거지만." 5분 만에 온갖 아이디어가 뒤얽혔고, 그는 넘쳐나는 정보 속에서 허우적거렸다. "원래는 내 방어벽이 튼튼해서 잘 버텼거든. 그런데 그 미니시리즈가 내가 두려워하던 걸 정확히 보여주니까 완전히 맛이 간 거지!"

칼뢰은 경유 트럭을 타고 프랑스 전역을 누비며 지구를 위한 노래를 부른다. 그는 생각한다. "존재한다는 단순한 사실만으로도 마치 누리면 안 될 은밀한 즐거움을 누리듯이 죄책감이 느껴지는 단계가 있습니다." 그의 표현을 빌리자면 "자본주의적 쾌락", 그게 그를 괴롭힌다. "생태주의자로 분류되는 사람들에게는 이 갈등이 한층 더 심각해요. 그들도 서로 '만나러', '배우러', '응원하러' 지구 반대편까지 가야 하니까요. 하지만 당장 무너져내리는 세계에서는 이런저런 구실들이 아무 소용이 없잖아요." 그가 내게 말했다.

그러면 프랑스 생태운동의 수호자는 이 모든 것을 어떻게 겪어내고 있을까? 니콜라 윌로Nicolas Hulot는 30년이 넘도록 다큐멘터리와 방송을 제작하고, 강연을 다니고, '자연과 인간을 위한 윌로재단Fondation Hulot pour la Nature et l'Home'을 설립하고, 책을 쓰는 한편, 기후에 관한 유엔 대표로 일하며 정부 자문으로도 활동해 왔는데, 그의 정신 건강은 늘 끄떡없는 걸까? 2018년, 생태전환부 장관에서 사임하던 그의 얼굴을 떠올려 보면 꼭 그렇지도 않은 것 같다. "이 싸움은 우리를 병들게 합니다. 이제는 예전처럼 미래에 대해 믿음을 지키는 것이 불가능하기 때문이죠. 우리는 더 이상 행복한 내일을, 더 나은 내일을 확신하기 어렵습니다. … 장차 일어날 일도 두렵고요. 상황은 갈수록 어려워지고, 그 결과는 점점 돌이킬 수 없어지니까요. 저는 심정이 복잡하기는 합니다만, 만성 우울을 앓지는 않습니다. 네, 그렇죠, 이제 불안이 정상으로 여겨질 날이 올지도 모르겠습니다만, 제게는 저만의 해독제가 있고, 그 해독제를 충실히 활용합니다." 윌로는 활달한 낙관주의자라면 탐을 낼 만한 거의 모든 직책을 섭렵했으면서도 자신의 도리와 양심을 크게 저버리지 않은 행복한 남자다.

여기까지 읽은 기분이 어떤가? 놀라운가? 아니면 웃음이 나는가? 혹시 이 모든 사례가 만성 우울증 환자들의 이야기일 뿐이라고 생각하는가? 또는 이런 과민한 인간들은 구제불능이라고? 당신은 이 지구의 미래가 걱정되지 않는가? 그렇다면 생태주의자가 아닐지도 모르겠다. 더 심하게는 혼자 동굴 속에서 살고 있는 사람이거나, 그도 아니면 대책 없는 낙관주의자일 수도 있겠고. 이자벨 오티시에Isabelle Autissier처럼 말이다. "나는 되도록 희망적인 뉴스들만 찾아봐요. 그런 뉴스가 아주 많지는 않다고 해도요." 오티시에는 고래나 호랑이의 개체수가 다시 증가했다는 기사들만 곱씹어 읽고 싶어 하고, 당장 2021년이면 아마존 밀림이 생명을 다할 거라는 보도는 읽고 싶어 하지 않는다. "노력의 성과들에 집중하는 게 중요해요. 안 그러면 너무 우울하잖아요." 맙소사. 독자여, 당신도 마냥 낙관적인 얘기만 듣고 싶다면 얼른 책을 덮으시라.

반면, 당신이 지구 상태에 관한 정보들을 비밀의 방에 숨겨둔 채 정신적으로 너무 큰 타격을 입게 될까 봐 감히 꺼내보지도 못하는 사람이라면 이 책은 당신의 회복력을 높이는 데 도움이 될 것이다. 다가올 몇 달, 또는 몇 년의 시간 동안 수많은 사람들이 생태불안에 빠져들 수도 있다. 거기에 먼저 당도한 이들의 여정을 따라가 보는 것은 최선의 경우에 유용할 것이고, 적어도 안심은 시켜줄 것이다.

생태불안의 정의와 근원: 정말로 심각한 병일까?

생태불안은 간단히 말해서 기후변화와 환경 악화에서 오는 불안을 말한다. 모든 종류의 불안이 그렇듯이, 생태불안도 이성적이든 비이성적이든 분명하고 지속적인 고통과 두려움으로 발현된다. 지구별의 미래를 오매불망 걱정하는 이 커다란 불안은 불면증에서부터 우울증, 각종 섭식장애에 이르기까지 일련의 증상들을 동반한다는 점에서 일상생활에 지장을 초래하는 수준으로 발전되기도 한다. 한마디로, 이 증세를 겪는 사람들은 단순한 걱정의 차원을 넘어선다. 두려움이 폭발하고, 그런 뒤에는 잘 가라앉지도 않는다.

생태불안은 세계보건기구의 국제질병분류 목록에 들어 있지 않다. 뿐만 아니라 미국정신의학회에서 발행하는 그 유명한 정신질환 진단 및 통계 편람DSM의 진단기준을 신뢰한다고 쳐도 이 불안은 아직 어떤 질환조차 아니다. 하지만 DSM이 아주 미미한 정신적 불안정도 질병으로 딱지 붙이기를 아주 좋아한다는 점을 감안할 때, 생태불안이 거기에 이름을 올리는 건 시간문제일 듯하다. DSM은 의사들도 이용하지만 보험사와 제약회사 연구소들도 참조한다. 그러니까 이 연구소들이 언젠가 우리의 지구통을 치료하는 데 즉효인 초록 알약을 만들어 낼 거라는 얘기다. 어쨌든 현재로서도 미국의 심리학자와 정신의학자 들은 생태불안에 대해 잘 인지하고 있고, 관련 진료가 급증하고 있다는 데 주목한다. 특히 기후정신의학연합CPA*은 환경 파괴와 빈번한 자연재해로 촉발

---

* Climate Psychiatry Alliance(www.climatepsychiatry.org). 기후와 환경 문제로 야기되는 정신질환을 다루는 정신과 의사와 정신분석가 들의 모임. 영국에서도 기후심리학연합Climate Psychology Alliance이 같은 일을 하고 있

되는 정신적 고통을 치료하고자 하는 정신과 의사들의 조직으로, 10년 가까이 이 주제에 관심을 쏟아왔다. 특히 CPA 창립자 중 한 명은 이미 2011년에 이 새로운 현상에 미국의 정신 건강 체계가 아무런 준비가 되어 있지 않음을 경고하는 보고서를 발간한 바 있다. 또한 오늘날에도 리즈 밴 서스테런Lise Van Susteren은 이 주제에 관해 잘 알고 관심도 깊은 의료인들을 조직하기 위해 노력을 쏟고 있다. "기후 불안정은 우리의 정신 건강을 위협하는 제일 시급한 문제들 중 하나예요. 기후변화로 잃게 될 것들 때문에 우리의 정신이 균형을 잃고 심각한 혼란에 빠지게 될 겁니다. 이건 정신 보건 전문가들과 기관들, 의사들, 사회복지사들이 정말로 관심을 기울여야 할 문제예요. 우리 의료인이 대비하지 않으면 상황이 대단히 심각해질 수 있으니까요." 2014년, 미국 심리학협회는 「태풍과 가뭄을 넘어서」*라는 보고서를 발간해, 전문가들이 재난에 심각하게 노출된 지역들로 가서 연구와 치유 활동에 나서야 한다고 촉구했다. 바로 이 보고서에서 생태 불안이 처음으로 "환경 재앙에 관한 만성적 두려움"으로 정의되었다. 2017년에는 미국 정신의학계의 가장 권위 있는 조직인 미국정신의학회가 이렇게 표명했다. "기후변화는 공중 보건이 직면한 심각한 위협이며, 정신 건

다(http://climatepsychologyalliance.org/about/who-we-are). 〔원주〕

* "*Beyond Storms and Droughts*", https://ecoamerica.org/wp-content/uploads/2014/06/eA_Beyond_Storms_and_Droughts_Psych_Impacts_of_Climate_Change.pdf 〔원주〕

강 또한 여기서 예외가 아니다." 지난 6개월 간, 생태우울증자들을 지원하는 비영리단체인 굿그리프뉴욕The Good Grif Newyork에 관한 관심이 폭증하면서 미국의 12개 주에 새로운 지부들이 문을 열었다. 그런가 하면 그린란드*와 호주**에서도 생태위기와 정신 건강에 관한 연구들이 발표돼 기후변화로 인한 스트레스와 우울증을 호소하는 인구가 현저하게 늘고 있음을 보여주었다. 영국 기후심리학연합에는 상담 지원을 요청하는 전화가 쇄도했다. 이 단체 대변인 캐럴라인 히크먼Caroline Hickman은 이렇게 증언한다. "사람들은 마음을 굳건하게 다잡기 위해 도움을 요청하고 있다." 프랑스의 경우, 거의 모든 언론이 이 심리 현상을 다루기는 했지만 여기에 천착하는 전문가는 아직 많지 않다.

정확히 어떤 증상이 나타날까?

잠 못 드는 밤에서부터 속이 더부룩하고 답답한 느낌, 세계에 대한 다소 흐리멍덩한 인식까지. 생태우울에도 일반적인 불안증에서 나타나는 거의 모든 증상이 나타나

---

* https://www.theguardian.com/world/2019/aug/12/greenland-residents-traumatised-by-climate-emergency 〔원주〕
** https://www.smh.com.au/lifestyle/health-and-wellness/climate-anxiety-is-real-and-young-people-are-feeling-it-20190918-p52soj.html 〔원주〕

지만, 작은 특징 하나가 추가된다. 감정들이 들고 일어나 우리 중에서 가장 평정심을 잘 유지하던 스토아주의자들마저 갑자기 뇌가 부은 사람처럼 되어버린다는 점이다. 이 지구걱정인들은 엄청난 분노와 슬픔, 좌절, 무기력에 시달리고 때로 수치심도 겪는다. 몽펠리에의 정신생체분석가analyste psycho-organique* 샤를린 슈메르베르Charline Schmerber는 몸과 정신의 상관관계에 관해 연구한다. "가령, 여름에 더위가 기승을 부리면 사람들 몸에서 경고등이 깜박이죠. 머리가 생각하지 못하는 걸 몸은 경험으로 아는 거예요." 샤를린은 나쁜 뉴스들 때문에 "맛이 간" 상태에서 찾아와 들끓는 감정들을 털어내고 싶어 하는 사람들을 많이 만난다. 이들은 선택과 결정 능력마저 잃어간다. "어떤 때는 아주 사소한 것들이에요. 휴가를 며칠에 떠날까, 소파는 무슨 색이 좋을까…. 하지만 결정 능력이 우리의 정체성과 꿈에 영향을 미치기 때문에 더 이상 선택을 하지 못한다는 건 곧 정체성 상실과 생태적 번아웃을 의미하게 됩니다." 어떤 환자들은 머릿속에 책이나 참고자료, 논쟁거리를 가득 채워서 나타난다. 이들은 잔뜩 화가 나 있는 쪽이다. "이들은 자신의 모습을 잘 돌아보지 못하고, 시스템이 왜 여전히 아무것도 하지 않는지 의아해하죠. 이런 불안감은 빠르게 분노로 전이됩니다. 타인들, 정치인들, 사회에 화가 나는 거예요." 하지

---

* 프로이트와 융의 정신분석과 빌헬름 라이히의 신체치료 이론을 접목한 현대 심리치료 기법의 하나. 1975년에 폴 보위에젠Paul Boyesen이 이론화했다.

만 일주일에 두 번씩 슈퍼마켓에 타고 나가느라 빨간색 SUV를 새로 뽑아놓고 우쭐해하는 이웃을 어떻게 미워하지 않을 수 있을까? 부모나 친구, 동료 들의 지독한 무관심과 경이로운 무지 앞에서 어떻게 평정심을 유지하나? 유기농만 사먹고 몸에 좋은 곡물인 퀴노아로 배를 채우면서 자식들을 데리고 더 이상 보여줄 곳이 없을 때까지 전 세계를 돌아다니고 싶어 하는 인간의 얼굴에 어떻게 주먹을 날리지 않을 수 있을까?

미묘한 차이는 '전前'에 숨어 있다

다들 잘 알듯이 외상 후 스트레스 장애는 불의의 사고나 분쟁, 테러, 또는 자연재해를 겪은 뒤에 나타나는 증상인데, 우울한 지구걱정인들이 시달리는 정신적 고통도 이 장애와 똑 닮았다. "저는 이걸 '외상 전' 스트레스 장애라고 이름 붙이기는 했지만, 사실 잘 들여다보면 우리가 정말로 '이전 상태'에 있는 건 아니죠." 리즈 밴 서스테런이 설명한다. "전 세계에서 수많은 사람들이 굶주림에 고통받고 있어요. 여기서는 가뭄 때문에 죽고, 저기서는 홍수 때문에 죽고요. 더러는 지중해를 건너려다 물에 빠져 죽고, 그리스나 호주 해변에서 불길 속에 갇혀 죽죠. 불행하게도 우리는 예상을 통해서도 정신적 외상을 입는답니다. 과학적 정보들을 토대로 한 현재 겸 미래 이미지들이 우리를 포위하고 있으니까요." 더구나 이 혼돈의 세계 속에서 지구 스트레스 장애 증상자들은 자신들의 두려움을 뒷받침하는 과학적 사실들을 줄줄이 꿰고 있다. 따라서 예측이 현실성을 획득하고, 공포가 커져가는 상황은 그 자체로 위험한 현실이 된다. 더 이상 현재는 없다. 죽은 미래만 있을 뿐. 2100년에는 최대 7℃가 상승할 거라는 전망에 내 병이 다시 살짝 도졌던 이유가 바로 이런 거였다. 내가 겪지도 않을 일에 골똘히 매달리는 지옥 같은 상황!

아직 벌어지지 않은 일을 두려워하는 것이 가능한 걸까? 가능하고말고! 스트레스는 미래에 일어날지 모를 잠재적 사건에 대한 분명한 정서적 표현이다. 주변을 보면 있는 걱정 없는 걱정 다 만들어서 하는 중증 걱정주의자들이 꼭 한 명씩은 있지 않나? 상황을 부풀리고, 최악을 상상하고, 아무 일도 일어나지 못하게 틀어막다가 때로는 덜컥 최악이 벌어지게 하고야 마는 그런 사람 말이다. 일어날지 모를 일을 두려워한다고? 이것이 핵겨울을 배경으로 자신들의 미래를 그리던 사람들이 반핵 평화운동가가 된 이유였다. 하지만 오해하지 말기 바란다. 샌디, 하비, 신시아, 카트리나 같은 허리케인들의 이동 경로 안에 들었던 사람들은 이미 외상 '후' 스트레스 장애를 겪고 있다. 화마를 피해 달아나야 했던 캘리포니아 사람들, 그 수가 거의 10억에 달하는 동물들의 재를 수습해야 했던 호주 사람들도 마찬가지다. 그뿐인가. 해수면과 거의 같은 높이에서 사는 섬사람들, 집약식 콩 농업의 포화에 질식해 가는 아마존 원주민들도 이 장애에 시달린다. 또 2019년 프랑스 가르 지방에서 엄청난 규모의 포도밭이 까맣게 타버리는 바람에 망연자실했던 포도 농가들도 다르지 않다. 이 재해는 지독한 폭염과, 공교롭게도 농가들의 유황* 처리가 함께 불러온 비극이었다.

　건강염려증 환자가 질병에 대한 끊임없는 두려움에서 벗어나는 것은 가능할지 몰라도, 생태불안증자는 죽을 날을 받아놓은 슬픈 동물의 처지를 벗어나지 못한다. 이들은 실제 사실들에 근거를 두고 있기 때문이다. 더구나 그 타당성이 현실에서 입증되기 전에도 이들의 염려는 지당할 때가 많았다. 꼭 후쿠시마 사고가 터지지 않았어도 원자력이 위험할 수 있다는 건 모두가 아는 상식이었으니까. "어디까지 정상이고(무서워하는 건 지극히 정상일 것이다) 어디부터가 병리적인지 어떻게 구분하겠어요? 그들의 말에 온전히 귀를 기울이는 게 중요하죠. 이건 아주 섬세한 작업입니다." 정신분석가 마리 로마넨 Marie Romanens은 이렇게 한술 더 뜬다. 그러니까, 생태불안증자를 환자 취급하는 건 마치 앞을 보는 사람에게 본다고 나무라는 것과 같은 이치 아닌가?

병증들의 요인
랜싯 카운트다운Lacet Countdown**이 발표한 2019년 연간 보고서***를 보면, 기후변화가 건강에 미치는 영향이 41

---

* 　유황은 병충해의 하나인 오이듐 균을 막기 위해 살포하지만, 분말 형태로 뿌려주는 이 유황이 특정 수준의 열기와 빛 아래서는 식물에게 심각한 화상을 유발할 수 있다. 바람이 불거나 비가 내려야만 씻겨나간다. 〔원주〕

** 　건강과 기후변화의 상관관계를 추적하는 국제 연구 단체.

*** 　https://www.thelancet.com/action/showPdf?pii=S0140-6736%2819%2932596-6 〔원주〕

개 지표로 드러난다. 가령, 꽃가루가 날리는 시기가 더 길어지고 북유럽까지 뎅기열이 퍼지면서 알레르기 사례가 계속 증가한다.* 농약의 대규모 살포로 각종 암이 발병되고, 내분비계 교란물질** 때문에 비만과 당뇨가 만연해질 뿐 아니라 젊은 커플들의 불임, 심지어 자폐증까지 유발되는 것으로 추정된다. 이 모든 것의 원인은 하나다. 플라스틱과 화학제품 사용, 바닷물 산성화, 산림파괴 등을 통해 인간이 지구를 병들게 하고 있기 때문이다. 이런 와중에 이미 정신적으로 취약한 사람들은 그 영향을 훨씬 크게 받을 공산이 높다. 건강과 기후변화에 관한 2015년 랜싯위원회 보고서***에 따르면, 기후변화로 야기된 대규모 재난들이 그 피해자들을 극도의 스트레스와 절망 속에 빠뜨리는데, 나아가 이것이 여러 정신질환의 요인으로 작용할 수도 있다. 일례로, 지난 4월에 발표된 한 연구는 허리케인 하비 피해자의 18퍼센트가 전례 없는 수준의 정신적 고통을 겪었음을 밝혀냈다. 이 피해자들은 수면 장애, 체중 감소, 사고력 저하, 각종 질병의 증가 등을 증언했다. 더위 역시 사람들을 매우 과민하게 하는 요인 중 하나로, 이 영향 아래 사람들은 자기 자신이나 타인을 향한 공격성이 높아진다. 밴 서스테런은 환경오염이 우리의 신체 건강을 해칠 뿐 아니라, 불안, 양극

*   https://francais.medscape.com/voirarticle/3605362 〔원주〕
** 흔히 환경 호르몬이라고 부른다.
*** https://www.thelancet.com/pdfs/journals/lancet/PIIS0140-6736(15)60854-6.pdf 〔원주〕

47

성장애, 강박장애 등의 정신의학적 증상들도 악화시킨다고 강조했다. "하지만 제가 이미 지적했듯이, 중요한 모든 것이 측정 가능한 것은 아닙니다." 달리 말해, 정신 건강을 악화시키는 이 부차적 요인들을 정량화하기는 어렵다는 얘기다. 하지만 그렇다고 해서 이 문제들이 환경이나 기후변화와 관련이 없다는 뜻은 아니다. 가령, 장기간의 홍수와 가뭄은 높은 수준의 불안과 우울, 외상 후 스트레스 장애와 명백한 상관관계를 보였다. 자연재해로 야기된 피해들은 트라우마를 초래하고, 결국에는 우울증으로도 연결될 수 있다. 앞에서도 말했듯이, 극심한 더위는 우리의 태도에도 영향을 미친다. 알코올 의존도가 높아지고, 정신과 환자들의 경우에는 응급 입원 사례가 증가하며 자살률도 올라간다. 기상이변에 따른 재해들은 공격적 태도와 가정 폭력도 심화시키는 것으로 나타난다.* 한마디로, 날씨가 뜨거울수록 쿨한 인간들이 줄어드는 셈이다.

2018년 9월에 허리케인 마리아가 푸에르토리코를 강타한 후 그곳 초등학생들을 대상으로 한 실태조사가 실시됐다. 그 결과 어린이들 중 7퍼센트가 외상 후 스트레스 장애를 보이는 것으로 나타났다. 그리고 8퍼센트가 넘는 아이들이 우울 증세를 보였는데, 이는 자연재해를 한 번도 겪어보지 않은 아이들보다 두 배가 높은 수치였

---

* S. Clayton 외, "Mental Health and Our Changing Climate: Impacts, Implications, and Guidance", American Psychological Association and ecoAmerica. 〔원주〕

다. 또한 보건 당국은 청소년 자살 사례를 일곱 건 접수하고 그 가운데 여섯 건이 이 허리케인과 명확히 연관돼 있음을 확인했다. "다들 알다시피 기후변화 때문에 더욱 많은 이들의 삶이 피폐해질 거예요. 이 상관관계를 잘 이해하고 이것을 풀어낼 방법을 찾는 것이 시급한 과제입니다." 리즈 밴 서스테런의 말이다. 이주, 식량 부족, 실업 등의 문제는 취약한 사람들에게 막대한 결과를 초래할 수 있다. 위험지역에 사는 원주민들, 그리고 오랜 가뭄이나 해안 침식처럼 느리게 진행되는 재해지역 원주민들에게 특히 그러하다.

지옥, 그건 타인이기도 해!

환경 파괴가 불러온 이 불안은 사람들의 무관심과 정신 분열, 그리고 사안의 심각성에 걸맞은 정책의 부재 등에 의해 더욱 증폭된다. 우리 주변 사람들도 모두 '문제가 심각하다'는 사실은 잘 알지만, 감자튀김 좀 더 집어 먹다가 허둥지둥 사륜구동을, 아니, SUV를 끌고 중학교 앞으로 미래 세대를 데리러 가는 짓을 그만두지는 못한다. 해야 되는 일을 하지 못하는 이유는 다들 그럴싸하다. 편한 것을 포기할 수 없어서, 수영 강습이 있어서, 아이들이 보채서, 햇볕이 너무 좋아서…. 이런 핑계를 들을 때마다 나는 그 부모에게 막내 아이(셋째)의 팬티 기저귀를 씹어 먹게 한 다음 붕괴에게 연락해서 예정보다 빨리 와달라고 부탁하고 싶어진다. 내 눈에는 사람들이, 그러니까 이 농담을 진지하게 듣지 않는 사람들, 한쪽 귀로 흘려버리는 사람들, 생태 관련 책을 한 번도 읽어볼 마음조차 먹어본 적 없는 그런 사람들이 모두 개구리 우화에 나오는 냄비 속 개구리처럼 보인다. 이 우화는 완전히 허구지만 우리의 운명을 기똥차게 설명해 준다. 그러니까, 개구리를 냄비 속 뜨거운 물에 갑자기 빠뜨리면 바로 튀어나오지만, 찬물에 집어넣고 서서히 끓이면 아주 편안한 상태에서 감각이 둔해지고 온도에 적응하다가 결국에는 몸이 다 익어버린다는 얘기다. 지구 온난화는 한 사람의 일생을 놓고 봤을 때 거의 느껴지지 않을 정도로 매우 느리게 진행되기 때문에 계속 우리 의식에서 멀어지고 어떤 반응이나 저항도 잘 끌어내지 못한다. 그래서 사람들은 물이 곧 펄펄 끓게 될 냄비 속에서 시시덕거린다. 나는 여기서 그들의 쇳소리 섞인 비명이 들린다. "뭐라고?! 난 몰랐단 말이야!" 그러고는 부랴부랴 냄비에서 빠져나갈 방법을 궁리한다. 그럼 나머지는? 시릴 디옹*이 시민들을 모으려고 그렇게 갖은 노력을 다하고, 영화, 문학, 콘퍼런스, 그리고 고결한 의미로서의 정치를 포함해 전방위로 뛰다가도 이따금 기운이 꺾이고 마는데, 디옹의 기운을 꺾는 것이 바로 이 '나머지' 사람들이다. "의욕이 꺾이는 건 지구 문제에서 몇 광년은 떨어져 있고 이 문제를 제대로 이해해 본 적도 없는 사람들이 이렇게 말할 때예요. '어휴, 다들 벌써 몇 년째 지구 종말을 외치

---

*   Cyril Dion. 작가이자 영화감독, 시인, 생태운동가다. 우리나라에도 소개된 바 있는 다큐멘터리 영화 〈내일Demain〉을 통해 크게 주목받았다.

고 있잖아. 이제 그만들 좀 하라고!' 하지만 정말로 의욕을 꺾는 건 바로 생태주의자들 사이의 내전이죠." 기후시민의회*의 독립성을 지키는 보증인 중 한 명으로서 디옹은 오래전부터 가장 급진적인 세력들로부터 비판을 받아왔다. 디옹은 보수적이다, 낭만적으로 운동을 한다, 물렁하다, 숙맥이다, 이상주의자다, 라는 식의 비난들이었다. "시민의회가 정말 좋은 기회가 될지, 뭔가를 바꿀 힘이 있을지 논쟁할 수 있죠. 하지만 적어도 일단 해봐야 되잖아요. 생태운동가들 절반은 우리를 지지하고, 절반은 우리를 버렸어요. 다 같이 이 시민의회라는 틈새로 뚫고 들어가서 진정한 참여 민주주의의 기회로 만들어야 하는데, 일부는 이게 일시적인 바람일 뿐이다, 연기만 피어오르다가 끝난다, 멍청한 짓이다, 이렇게 생각하는 거예요. 이런 게 바로 맥이 풀리는 순간이죠."

외로움

열렬한 생태주의자가 된다는 것은 평범한 관계들이나 피상적인 일들과는 어느 정도 결별하는 것을 뜻한다. 우리 앞에 놓인 기다란 시련 앞에서 이번 휴가가 어땠는지 왈가왈부하거나 발톱이 살을 파고드는 문제로 호들

---

* la Convention Citoyenne pour le Climat. 기후변화에 더욱 효과적으로 대응하기 위해 시민들의 목소리를 골고루 듣는다는 취지로 2019년 10월에 설립됐다. 제비뽑기로 선정된 150명의 시민으로 구성됐다. 온실가스 배출량을 2030년까지 1990년 대비 40퍼센트로 낮추기 위한 다양한 법안들을 준비하고 제안하는 역할을 맡았으며, 국가에서 급여도 지급했다. 이 책 말미에 더욱 자세하게 소개된다.

갑 떠는 게 무슨 소용일까? 정치인이 딸딸이 치는 동영상에 관해, 그리고 그의 한심한 변명과 그런 정치인의 인성에 관해 쏟아지는 온갖 지독한 악담들을 우리는 어떻게 참아야 할까?* 더 이상 어떤 시시한 일에도 마음이 끌리지 않는다는 게 우리를 너무나 외롭게 한다. 물론 우울하게 하고. "예전 친구들은 지구 반대편으로 휴가를 다니고, 아이들을 키우고, 그저 소소하게 정치에 참여하면서 환경이니 지구니 하는 문제들에는 완전히 관심을 꺼버렸어요." 어느 멸종반란Extinction Rebellion 활동가가 말한다. 그는 매일 저녁과 주말마다 신입 회원들을 교육하며 보낸다. 다들 잘 알다시피, 화가(또는 슬픔이) 많으면 주변에 사람이 붙어나지 않는다. 하물며 당신이 별것도 아닌 일로 징징거린다고 여기는 사람들, 너무 과장한다고, 이게 다 핑계일 뿐 자기가 우울한 진짜 이유를 찾지 않아서 그런 거라고 여기는 사람들은 당연히 곁에 남지 않는다. 하지만 당신은 이 우울의 '진짜 이유'를 알고 있다. 그게 여기 있다는 것을, 그들의 눈앞에, 아니 모두의 눈앞에 번연히 있다는 것을 잘 안다. 억울하다는 감정이 밀려온다. 외로움이 깊어진다. 나는 창가에서, 거리에서, 또는 테라스의 테이블에 앉아서 지나가는 사람들을 부러워한 적이 한두 번이 아니었다. 저 사람들은 아무것도 몰

---

* 마크롱 정부의 경제재정부 정무장관이던 뱅자맹 그리보Benjamin Griveaux 얘기다. 그는 2020년 파리 시장 선거에 입후보했다가 혼외 관계에 있던 여성에게 자신의 자위행위가 담긴 비디오를 보낸 것이 폭로돼 후보에서 사퇴했다. 사퇴 이유로 "가족을 보호하기 위해서"라고 밝혔다.

라, 거의 아무것도! 나는 그들을 부러워하는 동시에 불쌍하게 여기기도 했는데, 그러거나 말거나 그들은 아무 관심이 없었다.

심리상담소에 몰려드는 지구걱정인들?

우리의 불안 문제와 최전선에서 같이 싸우는 이들은 누구일까? 물론 심리치료사들이다! "심리 전문가들에게 이건 황금 같은 주제죠." 리즈 밴 서스테런이 말한다. "그들이 아니고서야 누가 이런 얘기를 들어주겠어요? 미래 세대에게 해를 끼치는 행동들에 관해서 죄책감과 분노에 사로잡힌 말들인데요. 지금은 사람들이 감정적 회복력을 강화하도록 돕는 일이 절대적으로 필요합니다. 시급하고 절실해요. 두려움이 만연한 사회가 건강한 사회일 리 없잖아요!" 생태우울 현상을 발견한 지 10년도 넘은 미국에서는 기후변화 대응 전략에 심리학을 포함하는 방식을 오랫동안 발전시켜왔다. 프랑스에서는 이제 겨우 의식이 싹트는 단계다. 우리 전문가들은 지구 걱정에 잠 못 이루는 환자들이 진료실에 해일처럼 밀려드는 사태를 감당할 준비가 됐을까? 인터넷 사이트 'solastalgie.fr'을 개설한 샤를린 슈메르베르에 따르면 전혀 그렇지 못하다. "전문가들은 갑자기 트라우마에 노출된 사람들이 심각한 공황 상태에 빠지지 않게 막아줄 다양한 방안을 마련해야 합니다. 이런 문제를 조금이라도 고민해 본 치료사를 찾지 못한다면 사람들은 어디서도 도움을 얻기 어려울 거예요." 지구 문제에 민감한 상담사도 생태불안을 직접 겪어봐야 하는 걸까? 꼭 그렇지는 않지만 이 증상을 잘 이해하는 사람이라면 훨씬 좋을 것이다. "다들 어느 정도는 부정否定에 빠져 있다고 봐야 해요. 제가 사이트를 개설했을 때 일부 동료들이 묻더군요. 대체 어떤 종말론적 이단 종파에 빠진 거냐고요! 그때 깨달았죠. 토론회 개최부터 시작해서 관련 종사자들의 연락망 구축에 이르기까지 심리학 분야에서 할 일이 태산이라는 걸요." 맞다. 준비를 하지 않으면 아주 난처한 상황에 맞닥뜨리기 쉬울 것이다. 가령, 치료사가 묻는다. "어머니에 대해 말씀해 보시죠." 환자는 대답하겠지. "음, 어머니 지구에 대해서 말인가요?" '녹색불안'에 시달리는 사람들 중에 이런 선문답 같은 대화를 나눠보지 않은 사람은 손을 들어 보시라! 반면, 스위스 정신분석가 뤼크 마뉴나는 한결 느긋하다. "세상에는 인간의 수만큼이나 다양한 생태불안이 존재해요. 전문가들은 불안이 무의식 차원에서 작동하는 방식을 간파할 수 있고, 불안의 원인이 무엇이든 그 감정을 있는 그대로 받아들여 줄 준비가 돼 있죠."

심리상담소들은 지금 생태불안 환자들로 넘쳐나고 있을까? 아직은 아니다. 어쨌든 표면적으로는. 비록 여론조사에는 프랑스 인구의 85퍼센트가 환경 문제로 걱정한다고 나오지만, 아직은 가망 없는 미래 때문에 땀에 흠뻑 젖은 채로 잠에서 깰 정도들은 아니다. 아니면 머리 잘린 닭 같은 삶 한가운데서 건전한 상담을 받기보다는 차라리 타조처럼 머리를 모래에 파묻고 싶은 걸까? 하지만 리즈 밴 서스테런은 미국의 경우 기후변화 때문에 상담소로 달려오는 인구가 점점 늘어나고 있다고 말한다. "2019년에는 극단적인 폭염 때문에 스트레스를 호소하는 사람들이 많았어요. 그다음에는 캘리포니아 산불로 집을 잃은 사람들이 트라우마를 치료해야 했죠. 이 모든 일이 지금 우리 눈앞에서, 우리 삶 한가운데서 벌어지고 있는 거예요. 더 이상 아무 일도 일어나지 않는 척 할 수가 없습니다." 프랑스에서도 마찬가지다. 우리는 지독한 홍수 때문에 여러 목숨을 잃었다. 며칠 새 계속된 폭설로 많은 이들이 고속도로에 갇힌 채 트라우마에 빠졌다. 루앙Rouen 사람들은 루브리졸 사의 치명적인 화학물질에 노출되었다.* 농민들은 막대한 부채와 기상 이변 사이에서 이러지도 저러지도 못한 채 스스로 목숨을 끊는다. 하지만 환경 재난에 의한 트라우마를 집중적으로 다루는 전문가는 아직 없다.

유엔 기후회의들은 예방이 전무한 분야로 정신 건강을 꼽는다. 하지만 정치권에서는 생태전환을 퍼센트와 수치로, 재생에너지의 점유율로, 그리고 기술 혁신이나 그 밖의 입법적 논의들로 덮어버릴 뿐 글리포세이트**에

---

* 2019년 9월, 노르망디 지방 주도인 루앙의 미국계 석유화학 첨가제 제조사 루브리졸의 공장과 그 주변 창고들에서 원인 모를 대형 화재가 발생했다. 이 사고로 1만 톤 가량의 고위험군 화학물질이 유출되고 유독한 연기가 도시를 뒤덮었으나, 정부는 사고 원인 및 유해성 여부에 대해 투명한 진상 조사를 진행하지 않아 비난을 사고 있다. 루브리졸은 유해물질 배출과 심각한 환경오염 초래 혐의로 기소됐으나, 회사 측 역시 피해자임을 주장하며 기소 무효를 신청한 상태다.

** glyphosate. 유전자변형농산물 재배를 위해 제조되는 강력한 제초제의 주성분으로, 애초에는 파이프 녹에 발생하는 금속 물질들을 제거하기 위해

지친 우리 영혼에 바를 연고는 제안하지 않는다. 어떤 기자 회견에서도 녹색우울을 행복한 붕괴로 전환해줄 생태적 실천이나 요령에 대해서는 언급되지 않는다. 우리는 문제의 본질적 측면, 즉 붕괴가 우리 정신에 미치는 영향을 외면한 채 가고 있다. 안타까운 노릇이다. 열쇠의 반은 거기에 있기 때문이다. '생태'불안은 생태, 생명, 공정을 갈망하지만, 어쩌면 보통 '불안'보다도 더 아플 수 있다. 그렇다고 해서 특정 행동이나 신경안정제를 통해 문제가 해결될 수 있으리라는 얘기는 아니다. 다만 부차적인 알레르기 비염 따위 말고 진짜 중병을 찾아내는 게 중요하다는 뜻이다. "저는 생태주의를 매개로 내 실존적 불안을 만났죠." 시릴 디옹이 웃었다. "그런 의미에서 저는 여기에서 빠져나갈 생각이 없습니다. 적어도 폼은 나잖아요!"

생태불안에 가장 취약한 이들은 누굴까?

내가 태어나던 해, 지구의 미래를 걱정하던 사람들이 빨간색 터틀넥 스웨터를 입고 물 한 잔을 손에 든 채 텔레비전 생방송에 나와 대통령 선거에 입후보했다*. 사람들은 당시 찬란한 시절을 누리던 거만한 태도로 그들을 '에

개발되었다. 자폐증을 비롯해 다양한 만성 질환의 원인으로 지목되고 있으나, 2019년《르몽드》의 보도에 따르면 세계에서 가장 많이 판매되는 제초제다.

* 젊은 세대들을 위해 일러두자면, 이는 1974년, 환경운동가로서 최초로 대통령 후보가 되었던 르네 뒤몽René Dumont을 말한다. 〔원주〕

콜로'*라고 불렀다. 에콜로들은 창백한 모습으로 나타나 성장을 제한해야 한다고 주장했다. 헉, 말도 안 돼! 당연히, 사람들은 그들에게 절대로, 무슨 일이 있어도 프랑스의 예산을 맡길 생각이 없었다. 영광의 30년** 이 한창인데, 장난하자는 거야?

2000년대 초, 주당 35시간에서 많게는 70시간까지 생태 문제에 골몰하던 사람들에게 불안이 엄습하기 시작했다. 그중에는 생물종 다양성 학자들도 있었고, 남극을 거점으로 활동하는 빙하학자들, 비정부기구 직원들, 그리고 환경 파괴에 앞장서는 기업이나 침묵하는 기관 들에 흩어져 있던 공익제보자들도 있었다. 노벨평화상을 수상하고 IPCC 의장을 역임한, 그리고 타고난 낙천주의자이기도 한 프랑스 기후학자 장 주젤Jean Jouzel은 돌이킬 수 없는 암울한 결론들이 연구자들의 책상 위에 쌓여가는데 정치권이나 대중의 관심은 차가운 0도에 가깝던 시절을 기억한다. "과학자로서 열정이 넘치던 시기였습니다. 우리는 변화를 측정하기 위해서 늘 현장으로 달려갔고 다양한 모델을 세웠어요. 정말 열심히 했죠. 1987년에도 이미 우리는 지금과 거의 같은 얘기를 했어요. 결론이 무척 걱정스러운 수준이었으니까요. 하지만 아무도 들으려 하지 않았습니다. 정말 쉽지 않았죠…." 더구나

---

*   écolo. 에콜로지스트écologiste의 줄임말.

**   les Trente Glorieuses. 프랑스가 찬란한 경제 성장을 이룩했던 '영광의 30년', 즉 1945년부터 75년까지의 기간을 가리킨다. 에콜로들의 등장은 이 기간이 끝나가는 시기와 맞물린다.

주젤과 그의 동료들은 심사가 뒤틀린 기후 부정론자들로부터 미디어를 통해 엄청난 학문적 공격을 당했다. 하지만 이 부정론자들은 기후에 관해 아무 전문성도 없는 이들이었고, 이들의 수장이 바로 클로드 알레그르Claude Allègre*였다. "그때가 제일 힘들었죠."

녹색 번아웃은 비정부기구 활동가, 생태 전문기자, 과학자, 엔지니어, 지속가능발전 연구자 등 날마다 지구 문제와 씨름하는 사람이면 누구나 겪을 수 있다. IPCC 네 번째와 다섯 번째 보고서의 공동 저자이기도 한 호주 생물학자 레슬리 휴스Lesley Hughes는 2018년 6월 호주 잡지 《먼슬리The Monthly》에 발표한 멋진 기사에서 이렇게 말한다. "우리 기후변화 전문가들은 정말 웃기는 사람들이다. 다른 과학자들처럼 우리도 아침에 일어나면 서재로, 연구소로, 현장으로 향한다. 우리도 자료를 수집하고, 분석하고, 그런 다음 학술지에 실을 논문을 쓴다. 하지만 우리만 결정적으로 다른 점이 하나 있으니, 날마다 스스로가 틀렸기를 바라는 집단은 학계를 통틀어 우리밖에 없다는 사실이다." 과학자들 외에 또 다른 위험군은 자연재해의 최전선에서 싸우는 이들이다. 피해자는 물론이거니와, 소방관이나 의료인처럼 시민의 안전을 위해 일하는 이들 역시 매일 기후변화의 트라우마를 목도하

---

* 지구화학자이며 전 교육부 장관으로, 프랑스의 대표적 기후 부정론자 중 한 명이다. 『기후 사기: 또는 가짜 생태주의L'imposture climatique: ou la fausse écologie』라는 저서에서 이산화탄소가 기후변화에 미치는 영향이 과학적으로 입증되지 않았다며 탄소세, 환경세 등을 강력히 비판했다.

고 경험한다. 누구나 스스로를 에콜로라고 여기는 요즘 조차, 늘 관련 정보를 접하고 사는 사람들은 타이태닉호의 뱃머리에 서 있는 기분을 느낀다. 거기 서서 미로 같은 빙산을 아슬아슬 피해 가면서 항해하고 있는데, 이 위기가 조종실에는 아직 전달도 되지 않은 그런 심정인 것이다.

하지만 사실, 이건 예전 얘기다. 오랜 시간이 지나면서 무수한 재난으로 수많은 이들이 목숨을 잃고 여름 동안 거대한 빙하들이 대륙에서 떨어져 나가는가 하면 대형 화재들로 일상이 쥐어들자, 무관심이 웅성거림으로 바뀌었다. 이제 생태불안은 우리 코앞까지 다가와 거의 모든 사람에게 영향을 끼치는 듯 보인다. 2019년 프랑스 여론연구소IFOP 조사에 따르면 프랑스인들이 제일 걱정하는 문제 1위가 바로 환경이었는데(65세 이상은 80퍼센트, 18~24세는 93퍼센트), 이는 아주 당연한 결과였다. 이 조사가 실시된 때는 IPCC가 그 충격적인 보고서에서 지구 평균 기온 상승을 2℃ 이하로 유지할 수 있는 기회의 창이(나는 손바닥만 한 쪽창이라고 하겠다) 닫히고 있다고 경고한 뒤였고, 뒤이어 니콜라 윌로마저 라디오 방송을 통해 생태전환부 장관직 사임 의사를 밝힌 직후였다.

환경에 관한 두려움과 불확실성은 이런 식으로 현안에 따라 술렁거린다. 2019년은 기후변화와 연관된 어휘와 표현 들의 사용량이 급격히 증가한 한 해였다. 옥스퍼드 통계 분석에 따르면, 같은 해 '생태불안'이라는 용어는 사용량이 44배로 뛰었고, '기후위기'는 26배로, '멸종'은 7.8배로 불어났다. 기후와 연관된 '비상'은 다른 모든 종류의 비상을 뛰어넘었는데, 2위를 차지한 건강 관련 비상보다 세 배가 많았다. 붕괴체험관측소*의 연구에 따르면, '붕괴론collapsologie'이라는 개념은 2015년에 파블로 세르비뉴와 라파엘 스티븐스의 저작이 세상에 나오면서 함께 등장했다. "그 뒤로 대략 4년 뒤에는 응답자 중 18퍼센트가, 다시 말해 프랑스인 다섯 명 중 거의 한 명이 이 주제에 관해 많이 알든 적게 알든 인지하고 있다고 답변했다." 생태경영학 교수 로이크 스테판Loïc Steffan은 그의 논문에서 이렇게 분석했다. 데이터 저장소 유로프레스Europresse에 따르면, 붕괴론이라는 단어는 2015년부터 2018년까지 대략 4년 동안 고작 200편의 기사에 등장한 반면, 2019년에는 한 해 동안만 600편 이상에서 발견되었다! 그러니 이 무렵에 실시된 설문조사에서 프랑스인들이 무척 겁을 먹고 있는 것으로 드러나는 게 너무나 당연하지 않은가? 물론 블랙 프라이데이 행사가 망할 정도는 아니었지만.

아이들 먼저… 젊은이여, 일어나라!

한 세대가 일어나고 있다. 그레타 툰베리Greta Thunberg는, 그의 노기로 땋아 내린 양 갈래 머리와 분노 어린 두 눈은 그저 유엔이나 인터넷 안에서만 돌아다니는 게 아니

---

* l'Observatoire des vécus du collapse, https://obveco.com

다. 전 세계 어디에나 있다! 허핑턴 포스트*의 의뢰로 실시된 한 여론조사는 18세부터 24세 사이 청년의 4분의 3이 내일에 대해 생각할 때 불안이 치솟는 것을 경험한다고 밝혔다. 앞으로 살아갈 인생이 창창한데 밤낮으로 미래는 죽었다는 얘기를 듣다보면 그야말로 들어갔던 여드름도 다시 솟을 지경인 것이다. 내가 열여섯 살 리장드르에게 미래에 어떤 사람이 되고 싶으냐고, 또는 나중에 커서 무엇을 하고 싶으냐고 물었을 때 그는 내 눈을 똑바로 보며 굳은 얼굴로 대답했다. "꿈 같은 거 없어요." 그의 목소리는 담담했다. 고뇌도, 농담기도 묻어나지 않았고, 눈썹을 추어올리지도, 질문을 던지지도 않았다. "나중에 뭘 하게 될지는 모르지만 채소를 기를 조그만 농장 하나는 마련해 보고 싶어요. 물론 정말로 마련하게 된다 해도 금세 모든 걸 빼앗기고 말겠죠." 이렇게 말하는 그의 눈빛을 버텨내고 있자니 천 길 낭떠러지로 떨어지는 듯한 기분이었다. 얀 아르튀스 베르트랑Yann Arthus-Bertrand도 어느 초등학교에서 강연을 하면서 이런 씁쓸한 경험을 했다. "한 남자아이가 제게 물었습니다. '선생님, 지구는 언제 멸망하나요?' 당황한 저는 다른 아이들에게 물었죠. 혹시 너희도 지구가 멸망할 거라고 생각하느냐고. 세상에, 70퍼센트가 손을 들더군요! 정말 믿기지가 않았습니다."

* https://www.huffingtonpost.fr/entry/colere-deprime-et-empathie-comment-leco-anxiete-nous-transforme-sondage-exclusif_fr_5daf06a4e4b0f34e3a7ca856 〔원주〕

자, 2000년대에 우리가 그토록 칭송하던 '미래 세대'가 벌써 태어났다. 우리의 손자 세대일 거라고들 했던 바로 그 아이들이다. 하지만 이 제일 어린 세대가 이미 언제 들이닥칠지 모를 죽음을 상정한 채 살아간다. 이 아이들도 우리처럼 무력감을 느낀다. 무력감은 건강하게 성장하기 위한 최고의 방법이 아니다. 이 아이들의 이전 세대들은 선택이 아주 분명했다. (올림픽 표어처럼) "더 빠르게, 더 높이, 더 강하게" 살기 위해 모든 것을 불사르기로 말이다. 하지만 요즘 청소년들은 우리가 함부로 굴려온 지구를 두 어깨에 짊어진 채, 키스하는 법을 배워야 할 나이에 어른들이 할 일을 대신하고 있다. 그리고 머지않아 이들이 우리에게 계산서를 내밀지 않으리라는 보장은 어디에도 없다. 내가 이들의 입장이라면 꼭 그렇게 할 테니까.

부모들은 위로할 길 없는 어린 자녀에, 스스로 그레타 툰베리가 되어 하루에 50번씩 커피머신의 플러그를 뽑는 청소년 자녀까지 상대해야 하지만, 이런 고민을 털어놓을 곳이 드물다. 샤를린 슈메르베르는 당황한 부모들의 메일을 자주 받는다. 이런 식이다. "안녕하세요, 선생님. 이렇게 편지를 드리는 이유는 열다섯 살인 제 딸이 기후변화에 대해 너무 불안해하기 때문입니다. 자신이 어른이 됐을 때 지구가 멸망할지도 모른다면서 완전히 겁에 질려 있어요." 슈메르베르는 "생태불안이 어린 세대에게 더욱 광범위하게 영향을 미치고 있는 것으로 보인다"고 진단한다. 그런가 하면, 정신과 전문의 라엘리아 브누아Laelia Benoit는 파리에 위치한 메종 드 솔렌*에서 청소년을 상담한다. "일반적으로 청소년은 우리 사회를 거울처럼 비춰주죠. 그 시기는 어찌 됐든 삶의 의미와 앞으로의 선택들, 그리고 어른들의 위선과 스스로의 자기기만에 대해서도 질문을 던지는 때니까요. 이 실존적 질문들은 청소년기의 고유한 특징이고, 그들은 순수하고 진실한 대답을 찾습니다. 주제는 사회의 불공정이든, 공공서비스 붕괴든, 질레존 시위든 뭐든 될 수 있어요. 하지만 생태 문제는 이 질문에 특히나 완벽하게 들어맞는 주제죠." 지난해, 브누아는 상담센터에 찾아와 쉬는 시간마다 마르크스를 읽어치우던 열혈 질레존들도 많이 봤지만, 그에 못지않게 열혈 에콜로들도 많이 만났다. 모두 똑똑한 아이들이었다. 그러니까 숫자에 빠삭하고 사회 문제나 그래프, 이민자 문제에 밝으며, 다가올 거대한 죽음에 대해서도 깊이 아는 조금 괴짜에 속하는 아이들. "그 중에는 세상의 변화에 민감하고 감정적으로도 아주 깊이 영향 받는 아이들도 있어요. 이들은 자신에게 어떤 사명이 있고, 그래서 지금 공동 생존 프로젝트에 참여하고 있다고 확신하죠."

참여는 단순한 비판보다 멀리까지 간다. 이제 아이들이 각 가정의 생태활동가로 거듭난다는 얘기다! 이때 조심해야 할 것은 절대로 어린 녹색전사를 병원에 끌고

---

* Maison de Solenn. 파리공립의료원AP-HP에서 운영하는 청소년 상담센터다.

가려 하면 안 된다는 점이다. "부모들이 아이가 하는 이야기를 듣지 않고 아이가 하는 유별난 행동에만 주목하다가 정작 아이의 메시지를 놓치기 쉽습니다." 핵심은 아이가 정말로 뭔가 끈질기게 실천하고 삶을 변화시킬 정도로 이 주제를 깊이 파고들 것인가 하는 점이다. 어쩌면 아이는 이제 자전거를 타고 학교에 다니고 고기를 덜 먹거나 소비를 줄이기로 결심할 수 있다. 아니면 가능성의 세계는 늘 열려 있듯이, 부정론으로 완전히 돌아서서 '(정상적인) 삶'으로 되돌아올지도 모른다. 세 번째 길은 주위 사람들과 연결되는 것이다. 청소년들은 보통 혼자 행동하지 않기 때문에 결국에는 이 '붕괴론자'의 태도로 부모에게 와서 묻는다. 당신들은 탄소를 얼마나 배출하느냐고. "일부 부모는 10대 자녀가 바라는 대로 변화에 동참해 줍니다. 그러면 모두가 보람을 느끼고 가족에 새로운 질서가 생기죠. 혼란스러운 두려움 속에서 빠져 나오게 되는 겁니다." 단 두 달 만에 말이다! 이제 장을 볼 때 가족 모두가 일회용 포장 용기를 쓰지 않는 방식으로 식료품을 사고, 지중해 발레아레스Baleares 제도에서 휴가를 보내는 대신 파리 근교 센에마른Seine-et-Marne으로 캠핑을 떠난다. 반면, 또 다른 부모들은 절대로 아이에게 끌려갈 마음이 없다. 이를테면 그레타 툰베리와 레이디 가가를 헷갈려 하면서 두 사람이 (소비주의) 유행에 따라 호환 가능하나고 여기는 그런 유형의 부모들 말이다. "우려되는 것은 가족이 다 같이 부정에 빠지는 경우 극단으로 흐를 위험이 있다는 겁니다."

그레타 툰베리라는 인물에게서 어린 세대들은 롤 모델을 본다. 다 알면서도 끝내 유의미한 행동에 나서지 않을 강고한 노인과 우리 중장년층을 규탄하는 이 젊은이가 아이들의 롤 모델이다. 어린 세대들은 워낙 싸우려는 투지와 욕구가 강하다. 심지어 이미 돌이킬 수 없는 일 앞에서도 그렇다. 열세 살 자드와 열두 살 마틸드는 그들이 다니는 주와니Joigny의 한 평범한 중학교에서 '기후파업'*을 이끌어냈다. 오귀스틴은 벌써 미래의 자기 아이들이 살아갈 세상을 내다본다. "그 아이들은 북극곰이 뭔지 모를 수도 있어요. 참담하죠." 빅토르는 죽은 동물의 살을 한 점도 입에 대지 않은 지 4년 됐다. 그런가 하면 과연 아이를 낳아야 할지 의심하는 아이들도 많다. 아이가 있어야 하나, 아이를 낳아야 하나 입양해야 하나, 이런 것들은 박하향 소다수** 시절에는 거의 논의되지 않던 주제들이다.

생태불안이 만연하다?

생태불안 현상은 전 세계적으로 아직 연구가 부족한 실정이어서 단정적으로 말하기는 어렵다. 다만 대도시에서는 녹지가 부족해서 이 증상이 나타난다면, 자연에 둘

---

* 기후변화 대책 마련을 요구하는 시위에 참여하기 위해 학교에 결석하거나 회사에 출근하지 않는 운동으로, 2018년 그레타 툰베리가 시작한 뒤 국제 운동으로 확산되었다.
** Diabolo menthe. 디안느 퀴리Diane Kurys 감독의 1977년작 영화 제목. 1960년대 사춘기 소녀들의 고민과 갈등을 담은 성장영화다.

러싸인 시골에서는 변화를 직접 보고 느끼기 때문에 나타난다. 잃을 게 많은 부자 나라 인구에게 타격이 크다고 하지만 취약지역에 사는 이들에게도 다르지 않다. 이들의 위태로운 삶을 지탱해주는 허름한 가옥들이 태풍의 강타를 잘 버텨내지 못하기 때문이다. 또한 생태불안은 환경 변화를 '생각'하는 사람들부터 시작해서 관련 글을 읽고 자료를 찾아보는 사람들, 직접 경험하는 사람들에게까지 두루 영향을 미친다. 그렇지만 이 마지막 경우는 "익숙한 환경을 상실하는 데서 오는 멜랑콜리"의 한 형태로 분류되곤 한다.

2005년 학술지 《필로소피 액티비즘 네이처》에 실린 논문*에서 호주 철학자 글렌 알브레히트Glenn Albrecht는 어느 날 저녁 아내 질과 함께 머리를 맞대고 시드니 근교 헌터밸리 주민들의 심정을 가장 잘 표현할 개념을 찾기 위해 고심했던 일을 이야기한다. 두 사람은 단어들의 어원을 늘어놓고 일종의 루빅스큐브를 했는데, 먼저 '위로', '안락'을 뜻하는 라틴어 '솔라리solari', '솔라키움solacium'을 가져와 고통스러운 사건 앞에서 얻는 위안의 의미를 담았다. 그런 다음 '황폐함'을 뜻하는 '솔루스solus'와 '데솔라레desolare'를 연결해 버림받고 쓸쓸한 상태(황량한 풍경)의 의미를 더했다. 마지막으로, 그리스어 어원의 접

* Glenn Albrecht, "'Solastalgia' A New Concept in Health and Identity", *PAN: Philosophy Activism Nature*, no. 3, 2005, p. 45
(https://www.academia.edu/21377260/Solastalgia_A_New_Concept_in_Health_and_Identity)

미어 앨지어-algia를 덧붙여 마음의 고통이라는 뜻을 추가했다. 이렇게 해서 '솔라스텔지어solastalgia'는 삶의 터전이 눈앞에서 망가져가고 삶의 지표와 오랜 관습 들이 사라져갈 때 느끼는 고통과 고립감, 위로의 부재 등을 모두 포함하는 개념이 되었다. 솔라스텔지어를 겪는 이들은 삶의 조건이 변해가는 불안정한 현실의 최전선에 있으며, 환경 파괴에 둘러싸여 있고, 최악의 경우 탈출을 고려한다. 이를테면 그린란드의 이누이트족, 태풍 신시아 피해자들, 투발루 섬사람들이나 슬라부티치(체르노빌에서 60킬로미터 떨어진 도시) 주민들은 우리가 멀리서 두려워하는 재앙을 이미 맞닥뜨린 사람들이다. 그러니까 우리가 치명적인 위험으로부터 상대적으로 멀찍이 떨어진 채 푹신한 소파에 파묻혀 생태우울 운운하는 책이나 읽는 동안에 말이다. 인정하자. 물컹거리는 영구동토 속으로 집이 하루하루 꺼져가는 걸 지켜보거나 채소밭에 짠물이 스며드는 걸 발견하면 당연히 망연자실하지 않겠는가? 하지만 그게 다가 아니다. 주변 환경이나 풍경이 순식간에 변해갈 때 사람들이 잃는 것은 눈에 보이는 조건만이 아니다. 자기 정체성의 일부와 한 장소에 대한 소속감도 잃고, 문화의 일부분도 잃고, 그냥 집이 아니라 세상에 둘도 없는 '나만의 집'을 잃는다.

생태우울이라는 용어만으로 이런 상심을 모두 묘사하기에는 역부족하다. 2019년에 출간된 『지구 감정들Les

émotions de la Terre』*이라는 책에서 글렌 알브레히트는 잘 알려진 대로 '지구심리적'** 감정들을 표현하기 위해 자신이 직접 고안한 신조어들을 소개한다. 가령, '메르메로지티mermerosity'***는 생태불안보다 더 높은 단계의 불안 증세를 가리키고, '토포어버전topoaversion'****은 사랑했던 장소가 돌이킬 수 없이 망가진 것을 보기가 두려워 그곳으로 돌아가고 싶지 않은 기분을 느끼는 것을 의미한다. 또한 '테라퓨리terrafurie'*****는 환경운동가라면 예외 없이 경험하는 감정으로, 지구를 망치는 행동들에 대해 분노가 치미는 것을 뜻한다. 알브레히트가 고안한 신조어들 가운데 내가 보기에는 '솔라스텔지어'가 제일 성공적이다. 이 단어는 노스탤지어, 태양, 고통, 위로가 없는 상태 등의 의미를 함축하면서 현존하는 가장 아름다운 개념 중 하나가 되었다. 그렇지만 우리가 어떤 것에 대해 느끼는 감정은 그것을 정의하는 언어보다 훨씬 크고 복잡하다. 느낄 새도 없이 변해가는 것들 빼고.

앞으로의 10년은 에어컨이 빵빵하게 나오는 각 가정의 현관에서부터 비극을 향해 직통으로 열려 있다.

---

* 영어 원서 제목은 『Earth Emotions』, 2019년 5월 출간.

** 영어로 psychoterratic. '심리', '정신'을 뜻하는 'psycho'와 '지구'를 뜻하는 'terratic'을 합성한 알브레히트의 신조어 중 하나다. 지구에 관해 사람들이 느끼는 감정을 뜻한다.

*** '근심하는 상태'를 뜻하는 그리스어 '메르메로스mermeros'에서 따왔으며, 큰 불안과 비탄을 의미한다.

**** '장소', '공간'을 뜻하는 그리스어 '토포스topos'와, '혐오', '반감'을 뜻하는 '어버전aversion'의 합성어.

***** '지구'를 뜻하는 '테라terra'와 격노를 뜻하는 '퓨리furie'의 합성어.

2019년 10월에 18만 명이 넘는 사람들이 캘리포니아 산불을 피해 탈출했고, 2020년 초 호주에서도 10만 명이 넘는 사람들이 똑같은 일을 해야 했다. 유엔난민기구에 따르면, 이상 기후 때문에 삶의 터전을 버리고 심지어 나라까지 등지는 사람들이 2008년부터 해마다 2000만 명이 넘는다. 이 수치는 매년 더 늘어날 수밖에 없는데, 어쨌거나 2020년 4월, 26억 3천만 명*에 달하는 지구인들이 코로나 거시기에 걸리지 않으려고 얼마나 고생했는지는 말도 꺼내지 말자.

---

* 《리베라시옹》은 2020년 3월 30일을 기준으로 전 세계의 자가 격리자가 26억 3천만 명이라고 보도했다.

드림

이런 와중에서도 우리는 기운을 잃지 말아야 하는 걸까? 또 기운을 잃지 않을 수 있을까? 그게 되는 사람은 행복하나니! 하지만 나는 그게 가능하다고 생각하지 않는다. 특히 우리 뇌에 그야말로 버그가 나버렸기 때문에 어렵다. 보자. 우리는 알긴 아는데 아는 것을 믿지 않는다. 알긴 아는데 행동에 나서지 않거나, 나서도 아주 조금, 아주 느리게만 나선다. 우리는 집단적으로 극심한 부조화에 빠져 있는데, 그 속에서 제일 괴로워하는 사람들은 바로 에콜로들이다. 그들은 시신도 없고, 듣는 이도 없고, 진짜 유족도 없는 상갓집에서 애도하는 사람들처럼 비통해한다. 왜냐하면 역사 속에 죽음들이 있으니까! 당신은 몰랐다고? 너무나 많은 것들이 죽었다. 시스템이 죽었고, 미래가 죽었고, 사고체계가 죽었고, 조건반사가 죽었고….

충격

생태주의자가 된다는 것은 20세기에 대한 애도에 동참한다는 의미다. 다시 말해, '그냥 저질러!Just do it'나 '우린 할 수 있어!Yes, we can'로 대변되는 과소비의 세기, 블랙 프라이데이와 사이버 먼데이*의 세기에 작별을 고하는 게 바로 생태주의다. 이런 풍조들은 이제 완전히 끝이 났다. 이 거대한 가속**의 세기에는 모든 수치들이 폭발적으로 증가했다. 전 세계 인구도, 에너지 소비도, 쓰레기 축적도, 광석, 희토류, 모래 등에 대한 약탈까지도. 맞다, 생태주의는 결별의 세계에서 일어나는 가속이다. 탐욕이여, 안녕! 오만함도 안녕! 오염도 안녕! 낭비도 안녕! 생태주의자가 된다는 것은 포기하는 것을 의미한다.

애도하기

누군가, 또는 무언가를 잃는다는 것은 거기에 투자했던 사랑과 자산을 회수해서 다른 어딘가에 재투자하는 것과 같은데, 여기에는 에너지가 이만저만 소요되는 게 아니다. "지금 우리는 홀로세의 아름다운 기후를 잃고 있고 1만 년의 안정기를 잃는 중이에요. 그리고 새로운 지질학적 시대로 접어들고 있죠. 그래서 마치 19세기 자연환경으로 돌아갈 수도 있을 것처럼 믿는 환상과는 결별해야 하는 겁니다." 정신분석가 뤼크 마뉴나는 주장한다.

---

*   미국에서 추수감사절 연휴 이후 첫 월요일에 진행되는 최대 온라인 할인 행사를 말한다.
** 기후학자 윌 스테픈Will Steffen과 파울 크뤼천Paul Cruzen, 그리고 역사학자 존 맥닐John Mcneil이 창안한 개념이다. 거대한 가속 현상을 보여주는 놀라운 도표들을 다음 사이트에서 볼 수 있지만(https://futureearth.org/2015/01/16/the-great-acceleration) 이 세 사람의 논문은 《앤트로포신 리뷰Anthropocene Review》 2015년호에 발췌되어 실렸다. 〔원주〕

환경 문제는 따라서 반드시 애도 과정을 수반하고, 우리는 이 과정을 거친 뒤에야 비로소 성인기에 들어서게될지 모른다. 이런 애도 과정은 몇 개월이 걸리기도 하고, 아니면 몇 년, 심지어 몇 세대 동안 계속되기도 하는데, 몇 단계에 걸쳐 진행된다는 점에서 세탁 코스들과 닮았다. 간단히 말해, 현재 상태를 가늠하기 위한 사전 세탁 단계를 거치고, 나쁜 습관을 빼기 위한 본 세탁, 그리고 남은 때를 씻어내는 헹굼 단계와 묵직한 슬픔을 남김없이 짜내버리는 탈수 단계를 거친다. 하지만 먼저 세탁기 드럼 안으로 들어가려면 정신에 살짝 때가 묻어야 되는데, 이는 간단한 일이다. 소중한 사람을 잃든, 난치병 진단을 받든, 꿈꾸던 직장을 잃든, 사랑하는 사람과 헤어지든, 우리는 살면서 크고 작은 상실과 애도를 수없이 겪기 때문이다. 이럴 때는 좋은 책들이 큰 위로가 되기도 한다. 이를테면 크리스토프 포레Christophe Fauré의 『하루하루 애도하며 살아가기Vivre le deuil au jour le jour』처럼. 이 책은 마음에 상처가 생긴다는 것, 좌표를 잃는다는 것이 무엇인지 살피고, 상실의 여러 차원을 분석한다. 그런가 하면 스위스계 미국인이자 정신과 전문의인 엘리자베스 퀴블러로스Elisabeth Kübler-Ross는 임종과 고통 완화 치료에 일생을 바쳤다. 이미 세상을 떠났지만 그녀는 우리 자신이나 가까운 사람의 죽음이 임박했을 때 어떻게 그 미로 같은 시간을 건너야 하는지에 대해 매우 유용한 실마리를 남겨주었다. 그녀는 이 과정에서 모든 사람이 거의 공통적으로 겪는 다섯 단계를 알아냈다. 1단계는 충격, 또는 뺨을 세게 얻어맞은 듯한 상태로, (나쁜) 소식을 처음 접했을 때 나타난다. 2단계는 부정. 그 끔찍한 일이 상상조차 되지 않으니까. 3단계는 협상. 닥쳐온 현실을 여전히 거부하고 믿지 않으려 한다. 4단계는 분노, 슬픔, 고통과 무기력 등 깊은 우울을 예보하는 온갖 감정의 소용돌이다. 그리고 마지막 5단계는 수용. 자, 당신도 이 5단계 과정을 생략하지 못한다. 그러니 생태주의에 들어서는 것이 기본적으로 우울증에 들어서는 게 아니면 무엇일까? 처음에는 개인적으로, 곧이어 집단적으로. 하지만 천만다행하게도 이 우울은 일시적 증상에 불과하다. 그다음에는 수용과 회복의 힘을 길러 지상으로 올라오고, 그런 뒤에 행동과 평온의 상태를 되찾는다. 냉혈한이 아닌 이상 누구나 대강 이런 단계를 거치게 돼 있다. 하지만 이과정이 꼭 어떤 주기로 돌아가는 것은 아니고, 오히려 오르락내리락하는 물결 모양 곡선에 가깝다. 그래서 사람들은 그때그때 사정에 따라 특정 단계에 들어간다. 하루는 우울했다가 그다음날에는 기운을 차리고, 그다음다음 날에는 불안했다가 주말께에는 다시 평온해지는 식이다. 또 산에 바람을 쐬러 다녀온 뒤에는 상태가 좋았는데 IPCC 보고서를 읽고 나서 다시 근심에 휩싸이기도 한다. 하루의 기분이 아침에 옷장에서 옷을 꺼내 입는 것과도 비슷하다. 선택권이 있기는 하지만 그날에 어울리는 것을 입는다.

미래를 애도하기?

모든 시대는 그 직전 시대를 애도하지 않던가? 우리가 곧 직면하게 될 일들이 정말로 애도가 맞기는 한 걸까? 우리는 앞으로 한 가지 특정 상실이 아니라 계속되는 일련의 상실들을 감내해야 할 것이다. 이를테면 보름 정도 지속되던 8월의 폭염이 점차 20일, 30일로 늘어나는 것과 같은 상대적으로 가벼운 문제에서부터 필수 자원이 고갈되는 대혼란에 이르기까지 온갖 상실이 우리가 죽는 날까지 이어질 공산이 크기 때문이다. 또한 옷장에 걸린 옷에서 냉난방 시스템, 식료품 조달, 재산과 인명의 안전에 이르기까지 지금 우리가 누리는 모든 것이 망가져갈 것이다. 그런데 모든 것을 애도하는 법을 알려주는 지침서가 있던가? 붕괴에 대한 슬픔이 일반 애도와 다른 점은 좀처럼 연민을 얻지 못한다는 점이다. 우리 주위 사람들 중에 이 슬픔을 정말로 이해하는 사람은 드물다. 붕괴를 애도하는 사람의 고통은 쉽게 부정당하거나 비웃음을 사고 멸시까지 받기 일쑤다. 그런데 실제로 남편을 잃은 여성에게 다가가서 아니라고, 당신 남편은 죽지 않았으니까 아무 석성하시 말라고 충고하는 사람이 있을까? 없다. 아무도 남편을 잃어서 힘들다고 하소연하는 여인을 비난하지 못한다. 하지만 이런 일이 생태불안을 겪는 이들에게는 실제로 일어난다. 언론에서 비난을 당하는 것은 물론이고, 시장에서, 학교에서, 술집에서, 친구네 집에서도 조롱을 당하고, 심지어 사랑을 나누는 은밀한 침실에서도 분위기를 망친 주범이 된다. '정상적인' 애도를 겪을 때는 흔한 항불안제나 근사한 여행도 고통을 완화해 준다. 이것이 생각을 바꿔주기 때문이다. 반면, 붕괴가 머릿속을 가득 메우고 있을 때는 오히려 골똘한 생각을 통해 삶을 바꾸고 직업을 바꾸고 환경을 바꿔야 한다. 이 둘은 서로 완전히 다른 것이다. 하지만 상실과 불확실성을 헤쳐 나가기 위해 자기 자신 속으로 깊이 침잠하고 싶은 사람이 어디 있겠는가? 더구나 엘리자베스 퀴블러로스가 말한 애도의 다섯 단계들을 하나씩 넘어설 시간이 없다면 어떨까? 그리고 이 전 과정에 에너지와 힘이 너무 많이 든다면? 애도는 시간이 오래 걸리고 일생 동안 계속되는 작업이다. 왜냐하면 개인, 집단, 문화의 세 차원에서 실행돼야 하기 때문이다.

만일 트라우마를 일으킨 것이 소중한 사람을 잃은 사건이 아니라, 우리의 삶의 조건과 좌표들을 잃게 되리라는 예상이라면, 그래도 물결 모양 곡선이 똑같이 적용될까? 심리상담가 피에르에리크 쉬테Pierre-Éric Sutter는 "과학적으로 입증되지 않은" 애도 곡선으로 달려가기 전에 매우 신중해야 한다고 조언한다. 아직까지 환경 요인을 존재의 불안과 확실히 연관 지을 수 있는 사람은 없기 때문이다. "아직 일어나지 않은 일을 애도할 수는 없습니다. 물론 죽음처럼 우리가 억압하는 것이 불안을 일으키기는 하지만요." 피에르에리크 쉬테와, 페이스북 그룹 '행복한 붕괴론자La collapso heureuse' 창설자인 로이크 스테판은 그들의 공동 저서*에서 칸트 철학을 기반으로 생태불안에서 벗어나는 방법을 제시한다. "우리의 세계관을 결정짓는 소프트웨어를 점검하는 것이 좋다. 이 소프트웨어가 바로 시간과 공간 속에서 진화해 가는 믿음들의 처리 장치이기 때문이다." 세계관을 세운다는 것은 다음 세 가지 질문에 답하는 것을 의미한다. 나는 무엇을 알 수 있는가? 나는 무엇을 해야 하는가? 나는 무엇을 희망해도 되는가? 이 지식, 윤리, 희망은 우리의 소프트웨어를 구성하는 세 가지 축이다. 하지만 여기에 생태적, 또는 심지어 붕괴론적 서사 때문에 에러가 생기면 총체적인 버그가 발행해버린다. 더 이상 세 가지 존재론적 질문에 답을 할 수 없게 되는 것이다. 그리고 세계가 균열을 일으킨다. 이것은 애도일까, 아니면 시각의 극적인 변화일까? 어느 쪽이든 뇌에서 일어나는 대형 참사다. "이건 애도가 아니라 죽음을 의식하는 작업입니다." 피에르 에리크 쉬테가 바로잡는다. "하지만 착각하면 안 됩니다. 내가 죽을 거라는 걸 '아는' 건 죽음을 의식하는 게 아니에요. 살아 있는 동안에는 아무도 죽음을 경험적으로 알지 못하죠. 지구 자원이 고갈된다는 사실을 아는 것도 그것을 의식하는 것과는 달라요. 이건 마치 자동차 운전이나 행복에 관해서 책으로 읽는 것과 마찬가진데, 그렇게 한다고 해서 운전이나 행복이 뭔지 정말로 알기는 어렵

---

*   『붕괴를 두려워하지 말라: 불안에서 벗어나 새로운 세계를 구축하는 법 N'ayez pas peur du collapse!: Se libérer de l'anxiété et créer un monde nouveau』, 2020년 6월 출간.

잖아요. 역시 붕괴에 관해 아무리 읽어도 유한성에 대한 두려움에서 헤어 나오지는 못하는 거죠." 쉬테와 스테판은 그들이 운영하는 붕괴체험관측소Observatoire des vécus du collapse에서 1600명 가량의 붕괴론자와 붕괴학자들을 조사한 뒤, 이들의 명백한 공통점이 바로 유한성에 대한 불안이라는 사실을 찾아냈다. "우리는 현실이 무한하다고 믿고 또 그러길 바랍니다. 반면에 유한성은 두렵고요. 죽음보다 강하고 싶지만 우리가 하는 일이라고는 죽음에 맞서다가 더 재촉하기만 하는 게 다예요. 오히려 죽음을 받아들이면 이제까지 경험한 적 없는 삶의 풍미를 얻게 되는데 말이죠." 붕괴론적 서사가 이 유한성에 대한 불안에 다시 불을 질렀으니, 경사 났네!

쇼크에서 쇼크로

생태주의자가 된다는 것은 현기증 나는 미끄럼틀을 타는 것과 같다. 또한 이것은 충격의 경험이고, 해치를 여는 일이며, 줄 없는 번지점프이고, 곤두박질이다. 그리고 모든 것이 뺨을 한 대 호되게 얻어맞는 경험에서 시작된다고도 할 수 있다. 쇼크는 정서적 혼미 상태를 뜻하는데, 그 속에서 얼어붙은 듯 꼼짝하지 못하는 주체는 의식을 잃은 듯 보이거나 경직이 심하다는 점에서 긴장병 환자처럼 보이기도 한다. 더 심한 경우에는 몸의 떨림 때문에 파긴슨병 환자로 오인받기도 쉽다. 하지만 이것은 뇌를 보호하기 위한 증상이다. "쇼크는 '메타노이아métanoïa', 즉 '느닷없는 깨달음'이기도 합니다." 심리상담가 피에르에리크 쉬테가 설명한다. "시각이 완전히 바뀌는 어느 날, 어느 순간, 어느 찰나죠. 이제까지 받아들였던 세계관이 더 이상 기능을 하지 못하지만, 그렇다고 새로운 관점이 생기지는 않은 때예요." 과학적 지식이 이전까지 철석같이 믿고 살던 어떤 관념과 충돌을 일으킨다. 이를테면 지구가 무한하게 확장될 수 있다는 믿음 같은 것. 희망이 부서진다.

나는 나에게 마조히스트 경향이 있다고는 생각해본 적이 없지만 내 직업 덕분에 15년 동안 매일같이 뺨을 얻어맞으며 살았다. 맞다, 나는 수없이 나가떨어졌다. 운이 좋게도 나는 2003년, 《리베라시옹》에 '지구' 면이 신설되는 것을 경험했다. 그해 여름 살인적인 폭염을 겪고 난 직후였다. 당시 국무총리였던 장피에르 라파랭Jean-pierre Raffarin은 노인층을, 프랑스 국민을, 상부상조라는 개념을 처음으로 알게 되었다. 1만 4800명에 이르는 사망자 중에서 노인층 사망률이 엄청나게 높다는 사실에 프랑스 프랑스 전역이 큰 충격을 받았다. 우리 기자들은 기상청에 쉴 새 없이 전화를 걸어 전문가들에게 이제 '올 것'이 온 거냐고, 기후변화가 시작된 거냐고 물었다. 그들은 세상에서 제일 신중하고 조심스러운 태도로 대답했다. "기상과 기후는요, 그게 같은 게 아니거든요." 1만 4800명이 목숨을 잃었는데, 어떻게 기후와 환경과 위기 적응 문제가 모든 주제를 압도할 뿐 아니라 그것만이 유일하게 가치 있는 주제라는 사실을 모를 수 있을까? 정부 각료의 동정이나 축구 경기, 패션쇼장에서 공개된 최근 디자인과는 비교도 안 되게 중요한 사안인데 말이다.

그렇게 해서 특별한 고난의 모험이 시작되었고, 생태 문제를 다루는 매일의 취재가 시작되었다. 2003년 9월 어느 날, 나는 자발적 탈성장에 관한 세미나에 참석했다. 당시만 해도 프랑스에서 이런 주제를 아는 사람은 거의 없었다. 100여 명의 사람들이 "더 적은 것으로 더 낫게 사는 삶"에 관해, 한계에 다다른 지구에 관해, 성장하지 않는 성장 사회에 관해 이야기했다. 많은 이들이 웃었고, 나는 배꼽을 잡고 웃었다. 그 뒤, 체르노빌로 첫 여행을 떠나게 되었다(총 여섯 번을 가게 된다). 우크라이나와 벨라루스의 오염지역을 방문하는 일정이었다. 나는 마치 종군기자라도 된 듯이 흥분했지만 정작 그곳에 공기 중에 흩어진 화약 냄새는 없었고 적들에겐 몸이 없었다. 그렇지만 여전히 방사능이 우리를 공격하고 있었다. 그곳에 이르러서야 나는 우리가 테크놀로지의 주인인 동시에 노예이며, 그 테크놀로지라는 것은 어느 순간에도 우리의 통제를 벗어날 수 있음을 깨닫게 되었다. 나는 오염된 숲과 보드카 잔 위로 펑펑 울었다. 체르노빌은 내게 날아와 꽂힌 화살이었고, 그 화살은 내 몸에서, 머리에서 빠져나가는 데 시간이 아주 오래 걸릴 것 같았다. 지금도 원자력 대형 사고들을 모셔놓은 나의 판테온에서 후쿠시마조차 체르노빌을 끌어내리지 못했는데, 아마 체르노빌이 내가 처음으로 섭한 핵 재앙이었기 때문일 것이다. 하지만 이야기는 어디나 똑같다. 이주자가 된 수만 명의 사람들, 당국의 거짓말, 회복 불가능한 피해들, 수

세기 동안 자연 속에 흩어져 있을 방사성원소들.

2004년, 나는 다큐멘터리 감독 질리안 르갈릭Gilliane Le Gallic을 만났다. 그녀가 만든 〈낙원의 암운Nuages au paradis〉은 당시만 해도 그 존재조차 전혀 알려지지 않았던 태평양의 작은 군도를 조명한 작품이었는데, 그 작은 섬나라가 바로 투발루다. 중심 섬인 푸나푸티는 태평양의 푸른 바다 위에 찍힌, 2.78제곱킬로미터 크기의 작은 쉼표다. 이 섬들은 너무나 작고, 외지고, 눈부시게 아름답다. 비록 환초 꼭대기까지 궁색하지 않은 데가 없어도 이곳에 있으면 정말 꿈을 꾸는 듯한 기분에 젖는다. 하지만 푸나푸티는 사라지는 데 필요한 모든 조건을 갖췄다. 너무나 작은 데다 제곱킬로미터 당 인구밀도가 1672명으로 매우 높고, 해발 높이는 고작 4, 5미터에 불과하다. 북쪽을 향해 4미터 너비의 도로가 나 있고, 그 오른쪽으로는 태평양이, 왼쪽으로는 라군lagoon*이 펼쳐져 보인다. 무척 단순하다. 우리는 눈으로 호강을 한다. 이곳은 현존하는 아틀란티스로, 바닷속으로 사라지는 땅, 기후(및 경제) 요인으로 인한 이주, 위태로운 삶, 그리고 인간의 지극한 아름다움과 지극한 어리석음이 모두 구현된 곳이다. 물이 땅에서 솟아오르고 코코넛 나무들이 침식작용에 시달리는 데다 태풍은 훨씬 잦아졌다. 규모가 큰 조수도 더 강력하고 빈번해졌다. 작은 섬들은 이미 사라지는

---

* 해안의 만이 사주나 사구의 발달로 바다로부터 분리되어 형성된 호수를 이른다. 석호라고도 한다.

중이고, 라군들에도 바다만큼 격랑이 일 때가 많다. 이제 이들은 삶의 방식을 바꾸지 않을 수 없다. 소금기를 머금은 채소밭에서는 제대로 수확할 수가 없고, 소고기 통조림과 쌀밥을 너무 많이 먹는 탓에 비만이 늘어간다. 무엇보다 이들은 세계와 보폭을 맞추고 싶어 한다. 다시 말해, 이들 또한 육중한 SUV를 타고 세계화된 소비 상품을 누리고 싶어 한다. 그곳에서 나는 생태주의자로서의 내 양심을 접어두었다. 꿈을 아주 야무지게 꿔서 우리가, 우리 부자 나라들이 온실가스 감축 약속을 이행하는 데 성공한다 쳐도(이때는 교토의정서에 서명한 지 7년이 지난 시점이었다) 전 세계에 퍼져 있는 식민화된 의식이 그러한 노력을 수포로 돌릴 것이었다. 나는 그전까지 파리에서 유기농을 먹고 내 배출량을 줄이기만 해도 환경 문제가 너끈히 해결될 거라고 생각했지만, 사실은 우리 70억 인구가 모두 거의 똑같이 치명적인 것을 욕망하고 있음을 깨달았다. 그리고 무엇보다, 자신의 의지와 상관없이 이제껏 검소하게 살 수밖에 없었던 이들에게 새삼 절제의 중요성에 대해 설교하는 것이 온당하지 못하다는 것을 절감하게 되었다. 파리로 돌아오는 길에 질리안과 나는 《리베라시옹》의 독자 광고란에 이런 광고를 올렸다. "라군이 있는 군도를 찾습니다. 최소 조건: 너비 26제곱킬로미터, 해발 높이 평균 10미터."* 단 한 건의 연락도

---

*   질리안 르갈릭은 2003년 다큐멘터리 〈낙원의 암운〉을 발표하고, 2005년에 투발루를 지원하는 비영리단체 '알로파 투발루Alofa Tuvalu'를 창립했다. 그리고 1만 1000명 가량의 투발루 사람들이 고유한 삶의 방식을 포기하

오지 않았다.

각성

크고 작은 쇼크들이 내 뒤통수를 제대로 후려칠 모의를
하다가 마침내 그 전모를 드러낸 것은 2012년, 리우 유
엔환경개발회의Rio+20 즈음이었다. 2012년 7월 7일, 이
국제 행사의 개막식이 열리기 불과 2주 전에 과학 잡지
《네이처》에 연구 논문이 한 편 실렸다*. 지구 생물권이
아주 가까운 미래에 급격하고도 돌이킬 수 없이 변화하
리라고 예고하는 논문이었다. 나는 이 논문을 열 번도 넘
게 읽고 또 읽었다. 그런 뒤에 우리 부서 팀장에게 보여
주고서 같이 특집을 하나 구상했다. 이 《네이처》 발 '뉴
스'에 관해 총 서너 쪽짜리 대형 기획 기사를 내자는 것
이었다. 나는 피레네에서 휴가를 보내고 있던 친구 에리
크에게 곧바로 소식을 전했다. 그 뒤로 우리는 보름 동
안 완전히 할 말을 잃은 상태로 지냈던 것 같다. 늘 예감
은 했지만 당연히 내가 가고 난 뒤에 닥치리라고 믿었던

시 않으면서 안전하게 이주될 수 있도록 투발루의 입지조건이 비슷한 섬
을 매입하고자 노력했다.

* 논문의 제목은 「지구 생물권의 상태변동연구Approching a State Sift in Earth's
Biosphere」이다. 20여 명의 연구자들이 참여한 이 논문에서 연구팀은 어느
한 지역의 생태계가 임계 지점을 넘어설 경우 갑작스럽고 돌이킬 수 없는
상태 변동을 일으키는 것과 마찬가지로 전체로서의 지구 생태계 역시 인
간 활동의 영향으로 임계 지점을 넘어설 경우 급격하고 되돌릴 수 없는 붕
괴 과정을 겪을 수 있음을 논증하다. 연구팀은 우리가 삶의 방식을 바꾸지
않는다면 '임박한 붕괴'가 2040년에서 2100년 사이에 나타날 것으로 결론
내린다.

그 재앙이 내 쉰여섯 번째 생일 무렵에 닥칠 거라고 했다. 쉰여섯 살이면 생태계 붕괴로 인해 걸릴 예정이었던 가벼운 암조차 발병할 시간이 없었다. 회사는 이 기획 기사를 8주 뒤인 8월 9일에 내라고 승인했다. 8월 9일, 달리 말하면 사막처럼 뜨거운 한여름이었다. 식전주로 로제와인을 마시는 계절, 한가하게 페탕크*나 놀고 대가족이 휴양지에 모여 늘어지게 즐기는 계절, 파리가 텅 비는 계절. 당연히 아무도 기사를 보지 못했다. 아마 이 8월 9일자가 2012년 한 해를 통틀어 가장 안 팔린 신문이었을 것이다.

누구나 체르노빌과 투발루에서 휴가를 보내거나 《네이처》를 구독하는 것은 아니지만, 생태우울증자는 저마다 조금 충격적이고 지적이기도 한 작은 쓰나미 같은 기억을 간직하고 있다. 시릴 디옹에게 그 쓰나미는 《네이처》 논문이었다. 이 논문에 대해 그는 먼저 7월에 《르몽드Le Monde》에 실린 오드레 가리크Audrey Garric의 기사를 읽고 말았는데, 그 뒤로 8월에 《리베라시옹》에 난 '내' 대박 기획을 보고는 여름휴가를 완전히 망쳐버리고 말았다. "처음에는 그저 헛소리거나 뭔가 오류가 있을 거라고 생각했어요. 아침을 먹으면서 화제에 올렸더니 사람들이 저를 은근하게 타박하더군요. 그런 뒤에 《리베라시옹》에 난 네 쪽짜리 기사를 보고서 아예 논문을 찾아 읽

---

* 쇠공을 최대한 표적에 가깝게 굴려 경기하는 구기 스포츠로, 남부 프랑스에서 기원했으나 프랑스 전역에서 남녀노소 모두 즐긴다.

었어요. 그다음에는 강력한… 부정의 시기를 거쳤죠. '아니야, 이건 말도 안 돼'라면서." 그 무렵 시릴과 나는 이 주제에 대해 이야기하기 위해 함께 점심을 먹었다. 맛있는 파스타를 앞에 놓고 그는 열변을 토했다. "뭔가 해야 해요. 팔짱만 끼고 있을 수는 없잖아요." 아니, 나는 기꺼이 팔짱을 풀고서 동굴에 유기농 와인 박스를 산처럼 쟁여놓은 뒤에 세상 마지막 날을 기다릴 참이었다. 시릴은 산을, 나와 달리, 옮기고 싶어 했다. 그렇게 해서 우리가 잘 알듯이 큰 성공을 거두는 〈내일〉*의 모험이 시작되었다.

생태우울증자는 쇼크의 순간을 여러 차례 경험한다는 점에서 남다른데, 그 쇼크들 중 일부는 유난히 강력하기도 하다. 정보가 뇌까지 전달되는 데는 어떤 강한 충격이나 자극이 필요한 법이다. 그렇게 해서 일단 깨어나고 나면, 각성한 존재는 다시는 잠들지 못한다. 프리랜서 기자인 안소피 노벨Anne-Sophie Novel은 2007년에 상어 불법 포획 문제를 다룬 다큐멘터리 한 편을 보았다(그 끝내주는 작품 〈샤크워터Sharkwater〉, 그리고 작품만큼 끝내주는 감독 롭 스튜어트Rob Stewart). "이 영화에 사람들이 상

---

*   시릴 디옹과 프랑스의 유명 영화배우 멜라니 로랑Melanie Laurent이 공동 연출한 다큐멘터리. 제작진 네 명이 전 세계 10개국에서 지구의 지속가능한 미래를 위해 싸우는 사람들을 만나 오늘날 지구 시민들이 환경 재앙에 맞서 실천할 수 있는 여러 솔루션들을 제시해 준다. 환경 다큐멘터리로는 이례적으로 프랑스에서만도 110만 명이 넘는 관객이 관람했으며, 세자르 영화제 베스트다큐멘터리상을 수상했다. 한국을 포함해 세계 30개국에 배급되었다.

어 지느러미를 어떻게, 그리고 왜 자르는지 나와요*. 그걸 보고 일주일 동안 폐인처럼 지냈어요. 침대 밖으로 나오고 싶지도 않았죠. 어쨌든 더 이상 아무 의미도 없고 다 부질없다는 생각이 들더라고요.” 일주일이나 폐인처럼 지냈다니, 꽤 긴 시간이다. 하지만 안소피는 초심자도 아니었다. 그 당시에도 이미 에콜로 앵포Ecolo-info라는 인터넷 사이트를 운영하고 있었고 날마다 혼자 공부하면서 이 주제를 깊이 파고들던 중이었다. 이자벨 들라누아Isabelle Delannoy는 공생경제** 이론가이자 작가로, 그녀 역시 20년 넘게 생태주의자로 살아온 사람답게 늘 배짱이 두둑했다. “하지만 페름기 대멸종에 관한 논문을 읽었어요. 끔찍한 화산 폭발이 곳곳에서 일어나고 이산화탄소와 메탄가스가 엄청나게 배출되면서 결국에는 지구 생물의 95퍼센트가 멸종됐어요. 이걸 읽은 뒤에 3주 동안 울었죠. 특히 막내와 그 위 아이를 낳았다는 게 너무 슬펐어요. 사실 이미 다 알고 있는 문제들이었거든요. 아니, 지금 벌어지고 있는 현상들이 페름기보다도 훨씬 빠르게 진행되고 있다는 점만 몰랐죠.” 생태운동가 클레르 누비앙은 동물원에서 탈출한 재규어를 도살하는 모습을 보고 충격을 받았다. “이게 인간 세상이었던 거죠. 동물들

---

*   상어를 배 위로 끌어올려 산 채로 지느러미만 자른 뒤에 몸통을 다시 바다로 내던지는데, 지느러미가 없는 상어는 헤엄을 치지 못해 죽는다. 유럽 바다에서는 2012년부터 이런 방식의 어업 활동이 금지되었다. 〔원주〕

**   생태계와 인간 활동 사이에 공생 관계를 형성하게 하려는 새로운 경제이론. 지구, 경제, 사회의 조화로운 변영을 추구한다.

을 잡아 가둬놓고 오락거리로 삼는 세상. 더 이상 야생
은 없었던 거예요. 우리가 다 지배했으니까." 아멜리 역
시 오랫동안, 그러니까 오존층에 구멍이 뚫린다는 얘기
를 듣고서 평생의 두려움에 사로잡혔던 아홉 살 때부터
지금까지 내내 생태주의자로 살아왔지만, 2018년, 상상
도 못한 충격이 예고도 없이 찾아왔다. 당시에 그의 친구
한 명이 그 유명한 『어떻게 모든 것이 붕괴할 수 있는가』
를 읽고 완전히 넋이 나가버렸다. "그 친구가 계속 울기
만 하다가 또 24시간 내리 자기만 하고, 거의 정상이 아
니더라고요. 그래서 저도 파블로 세르비뉴의 강의 영상
들을 찾아봤죠. 이걸 어떻게 설명해야 할까요? 폭염 속
에서 온몸에 소름이 돋고 겁에 질려서 식은땀이 났어요.
한밤중에도 잠이 깨서 두려움을 진정시켜야 할 정도였으
니까요. 그렇지, 올 것이 왔구나. 50년 후가 아니라 지금
이었어. 제기랄! 어린 아들이 둘인데, 그 애들에게 뭐라
고 설명해야 할까요?"

　과학자들에게는 쇼크도 온갖 도표와 수치들을 근거
로 훨씬 합리적으로 나타난다. IPCC 공동의장을 맡고 있
는 발레리 미송 델모트*는 생태우울을 겪고 있지는 않
지만 그녀도 당황스럽기는 마찬가지다. "이산화탄소와 메
탄가스의 대기 중 농도를 확인해 보면 계속 가파르게 증

---

*　　Valérie Masson-Delmotte. 프랑스 기후환경과학연구소 수석연구원이기
　도 한 그녀는 IPCC 보고서의 핵심 저자로서 벌써 2019년에 "기후변화는
　이미 불가역적 상황"이라고 진단했다. 2018년에는 과학 잡지 《네이처》가
　선정한 '올해의 과학자 10명'에 들기도 했다.

가하고 있어요. 기가 막히죠. 줄여나가야 하는데 실제로
는 더 늘어나고 있으니까요.” 그녀가 기후환경 과학자
로 처음 일하기 시작했을 때만 해도 대기 중 이산화탄소
농도가 300ppm*이었다. 이때는 어떻게 해서든 수치를
350ppm 이하로 제한하는 게 목표였다. 하지만 현재 이
농도는 북극에서 415ppm을 기록하고 있고, 그래프가 방
향을 바꿀 조짐은 전혀 보이지 않는다. 클라이브 해밀턴
**은 과학 보고서들을 찾아 읽고서 현재 돌아가고 있는
상황을 간파했다. “이런 생각이 들더군요. 제기랄, 우린
망했네! 너무 늦었잖아! 세계의 대응 방식을 아무리 후하
게 평가한다 해도 너무 늦었다는 사실은 변하지 않아요.
제가 몇 달 동안이나 괴로웠던 이유도 이것 때문이고요.
어떤 면에서는 우리의 미래 관념이 전부 무너지고 있는
겁니다. 지금이야말로 세계를 바라보는 방식을 새롭게
모색해야 할 시점인 거죠.” 맞다. 우리가 알던 세계는 유
리잔처럼 산산이 부서졌다. 뇌도 뒤죽박죽이다. 이제 우
리는 흩어진 조각들을 하나하나 주워 모아야 할 것이다.
부디 손이 너무 깊게 베이지 않기를 소망하면서.

쇼크를 겪는 아이들

학교에서 분리수거 수업을 듣고 바다를 오염시키는 플라

---

*   ppm은 공기 분자 100만 개당 온실가스 분자의 숫자를 나타내는 단위다.
가령, 1ppm은 1mg/kg, 또는 1g/t, 1ml/m³이다. 〔원주〕
**   Clive Hamilton. 호주 철학자. 명쾌한 통찰이 빛나는 명저 『누가 지구를
죽였는가Requiem for a Species』의 저자다. 〔원주〕

스틱 쓰레기에 대해 교육을 받거나, 또는 미디어의 불안한 메시지들을 접하면서 아이들은 생태적 이슈에 크게, 어쩌면 조금은 지나칠 정도로 심하게 영향을 받는다. 호주 산불 참사는 열세 살 쉬잔의 어린 마음을 갈가리 찢어놓았다. 코알라에게 닥친 운명이 너무 가혹했다. "차라리 코알라들을 품에 안고 불길 한가운데서 죽고 싶었어요. 코알라들은 아무것도 요구한 게 없는데, 보셨죠? 사람들이 이 동물에게 무슨 짓을 했는지 말예요." 비닐봉지에 둘둘 감긴 바다거북, 질식하는 돌고래, 사라져가는 상어, 굶주린 북극곰 등은 모두 아이들에게 충격 자체다. 특히 이들은 인스타그램에서 공유되는 이미지들을 보며 경악한다. 열두 살 마틸드는 동물보호단체 L214가 찍어 올린 도살장 동영상들을 보고서 동물성 식품을 싹 끊었다. 그리고 그때부터 자신의 중학교에서 환경운동을 벌이고 발표 기회가 있을 때마다 환경 문제를 주제로 삼는다. 이들의 동지 중 한 명이 환경운동계의 월드 스타, 그레타 툰베리다. 열여섯 살의 나이에 툰베리는 트위터 팔로워가 4백만 명이 넘고, 그중 일부는 열일곱 살 아드리앙처럼 외로운 10대들이나. 아드리앙은 툰베리가 2019년 1월 다보스 포럼에서 연설하는 모습을 보고 깜짝 놀랐다. "툰베리가, '나는 여러분이 공포감을 느끼기를 바랍니다!'라고 말했을 때 저는 그게 무슨 말인지 몰랐어요. 그래서 이것저것 찾아보고는 완전히 맛이 갔죠. 지금은 툰베리의 트위터를 팔로우하면서 친구들을 기후파업에 동참시키려 노력하고 있어요."

충격을 심하게 겪은 경우에는 오랜 시간이 지난 뒤에도 어린 시절의 쇼크를 고스란히 기억한다. 1967년, 미셸은 평소와 다름없이 아침에 일어나 학교에 갈 준비를 했다. 하지만 코코아를 마시려고 하다가 독한 기름 냄새가 훅 끼쳐 비위가 상했다. 그녀는 브르타뉴 지방 플뢰비앙에서 살았는데, 밤사이 토리캐니언Torrey Canyon호*가 좌초된 것이었다. 그녀의 아버지는 딸을 해안가로 데려갔다. "바다가 수평선까지 온통 기름으로 뒤덮여 있었어요. 파도도 없고 끔찍했죠. 저는 학교를 이틀 동안 결석한 뒤에 다시 돌아갔는데, 고학년 아이들이 기름을 뒤집어쓴 바닷새들을 세제로 씻기고 있었어요. 운동장이 비누 거품으로 가득했고요. 하지만 새들은 죽었어요. 전부 다. 매일매일 죽은 물살이와 석유 냄새가 진동하지 않는 곳이 없었어요. 집에서도, 장난감에서도, 이불에서도." 미셸처럼 델핀 바토도 다섯 살 때 부모와 같이 조그만 어항을 찾았다가 바다를 뒤덮은 석유를 보고 제자리에 얼어붙고 말았다. 이번에는 아모코 카디즈Amoco Cadiz호**가 항구 안까지 기름을 게워낸 것이었다. "항구에서 남자들이 허벅지까지 올라오는 장화를 신고 펌프 작업을 하고 있는 걸 봤어요. 역겨운 석유 냄새가 코를 찔렀죠. 하지만 제가 정말로 잊을 수 없었던 건 사람들의 한

---

* 브르타뉴 지방 영불해협에서 좌초하여 적재하고 있던 원유 약 12만 톤을 유출시킨 유조선.

** 1978년, 역시 브르타뉴 지방에서 좌초한 유조선으로, 원유 약 22만 톤을 유출했다. 역대 최악의 해상 환경 재앙 중 하나로 꼽힌다.

없는 슬픔이었어요." 그 뒤, 전 생태부 장관인 바토는 로베르 메를Robert Merle의 소설 『말빌Malevil』*을 읽으면서 보팔부터 체르노빌까지 두루 다녔다. "정말 눈물이 다 마르도록 울었어요." 산업재해들에게 경의를 표하자. 이런 강렬한 경험은 늘 좋은 책 한 권보다도 더 교육적이니까!

부정

이런 충격을 겪기만 하면 누구나 급진적 생태주의자가 되는 걸까? 어쩌면 그럴 것이다. 견딜 수 없는 것을 견디느라 작동하는 방어 기제, 즉 부정에 빠지지만 않는다면. 하지만 뺨을 자꾸 얻어맞다 보면 타격을 피할 방법을 터득하는 것은 지극히 당연한 일이다. 퀴블러로스가 말하듯이, 부정은 뇌가 현실을 덜 잔인하고 덜 고통스럽게 느끼기 위해 당면한 상황을 전부, 또는 일부 거부함으로써 스스로를 보호하는 자연스러운 과정이다. 그래서 가엾은 생태불안증자는 현실과 싸우는 것이다. 아니야, 이 위 용종은 암으로 발전하지 않아. 아니야, 이 기후변화는 불가역적이지 않아. 과학은 무슨 얼어 죽을! 인간이 알면 얼마나 안다고!

---

*   렉싱엥으로 인류 문명이 파괴된 뒤 소수 생존자들이 공동체 재건을 위해 분투하는 과정을 그린 포스트 아포칼립스 소설이다. 1972년작. 한국어로는 『최후의 성 말빌』이라는 제목으로 번역되었다.

내 안에 작은 도널드 트럼프 있다

일간지 생태 면을 담당하는 기자로서 나는 귀를 홀리는 부정의 멜로디를 들을 기회가 거의 없었다. 나는 과학자들과 NGO 활동가들, 확신에 찬 개인들을 인터뷰하며 모든 것을 속속들이 파악했고, 날마다 너무 나쁘지 않은 뉴스에 이어 정말 나쁜 뉴스들이 쉴 새 없이 터져 나왔다. 그 와중에 마침내 2013년, TV 채널 프랑스 5가 제작하는 미국의 기후 회의론자들을 조명하는 다큐멘터리를 직접 연출하기에 이르렀다. 대부분 자유지상주의자인 이 미국의 회의론자들은 국가가 기후위기를 빌미로 자신들의 투자를 규제할 수 있고, 심지어 '절대로 타협할 수 없는' 자신들의 삶의 방식까지 개입할 수 있다는 생각에 진저리를 친다. 왜냐하면 지구 온난화가 '수박들', 그러니까 초록 옷으로 위장한 (빨갱이) 공산주의자들의 발명품이라고 철석같이 믿기 때문이다. 이 열렬한 화석연료 옹호자들의 사고방식을 분석하는 것은 꽤 쉬운 일인데, 이들의 싱크탱크들은 가스와 석탄과 석유로 떼돈을 벌어 억만장자가 된 코크Koch 형제에게 대부분의 자금을 조달받아왔다. 이들이 어찌나 해괴하고 뻔뻔하던지 나는 내가 해왕성을 촬영하고 있는 줄 알았다. 이 미국식 기후 회의주의는 호주, 캐나다, 영국 등 모든 영어권 나라로 수출되었다. 고상하고 세련된 프랑스에서는 기후 부정론이 그 정도로 심하지는 않지만, 그래도 사실의 규모를 축소하는 방식으로 나타난다. "그렇게 심각하지는 않잖소. 원래 지구라는 게 추울 때도 있었고 더울 때도 있었으니까. 어쨌든 인간은 항상 적응을 잘해왔으니, 앞으로도 그럴 거요." 우리 동네 포도농원 주인이 한여름 가뭄에 바싹 타들어간 포도나무들 앞에서 내게 설명했다. 그러면 또 다른 목소리를 들어보자. "우리 대다수는 지구의 현실에 관해 우리가 믿고 싶은 것을 믿을지 아니면 과학이 말해주는 것을 믿을지, 그 사이에서 내적 갈등을 겪고 있습니다. 회의론자들은 뇌 한쪽에서 자신이 믿고 싶은 것을 더욱 열렬하게 지지하는 기능이 작동하는 것 같고, 나머지는 과학적 사실이 자신의 믿음을 뒤흔들 수 있음을 받아들이고 있죠." 호주 철학자 클라이브 해밀턴의 말이다. 그는 영어권 사회에서 벌어지는 이 내적 갈등에 관해 이미 그의 저서에서 자세한 근거들을 제시한 바 있다.

사실, 내가 터무니없는 보수주의자들만이 아니라 우리 모두를 필름에 담았으면 더 좋았을 것이다. 정도는 다를지언정 우리 내면에는 모두 작은 도널드 트럼프가 살고 있기 때문이다. 일단 충격에 얻어맞고 나면 우리 뇌에서는 커다란 협상 공간이 열린다. 이 문제는 너무 심각해. 당연히 어마어마한 변화를 불러올 거야. 이때 뇌는 모든 것이 뒤죽박죽되도록 우두커니 보고만 있지 않는다. 개인이 속한 사회·경제·문화적 배경에 따라 세 가지 정서, 즉 부정, 부조화, 단순 협상 전략이 뒤엉킨다. "실행해야 할 변화는 우리 삶의 방식이나 현실 상황과 크게 배치되고, 세계와 삶을 바라보는 관점, 안락이나 부의 개념과도 상충한다. 이러한 까닭에 우리의 행동은 변화를 따라가지 못한다." 세브린 밀레Séverine Millet가 그의 '나튀

93

르 위맨Nature Humaine' 구독자들에게 보내는 편지에 썼다. 그러니까 변화를 실행하려면 어찌됐든 삶의 방식을 바꾸고, 소비를 줄이고, 유기농산물을 먹고, 립스테이크를 끊고, 탄소발자국의 4분의 3을 줄이고, 자전거를 타고, 몰디브는 꿈도 꾸지 말아야 한다. 이제 우리는 상황을 관망하려 한다. 이렇게 하면 괜찮지 않을까 하고. "단순 협상 국면은 모 아니면 도의 심정으로 판돈을 다 걸어보는, 또는 걸어보려고 생각하는 단계죠." 생태심리학자 장피에르 르단프Jean-Pierre Le Danff가 말한다. "좋아요, 저는 폐암에 걸렸어요. 하지만 담배를 끊으면 낫겠죠. 안 그래요, 선생님?" 일개 소비자로서 우리는 마치 아무 일 없다는 듯이 계속 행동한다. 그렇지만 아침마다 거울 앞에 서면 인격이 둘로 쪼개진다. 제일 기가 막힌 노릇은 명백한 증거들에도 불구하고 우리는 재앙이 코앞에서 기다리고 있다는 것을 고집스럽게 믿지 않는다는 점이다. 이것이 우리 세계의 비극이다. 사람들이 정보를 수없이 접하면서도 자신들이 알고 있는 것을 믿지 않는다는 것. 철학자 장피에르 뒤퓌Jean-Pierre Dupuy는 독일이 프랑스에 전쟁을 선포하던 날에 관한 앙리 베르그송Henri Bergson의 이 섬뜩한 문장을 인용한다. "이토록 무시무시한 가능성이 이토록 태연하게 현실 속으로 걸어 들어올 수 있으리라고 누가 믿었겠는가?" 우리의 처신이 불러일으킨 기후변화가 우리의 공동 운명을 파국으로 밀어 넣을 수 있으리라고 누가 믿겠는가? 그리고 오늘도 우리는 읊조린다. 그게 사실이라면 다들 알지 않겠어? 그게 사실이라면 다들 믿지 않겠어?

그나저나 나는 코로나 바이러스발 도시 봉쇄와 사회적 거리두기 따위의 사건들이 착한 결심들로 가득한 우리 마음에서 흐지부지 사라지기까지 시간이 얼마나 걸릴지 궁금하다. 불과 몇 주 만에 전 세계는 이 바이러스가 어디서 왔는지 알았고, 그 근본 원인이 야생동물과 인간 사이의 초근접 거리, 자연 서식지 파괴, 동물 섭취 등이라는 것도 알았으며, 그 심각한 여파도, 특히 세계 경제에 들이닥칠 무서운 결과도 이해했다. 이 모든 사태 속에서 우리는 인류를 향한 엄중한 경고를 보았다. 인간은 그렇게 대단하지 않다는 것, 우리의 첨단 기술 사회도 생각보다 훨씬 부서지기 쉽다는 사실이었다. 하지만 부정은 앞으로도 오랫동안 계속될 것이다. 경제 회복을 소비에 의존하는 만큼 오랫동안.

인지 부조화

1954년 시카고의 한 변두리. 50세가 안 된 가정주부 메리언 키치Marian Keech는 외계 존재들과 교신하는 특이한 인물이었다. 외계인들은 그녀에게 아주 중요한 정보를 하나 건넨다. 조만간 대홍수가 나서 미국 영토의 대부분이 물에 잠길 거라는 것. 메리언은 자신을 따르는 수많은 추종자를 불러 모았다. 예의 외계 존재들이 12월 20일에서 21일로 넘어가는 날 자정으로 예고된 재앙의 순간에 선량한 사람들을 비행섭시에 태워 죽음을 면하게 해줘도 좋다고 허락했기 때문이다. 12월 21일 아침, 미국

영토 중 어느 곳도 물에 잠기지 않았다. 우리가 짐작하기에는 메리언이 너무 당황해서 코를 감자칩에 박은 채 고개도 못 들었을 것 같지만, 실제로는 그렇지 않았다. 그녀는 외계인들과 다시 교신하기 위해 사무실에 틀어박혔고, 아마 계속 그럴싸하게 주장을 이어나갈 최고의 전략을 그 외계인들에게 전수받았던가 보다. "여러분이 인류를 위해 그토록 헌신적으로 노력한 덕분에 종말이 더 이상 필요없게 되었답니다!" 문제 해결! 이듬해인 1955년, 메리언의 추종자들 틈에 잠입했던 사회과학 분야 연구자들이 보고서*를 출간했는데, 거기서 그들은 이른바 '인지 부조화'라는 현상을 이론화했다. 추종자들 입장에서 예언이 터무니없었음을 인정하는 것은 뇌가 완전히 뒤집어지고 거대한 의심에 휩쓸리는 일이기 때문에 잠시 상상하는 것조차 할 수 없었다. 대신 뇌는 다음 네 가지 경로를 지나 부조화에 이르렀다. 변절(예언은 거짓이었어, 나는 메리언을 떠날 거야), 현실 부정(아니, 예언은 실패하지 않았어), 합리화(예언이 실패한 게 아니라 예언에 대한 해석이 틀렸던 거야), 열성적 포교(예언이 실패한 것처럼 보여도 내가 새로운 사람들을 전도할 수 있다면 예언이 정말로 사실이었다는 게 입증되는 거지). 우리의 생

*   L. Festinger, H.W. Riecken et S. Schachter, When Prophecy Fails, Minneapolis, University of Minnesota Press, 1956 (*l'Échec d'une prophétie* ; *psychologie sociale d'un groupe de fidèles qui prédisaient la fin du monde*, trad. de l'angl. par Sophie Mayoux et Paul Rozenberg, Paris, PUF, 1993). 〔원주〕

태위기를 적용해 봐도 이 이론은 정확히 들어맞는다. 여기서 맹신의 대상은 성장, 발전, 그리고 소비에 의한, 소비를 통한 행복이다. 일을 해서 우리가 필요한 것, 그리고/또는 원하는 것을 얻는 삶의 방식은 전적으로 타당하다. 이것이 우리를 나락 직전까지 끌고 가든 말든 상관없다. 그나저나 나락이라니, 무슨 말도 안 되는 소리야!

원하는 모든 것을 아무 때나 손에 넣을 수 있는 부자 나라의 21세기 여성에게 부조화는 세상을 살아가는 하나의 존재 상태다. 나는 정기적으로 탄소를 배출하는 즐거움을 누린다. 지금 이 책을 쓰고 있는 곳은 내가 사는 욘의 시골구석이지만, 부츠를 한 켤레 더 장만하기 위해 방금 베스티에르 콜렉티브Vestiaire Collective*에서 구매 버튼을 눌렀다. 그리고 니트 원피스도 하나. 그야, 지금 나한테는 '겨우' 세 개밖에 없으니까. 2019년에는 아주 친한 친구가 머릿속에 온통 베이루트 생각뿐이어서 그녀를 레바논에 데려갔는데(어차피 갈 테니까…), 물론 거기까지 열기구를 타고 날아가지는 않았다. 내가 기르는 고양이들은 유기농 식사로 호강을 하는데도 우리 집 나무에 내려앉는 새들을 삽아 죽인다. 나는 아이는 낳지 않았지만 푸틴표 보일러(프랑스에 공급되는 가스의 4분의 1은 러시아에서 온다)를 쓴다. 재생에너지는 내 능력 밖이었기 때문이다. 나는 수시로 내 탄소배출량을 계산해 보는데, 이산화탄소 2톤짜리 생활과는 거리가 멀어도 한참

---

* 　중고 명품을 판매하는 온라인샵.

멀다.* 우리 집 냉동고는 내 세 가지 인격과 협상을 벌인 고기들로 가득하다. 첫 번째 인격은 지역 경제에 보탬이 되고 싶어서 근처 소규모 농장에서 생산되는 1킬로그램당 15유로짜리 양고기를 구매한다. 두 번째 인격은 친구들에게 맛있게 대접하고 싶어서 양 넓적다리 고기를 고르고, 세 번째는 행복하게 살다가 행복하게 죽은 양고기를 먹고 싶어 한다.

맞다, 현실을 조금씩 바꿔나가려는 움직임들도 많이 일어나고 있고, 할렐루야, 그런 노력들은 모두에게 영향을 미친다. 가령, 어떤 부조화의 대가는 하늘에서 눈부시게 아름다운 사진을 찍는다. 그는 섬세하고 흠잡을 데 없는 작품을 통해 우리에게 이 아름다운 세상을 반드시 지켜내야 한다는 경각심을 불어넣어 주었다. 하지만 그 사이, 그와 그의 작업 팀은 대기 중에 수천 톤에 이르는 이산화탄소를 뿜어댔다. 73세의 나이에 이 사진예술의 대가 얀 아르튀스 베르트랑은 다시는 비행기를 타지 않기로 결정했다. 부디 그가 앞으로 아주 오래오래 살아서 결과적으로 비행기가 그의 탄소 배출 총량에 되도록 미미한 영향만을 끼치게 되기를 바라자. 우리는 문명 붕괴의 메시아가 될 수도 있지만 그렇더라도 여전히 인간이라는 사실에는 변함이 없고, 그것도 이 망할 21세기를 살아갈 수밖에 없는 인간이다. 파블로 세르비뉴만 봐도 그렇다.

* 2050년까지 탄소 중립에 도달하기 위해서는 모든 프랑스인이 현재의 탄소배출량을 5분의 1로 줄여야 하는데, 이는 매년 10톤에 달하는 배출량을 2톤으로 낮춰야 한다는 뜻이다. 행운이 있기를! 〔원주〕

그는 일상에서 자기가 마치 지구 문제를 잘 알지 못하는 사람처럼 행동한다고 고백한다. "저는 여전히 자동차가 있고 태양광 패널도 설치했어요. 달리 말하면 제가 여전히 배터리와 희귀금속, 석유에 의존하고 있다는 뜻이죠. 초콜릿을 끊어야 되는데 그냥 나중에 끊자고, 세상에서 정말로 다 사라지고 없으면 그때 가서 끊자고 생각해요. 하지만 제일 큰 타협은, 저의 작은 죄이기도 하고 세상 끝나는 날까지 포기 못할 마지막 즐거움이기도 한데, 휴대폰, 노트북, 그리고 사무실 데스크탑이에요. 물론 노력을 안 해본 건 아니죠. 심지어 20년 동안 열 번이나 리눅스로 옮겨가 보기도 했지만 아무 소용이 없더군요. 이 바보 같은 애플 제품들이 솔직히 너무 좋으니까요." 그럼 이제 기성세대를 비난하고 생태운동에 열을 올리는 그레타 툰베리 세대에 대해 얘기해 볼까? '삶의 조건 연구와 관찰을 위한 학술센터'*가 실시한 연구에 따르면, 젊은 세대는 "세계가 기상이변 때문에 파국을 맞으리라는 생각에 깊이 빠져 있는 것은 사실이지만, … 그들이 자라오고 오늘도 살아가고 있는 소비주의 사회 모델과 정말로 결별한 상태는 아니다. 한 예로, 18·24세 청년의 20퍼센트가 자신들에게는 소비가 최고의 즐거움이라고 말하는데, 이는 전체 인구의 평균보다 8퍼센트가 높은 수치다." 좀 더 자세히 말하자면, 이 젊은이들 중 30퍼센트

---

*   CREDOC(Centre de recherche pour l'étude et l'observation des conditions de vie).

가 세일 기간을 이용하는 것이 "돈을 절약하기 위해서" 라기보다는 "더 많이 사기 위해서"라고 밝힌다. 이들은 또한 평소에 그토록 신성시하는 탄소발자국을 위해서 자신들의 여행 계획을 포기할 준비도 되어 있지 않다. 오히려 나머지 인구보다 비행기를 더 자주 타는데, 28퍼센트가 1년에 2회 이상 이용한다. 이는 전체 평균보다 9퍼센트를 웃도는 수치다. 오케이, 부머*, 너희도 부머 아니니, 애들아! 이자벨 오티시에는 자신의 탄소발자국에서 여전히 육식을 지우지 못했으며, 또한 앞으로도 오랫동안 비행기를 타게 될 것임을 인정한다. 이 항해사는 매년 수개월씩 일상에서 벗어나 지구의 차가운 바닷물을 가른다. "내 요트가 트롬쇠(노르웨이)에 있기 때문에 거기까지 비행기를 타고 갈 수밖에 없어요. 하지만 우수아이아(아르헨티나 파타고니아)에 있지 않은 게 어디에요!" 이자벨, 당신 말이 맞아요! 파리와 트롬쇠 왕복은 이산화탄소 1톤을 약간 넘는 정도지만 아르헨티나는 다섯 배나 더 많으니까요! 여행은 시릴 디옹에게도 탄소를 왕창 배출하는 작은 즐거움이고, 그는 세계의 멋진 장소들과 활력을 주는 만남들을 포기하기 어렵다. "여행을 통해서 아무리 얻는 게 많다고 해도 비행기를 타는 거잖아요, 비행

---

*   Okay, boomer. '부머'는 경제가 급성장하던 시기에 태어나 물질적 풍요를 누렸으나, 젊은 세대의 미래를 위협하는 기후위기 앞에서는 아무런 행동도 취하지 않는 베이비부머 세대를 상징한다. 이 표현은 2019년 뉴질랜드 의회에서 25세 녹색당 소속 클로에 스와브릭Chlöe Swarbrick 의원이 기후변화에 관해 연설할 때 거듭 딴지를 거는 나이 든 동료 의원들에게 "오케이, 부머"라고 가볍게 받아친 데서 시작되었다.

기!" 또 시릴은 공정무역 유기농 의류가 가득 든 장바구니를 들고 계산대 앞에 서서 신용카드를 긁을 때도 죄책감을 느낀다. "파블로의 컴퓨터는 어쨌든 문명의 이기고 필요한 물건이잖아요. 하지만 새 스웨터는요?" 괜찮아요, 시릴. 당신이 스웨터 두 개 때문에 발등을 찍는 동안 킴 카다시안Kim Kardashian은 자신을 벼랑 끝까지라도 쫓아올 수백만 명의 열성 팬들 앞에서 오늘만도 옷을 456번이나 갈아입었으니까. 때로 타협은 스웨터 하나보다 훨씬 존재론적인 문제로 다가온다. 가족을 먹여 살리기 위해 필립은 산업사회와 생산제일주의 시장 경제 속에 두 발을 담그고 있다. "저는 환경적인 관점에서 어리석기 짝이 없는 일들을 하는 기업들에게 서비스를 제공하고 있답니다." 그렇군요! "저도 문제의 일부인 거죠. 그렇기는 해도 제 탄소발자국은 꽤 괜찮은 수준이에요. 출장 때문에 다니는 것만 빼면요." 마르크 디는 다국적 기업에 다니다가 사표를 던지고 나온 날부터 더는 타협을 하지 않게 됐다. 그가 일하던 기업의 목표는 "사람들이 슈퍼마켓에서 점점 더 많이 소비하게 하는 것"이었다. 그는 자신도 몬산토Monsanto* 경영진이 자전거로 출퇴근하는 것과 똑같은 모순에 빠져 있다고 느꼈다. "개인인 저 역

---

* 원래 고엽제, 아스파탐 등을 생산하는 화학기업이었으나, 세계 각국의 종자회사들을 대거 인수한 뒤에 현재는 전 세계 유전자변형농산물GMO 특허의 90퍼센트 이상을 소유한 독점적 종자회사가 되었다. 앞서 언급했던 글리포세이트를 주성분으로 하는 제초제, '라운드업'도 몬산토의 대표 상품 중 하나다. 참고로, 우리나라 최대 규모의 종자회사였던 흥농종묘와 중앙종묘도 IMF 시기에 몬산토로 넘어갔다.

시 국가 같은 대형 사회가 보여주는 모습과 똑같은 거죠. 이를테면 국가는 생태전환의 필요성을 뻔히 알면서도 여전히 성장과 끝없는 구매력 상승만을 목표로 삼고 있잖아요."

죄책감이 드는 행동에 관한 질문은 암묵적으로 그러면 결정적 차이를 만들어낼, 무엇보다 중요하고 유익한 행동은 무엇인지를 되묻는다. 안타깝지만 샤워 시간을 줄이는 정도로는 이 곤경에서 빠져나가지 못할 것이다. 그리고 솔직히, 장바구니에 유기농 채소를 담아 들 때도 우리는 무력하고 조금은 바보가 된 기분을 느낀다. 마치 세상이 다 무너져 내리는데 하늘을 향해 한껏 잎을 뻗어 올리는 풀포기처럼 말이다. 하지만 부정에 빠지지 않으면서도 우리가 그렇게 대단한 존재가 아니라는 사실을 인정할 수도 있다. 죄책감이 드는 즐거움에 대해 묻자 미셸은 질문을 슬쩍 비껴갔다. "왜요? 당신은 우리가 이 두 주먹으로 모든 걸 바꿀 수 있다고 믿는 거예요?" 전 생태부 장관 델핀 바토는 스스로 부정에 빠지지 않았다고 믿는 것은 매우 오만한 생각이라고 말한다. "부정에서 완전히 자유로운 사람은 없어요. 일상을 변함없이 영위해 나간다는 단순한 사실조차 우리 안에 부조화를 일으키지만, 그게 또 살아남는 방법이잖아요!" 그런가 하면 죄책감을 완전히 씻어버린 이들도 있다. 올리비에 세르 Olivier Serre도 그런 경우인데, 그는 페이스북에서 붕괴론을 주제로 하는 토론 그룹을 여러 개 운영 중이다. "환경 보호라는 건 말짱 헛소리죠. 인간은 환경 같은 건 전혀 신경 쓰지 않아요. 더구나 인간이 지금까지 살아남은 것도 나머지를 다 파괴했기 때문인 걸요! 저는 저 자신을 용서해요. 죄책감도 전부 몰아냈고요. 그랬더니 다른 사람들에게도 훨씬 너그러워졌어요. 어쨌거나 수도꼭지를 조금 늦게 잠갔다고 해서 우리가 서로에게 욕을 해댈 거는 아니잖아요, 안 그래요?" 아니다. 결코 아니다.

집단 부정

나는 탄소 허리띠를 바짝 졸라매고 있는데 다른 사람들은, 그러니까 이웃들, 친구들, 직장 동료들, 지구에 같이 세 들어 사는 30억 부자들은 콧방귀도 뀌지 않는 것은 정말로 분통 터지는 일이다. 미셸 말이 맞다. 우리 두 주먹으로 모든 것을 바꿀 수는 없다. 미셸이 범선으로 운송된 유기농 초콜릿을 찾느라 머리를 싸매고 있을 때 수천만 명의 프랑스인들은 카카오빈으로 제조되어 이산화탄소를 원 없이 뿜어대는 화물선에 실려온 초콜릿을 먹는다. 내가 기차표에 돈을 왕창 쓰고 있을 때 항공사들은 고작 담배 한 갑 가격으로 우리를 한겨울에 따뜻한 포르투갈이나 모로코로 데려가 준다.

개인적인 부조화도 괴로울 수 있지만 우리가 속한 집단과 사회의 부조화는 그보다 더 견디기 어렵다. 매일같이 신문에서, 텔레비전에서, 광고전단에서 우리는 서로 상충되는 정보들 속에 파묻힌다. 이에 대해 니콜라 윌로도 격하게 동의한다. "제가 정부에서 더 버티지 못했던 이유가 바로 그런 비일관성 때문이었습니다. 우리가 좋은 쪽으로 겨우 한 발을 떼어 놓으면 저쪽에서는 나쁜 쪽으로 성큼성큼 내딛었으니까요. 이따금 정신을 차려 보면 저도 너무 지쳐서 싸움을 포기하고 있더군요. 요구 수위도 낮추고요. 가령, 컨테이너 5만 개를 실을 수 있는 어마어마한 화물선이 생나제르 항구에서 나오는 건 기술적으로 눈부신 성취일지 모르지만, 지구를 위해서는 어떨까요? 당연히 나쁘죠! 분별 있는 사람이라면 이 모순을 고발해야 합니다. 우린 앞으로 가기는커녕 더 후퇴하고 있다고 외쳐야 돼요. 더욱 심각한 건 이 의사결정권자들 사이에서는 무관심과 지적 수준이 정비례한다는 점입니다. 지적 수준이 높을수록 붕괴 같은 건 절대 일어날 수 없다고 믿어요. 우리는 진보할 거야, '뭔가' 획기적인 해결책이 나타날 거야, 믿으면서 말이죠."

지구 온난화로 북극이 녹아내리는 와중에 구글은 (에너지 소비량이 원체 많아 이산화탄소 배출량도 어마어마한) 서버들을 아이슬란드 동토에 묻었다. 프랑스 정부가 나무 난로에 보조금을 지급하는 동안 러시아와 중국은 세계 최대 규모의 가스전을 개발하기 위해 손을 맞잡았다. 2019년 12월 2일, 제25차 유엔기후변화협약 당사국총회COP25가 마드리드에서 개최되던 날, 정확히 그날 러시아는 동부 시베리아에서 명실상부 세계의 공장인 중국까지 연결하는 3000킬로미터 길이의 가스관, '파워 오브 시베리아Power of Siberia'를 개통했다. 되세브르 지역 국회의원으로서 델핀 바토는 정치인들의 부조화와 이중성을 최전선에서 경험한다. 불과 몇 개월 전에 에마뉘엘 마크롱은 유엔총회에서 전 세계 지도자들을 향해 "외국에 새롭게 건립되는 환경오염 시설에 대해 재정 지원을 중단하라"고 촉구했다. 그 뒤, 2020년 예산안 처리를 위한 투표일이 다가왔으니, 이는 국회의원들이 대통령의 명령에 부응할 절호의 기회였다. 결과는, 꽝. 프랑스는 앞으로도 국외에 화석연료(가스와 석유) 시설을 개발하는 환경오염 기업들을 지원하는 데 계속 돈을 쓰게 됐다. "토론을 듣고 있기가 참 힘들더군요." 델핀 바토가 설명한다. "2009년부터 프랑스는 수출신용기관 BPI프랑스를 통해서 석유와 가스 산업에 93억 유로에 달하는 공적보증금을 퍼줬어요. 최근 몇 년 동안에는 북극이나 모잠비크 심해에서 진행되는 가스자원 개발 사업에도 정부가 지원했고요. 석탄 기반 사업은 2015년부터 지원을 끊었는데 가스와 석유는 그대로인 거예요! 당장 중단해야 합니다. 이건 환경 위기를 완전히 부정하는 처사잖아요." 부정부패가 심하거나 정치적으로 불안정한 지역, 전쟁지역 등에서는 새로운 화석연료 시설이 민간 부문의 지원을 받지 못한다. 대신 그 위험을 정부가 떠안는데, 그러지 않았다면 이런 사업들은 애초에 시작조차 되지 못했을 것이다. 다시 말해, 프랑스가 공적보증금 5억 유로를 지불하지 않았다면 모잠비크에 가스 발전소와 기지가 생기는 일은 없었을 거라는 얘기다. "저는 현 정권이나 여당에 대해 아무 환상이 없지만 그래도 이들의 현실 부정 능력은 여전히 놀라워요." 현실 부정만이 아니라 '국가이성raison d'État'으로 포장해 국익만을 내세우고 고용창출을 구실로 협박까지 하는 파렴치한 행태에도 적응이 안 되기는 마찬가지다. 이런 예산을 승인하는 투표 결과에 비하면 우리의 콩고기 버거*는 어디다 명함도 못 내민다.

우리가 귀찮게 퀴노아에 새싹채소를 올려 먹는 동안 타이태닉호의 오케스트라는 조화롭게 연주를 계속한다. 이 오케스트라는 우리의 시스템이다. 이렇게 힘들게 살아서 뭘 할까? 마치 '용감한 에콜로' 메달이라도 받으려는 것처럼 말이다. 탄소를 단 1밀리그램도 배출하지 않는 성자가 되고 싶다면 방법은 한 가지다. 그만 살면 된다. 어쨌든 자살이 생태적으로 제일 훌륭한 행동 아닌가? 이 생각의 실타래를 풀어나가다 보면 우리는 그 끝에서 안락사교敎에 합류하게 된다. 안락사교는 1992년에 미국에서 크리스 코르다Chris Korda가 창립한 종파로, 만트라가 아주 간단하다. "지구를 지켜라, 자살하라!" 이 도발적인 슬로건과 낙태, 자살, 소도미sodomy**, 식인食人이라는 네 가지 중심 교리를 통해 안락사교는 성적 규범이나 존엄하게 죽을 권리, 동물권, 또는 인간이 생태계에 미치는 영향 등과 같이 지극히 민감한 주제들에 관해 뜨거운 논쟁을 불러일으켰다. 당시 그들은 세계가 곧 오늘날과 같은 환경 재앙에 빠지리라는 것을 경고하기 위해 일부러

---

*   2018년 4월 프랑스 국회에서, 이듬해 4월 유럽의회에서 콩과 같은 식물성 식품으로 만든 유사 육류제품에 스테이크, 소시지, 버거와 같은 기존 명칭을 사용하지 못하게 금지하는 법안이 통과됐다. 의회 측은 소비자들의 '명확한' 이해를 돕기 위해서라고 설명했지만, 채식주의자들과 환경단체들은 육류 업계가 벌인 로비의 결과라며 강하게 반발했다.

**   수간이나 항문 성교 등 모든 비생식적 형태의 성행위를 가리킨다.

소란을 피운 것이었다. 미국처럼 원래 시끄러운 나라에
서는 잘 들리지도 않는 소란이었지만 어쨌든 그들의 전
략은 정확히 맞아떨어졌다. 그건 그렇고, 이 광대들이 아
직 멀쩡하게 우리 곁에 살고 있다!

생물학적 결정인자
(내 잘못이 아니야, 다 선조체 때문이라고!)

생태적 행동으로 보상받는 사람은 없다. 반면, 반생태적
행동은 하루에도 수십 번씩 도파민 분비라는 형태로 보
상을 얻는데, 이 도파민을 내보내는 곳이 수백만 년 동안
우리 뇌 속에서 살아온 작은 악당 같은 그것, 바로 '선조
체striatum'다. 그리고 우리는 세바스티앙 볼레Sébastien Bohler
의 흥미로운 저서 『인간 버그』*를 통해 비로소 부조화가
어째서 우리의 팔자이고 심지어 생물학적 운명이기까지
한지 이해하게 된다. 선조체는 인간의 기본적인 욕구 다
섯 가지, 즉 먹고, 번식하고, 권력을 얻고, 이것을 최소한
의 힘만 들여서 하고, 또 환경에 관한 정보를 수집하는
등의 욕구가 충족될 때마다 행복 호르몬인 도파민을 내
보낸다. 그런데 메커니즘이 사악하다. 우리에게 끊임없
이 더 많은 것을 원하게 하기 때문이다. 사실 이것은 5백
만 년 전에 사바나에서 살아남는 데는 대단히 유용했겠
지만 인구가 넘쳐나는 21세기에는 그렇게 멋지지 않다.

---

* *Le Bug humain; pourquoi notre cerveau nous pousse à détruire la planète et comment l'en empêcher,* éditions Robert Laffont, 2019. 〔원주〕

선조체는 모래놀이 통에서 휘젓고 노는 어린아이 수준 밖에 되지 못해서 그저 공급이 요구를 바로바로 채워주는 그런 시스템에나 어울린다. 자, 광고주들이 어떻게 우리의 선도체를 이용해서 우리에게 그다지 필요하지도 않은 물건을 잔뜩, 그것도 당장 사게 하는지 이해하겠는가? 만약에 인간이 지구를 거덜내게 된다면 그건 다 우리 선조체 탓이다. 우리는 그 존재도, 능력도 짐작조차 되지 않는 무서운 생물학적 결정인자에게 복종하고 있는 것이다. 가령, 일시적 평가 절하의 사례를 예로 들어보자. 우리는 당장 눈앞에 유혹적인 전망이 나타나는 순간 (불확실한) 미래에 얻게 될 것 따위는 크게 상관하지 않는다. 볼레는 신경과학 분야 출판물들을 몽땅 뒤져서 당신도 직접 아이들과 부엌에서 따라해 볼 수 있는 마시멜로 실험을 찾아냈다. 심리학자 월터 미셸Walter Mischel이 거의 반세기 전에 고안했던 실험인데, 아이 눈앞에 달콤한 간식을 하나 놓아두고 아이에게 이걸 3분 동안 건드리지 않으면 무조건 하나를 더 준다고 설명하는 것이다. 딜레마는 단순하다. 당장의 즐거움에 굴복할 것인가, 아니면 배가될 즐거움을 기다릴 것인가? 어린아이에게 3분은 영원처럼 길다. 컬럼비아 대학교 환경적 결정에 관한 연구센터Center for Research on Environmental Decisions는 이 실험을 변형해 똑같은 딜레마를 어른들에게 제시했다. 지금 바로 100달러를 받든지, 아니면 내년에 200달러를 받든지. 참가자의 4분의 3이 지금 100달러를 받는 쪽을 택했다. 기다리기만 하면 배당금이 두 배로 뛸 텐데 말이다. 선조체에게는 현재가 미래보다 우선하는데, 이것이 수렵채집을 하던 사람들이 확실하지 않은 내일의 에덴동산을 믿기보다 풍요로운 땅을 찾아내면 가능한 모든 것을 그때그때 먹어치웠던 이유다. 기후변화, 또는 포괄적으로 말해서 환경 문제는 내일의 불확실한 효과를 위해 오늘 행동에 나서야 하는 일이기 때문에 선조체는 기후 2050이니, 미래 세대니 하는 것들에게 빅엿을 날린다.

그렇기는 해도 선조체가 우리에게 명령을 내리는 유일한 사령탑일까? 아니다. 다행히 참가자의 4분의 1은 200달러를 기다리는 쪽을 택했다. 왜? 간단하게도 그들은 뇌에서 계획을 담당하는 부위, 즉 전두엽을 활성화시켰으니까. 그리고 전두엽은 무식한 선조체와는 달라서 스무 살까지 꾸준히 자라고 학습하고 성장한다. "먼 미래를 생각할 수 있는 사람과 '지금 당장'의 유혹에 넘어가는 사람 사이에는 분명 유전적 특성의 차이가 존재할 테지만, 결정적인 것은 교육 및 사회적 환경과 연관된 요소들이다. 전두엽은 어린 시절부터 청소년기를 지날 때까지 장기간에 걸쳐 성숙하기 때문이다." 대박. 생각하는 능력도 습득되는 것이란다. 그래서 전두엽과 선조체 사이에서 전쟁이 벌어진다. 한쪽은 시간을 들여 천천히 내일을 계획하는 반면, 한쪽은 애니메이션 〈텍스 에이버리Tex Avery〉에 나오는 눈이 툭 불거져 나오고 혓바닥을 길게 늘어뜨린 늑대처럼 뭐든 지금 당장 충족되기를 바란다.

이 21세기 초를 지배하는 인터넷, 페이스북, 광고,

자유주의, 과시적 경쟁 등은 선조체의 임무에 적극 협조하고 그것을 열렬히 응원한다(선조체가 하는 일이 인간의 다섯 가지 기본 욕구, 즉 먹고, 섹스하고, 손가락 하나 까딱하지 않으면서 권력의 열매를 따먹고, 우리 환경에 관한 최대한의 정보를 수집하는 등의 욕구를 충족하는 것이라는 점을 떠올리자). 왜냐하면 선조체는 자기가 원하는 (또는 원한다고 믿는) 것을 얻으면 도파민으로 즉각 보상해 주기 때문이다. 그래서 그것이 만족하기만 한다면 한겨울에도 딸기를 찾고, 지하철 안에서도 포르노 동영상을 보고, 로마에서 주말 로맨스를 즐기고, 페이스북 페이지에 좋아요 147개를 얻고, 초록색 부츠를 사고, 특대 사이즈 등심 스테이크나 심지어 황금 스테이크까지 먹는다*. 절제하면서 사는 사람들은 영웅도 아니고 순교자도 아니고, 다만 자기 선조체를 조용히 시키는 법을 습득한 사람들일 뿐이다. 이게 또 그들의 의지만으로 되는 일도 아니긴 하지만.

자, 이제 해산하시라. 더 이상 할 수 있는 일이 없으니까. 『인간의 버그』는 읽는 내내 너무 고역이었다. 책의 80퍼센트에 걸쳐 우리가 스스로의 사령탑이 되는 게 극도로 어렵다고, 심지어 불가능하다고 설명하기 때문이다. 개인적으로 나는 마지막 54페이지에 모든 희망을 걸었다. 그 부분에서 볼레는 선도체를 속여 넘기라고 조언

---

* 2019년 1월 3일, 선조체에게 제일 충성을 다하는 인간의 표본으로서 축구선수 프랑크 리베리Franck Ribéry가 소셜미디어 앞에서 황금으로 덮인 스테이크를 먹었다. 〔원주〕

하는데, 다시 말해 이 부위의 조건을 재설정해서 "파괴가 아닌 보호의 동력으로" 이용하라고 말한다. 이타심역시 기쁨을 주고 보상 회로를 가동시킬 수 있음이 이미 밝혀졌기 때문이다. 그리고 저자는 24년 동안 선행을 베풀고 가진 것을 나누고 사람들을 도우면서 희열을 느꼈을 테레사 수녀의 선조체를 예로 든다. 그러니까, 프레임만 바꿔도 될 거라는 얘기다! 가령, 자전거를 타는 사람이 사륜 자동차 운전자보다 사회적으로 더 높은 평가를 받는다면 우쭐하고 싶은 남자들은 더 이상 SUV 핸들을 잡지 않을 수도 있다. 만약에 킴 카다시안이 지역 유기농산물을 먹기 시작한다면, 개인 제트기를 포기하고, 보톡스도 안 맞고, 성녀 그레타를 열렬히 칭송한다면 그의 팬들 수백만 명도 따라할지 모른다. 그리고 우리가 킬리앙 음바페Kylian Mbappé를 장마르크 장코비시*와 3주 동안 가둬 놓는다면 나중에 이 축구 선수는 자기를 숭배하는 뭇 남자아이들에게 자기 얼굴이 그려진 운동화를 사게 하는 대신 생태적 가치관을 널리 퍼뜨릴지도 모른다. 뭐, 꿈꾸는 건 자유지만, 별 소용은 없다. 생물학적으로 부조화가 지극히 정상이니까. 이 사실을 알고 나서 나는 마침내 우울에서 빠져나와… 바로 절망으로 들어갔다! 우리가 붕괴다.

---

*   Jean-Marc Jancovici. 프랑스 공학자로서 기후와 에너지 전문가다. 특히 기후변화 문제를 대중에게 널리 알리는 일에 헌신하고 있다.

세탁기 드럼

실제로 지구의 기후는 우리 내면의 기후를 자극한다. 세탁기 드럼 속에서 우리 몸과 마음은 참기 어려운 비애와 불안에 사로잡히고, 이는 자주 무력감으로 연결된다. 또 무력감은 강박적인 생각을 동반하기 쉬운데, 특히 계산기를 꺼내 숨 한 번 쉴 때마다 배출되는 탄소량을 두드려 볼 때 그렇다. 뉴스를 접할 때면 감정의 마그마가 예고도 없이 흘러내린다. 영구동토 속에 갇혀 있던 메탄가스가 나오기 시작했다고? 작년 여름 홍수로 열아홉 명이 목숨을 잃었어? 매일매일 쏟아지는 수많은 정보들 속에서 생태우울증자의 뇌는 특별히 환경과 관련된 나쁜 뉴스들만 기억했다가 두려움과 분노, 조소, 죄책감, 피로감으로 뒤얽힌 내면의 왈츠를 춘다.

흔들리면 흔들리기

민감한 생태우울증자들은 쉴 새 없이 자신의 기분으로부터 공격을 받는다. 이런저런 감정들이 꼬리에 꼬리를 물고 하루에만도 열두 번씩 올라오는데, 그 종류도 셀 수 없이 많아서 두툼한 색상 견본집처럼 미묘한 차이를 두고 나타난다. 2019년 10월에 실시한 한 연구에서 정신생체분석가 샤를린 슈메르베르는 생태불안증자들에게서 총 175가지 감정을 수집했는데, 이 가운데 114개가 부정적이었고 61개가 긍정적이었다. 또한 화, 슬픔, 무기력, 두려움, 이 사인방이 가장 많이 언급되는 감정들 중에 단연코 최상위를 차지했다. 마치 우연처럼 이 네 가지는 '아브라함 힉스Abraham Hicks'의 감정 사다리에서 맨 아래 칸을 차지하는 사인방이기도 하다*.

감정에 관해 알아야 할 기본 지식은 저항해봤자 소용없다는 사실이다. 어떤 감정이든 간에 감정은 우리를 통과해 지나가고, 처음과 끝이 있으며, 우리 안에서 어떤 길을 따라 흘러간다. 따라서 우리가 할 일은 그냥 지나가게 두는 것뿐이다. 역설적이게도 생태불안의 최고 치료제는 받아들임이다. 그리고 이 불안을 잘 관찰하고 씻어내는 것은 기초 위생작업에 속하는데, 이 작업을 하지 않으면 언제가 부메랑이 되어 되돌아온다. "감정들을 관찰하지 않으면 나중에 괴물이 되어서 열 배는 더 무장을 하고 돌아옵니다. 그래서 잘 들여다보는 건 너무나 중요해요." 파블로 세르비뉴가 강조한다. 그가 이렇게 이야기하는 데는 다 이유가 있다. 왜냐고? 그의 첫 번째 책**이 독자들을 생태우울의 구렁텅이로 몰아넣었으니까! 뿐만 아니라 그의 강연들도 슈퍼 우울전파자 역할을 톡톡히 해서 그는 강연에 진실 함유량이 너무 높았나 의심이 들 정도였다.

---

*   '아브라함'은 『끌어당김의 법칙The Law of Attraction』의 저자 제리 힉스Jerry Hicks와 에스더 힉스Esther Hicks가 채널링을 통해 소통해온 비물질 집단의 식을 가리킨다. 그에 따르면 감정의 사다리를 부정에서 긍정으로 끌어올릴 때 원하는 삶으로 옮겨갈 수 있는데, 본문에 언급된 네 감정이 가장 부정적인 감정 상태다.

**   *Comment tout peut s'effondrer; petit manuel de collapsologie à l'usage des générations futures*, éditions du Seuil, collection Anthropocène. 〔원주〕

그다음에 나온 책이 『다른 종말은 가능하다』*였다. 이 책에서 파블로는 독자들에게, 그러니까 마침내 자신들의 고통을 말로 설명할 수 있게 되어 환호하는 열성 팬들에게 조언한다. "이후 세계를 상상하면서 혼란과 불확실성 속에서 살아갈 준비를 하시라"고. 그러면서 이 책은 전前 혼란기에 나타나는 감정들의 문제를 다룬다.

감정은 너무나 중요하다. 전투에 나설 수 있게 우리를 무장시켜주기 때문인데, 대신 이 감정에 지배당하거나 갉아먹히지 않도록 조심해야 한다. 감정은 우리가 생각하는 것보다 훨씬 많은 이야기를 한다. 화는 우리에게 세상이 부당하다고 말하고, 슬픔은 아주 중요한 뭔가를 잃는 중이라는 것을, 두려움은 이제 정말 움직여야 할 때라는 것을, 그리고 무기력은 두려워하기에는 이미 너무 늦었다는 것을 말해준다. 감정들은 저마다 우리가 유용하게 동원할 수 있는 어떤 힘을 담고 있다. 가령, 두려움은 어떤 것이 중단되거나 좌절될 수 있음을 경고한다. 예술가들은 고뇌나 기쁨을 창조의 동력으로 삼는다. 화는 어떤 상황이 말도 안 되게 부당하다는 것을 드러낸다. 이를테면 아무 잘못이 없는 흰코뿔소가 멸종당하는 그런 상황 말이다.

화: 죽여버리고 싶어!

사회와 이웃들, 사륜 자동차를 모는 운전(병)자들, 멍청

* *Une autre fin du monde est possible; vivre l'effondrement (et pas seulement y survivre)*, éditions du Seuil, collection Anthropocène.

한 리더들을 향해 쉴 새 없이 거친 표현들을 내뱉는 것은 정신이 아주 건강하다는 신호는 아니다. 오히려 이것은 슬픔을 대신해서 나타나는 우울 증상일 수 있다. "우리는 우리 자신과 전쟁 중입니다. 이 모든 걸 파괴한 주범이 우리라는 죄책감에 시달리면서 우리에게 그 화를 쏟아내는 거죠." 정신분석가 뤼크 마뉴나가 말한다. "우리가 전부 오염시키고 전부 망쳤어요. 이건 당연히 너무 화가 나는 일인데, 특히 자연과 생물종과 인간의 고통에 더 크게 공감할수록 더 크게 화가 날 겁니다." 파블로 세르비뉴의 설명이다. 또한 파블로는 인간을 향한 "무조건적 증오"의 순간들에 대해 이야기하면서 이 분노를 만성화하지 않아야 한다고 당부한다. 슬픔이 그렇듯이, 화도 일상생활에 지장을 주고 다른 이들과의 관계를 망치기 시작하는 순간부터 병적인 것이 된다. "불안하고 미래를 계획할 수 없다는 데서 화가 유래할 수 있습니다." 샤를린 슈메르베르가 말한다. "하지만 위대한 현인들은 이 감정을 한곳에 모아서 더 건강한 형태로 자동 변환하는 법을 깨우쳤죠."

아리스토텔레스가 말했듯이, "화는 필요하다. 화가 영혼을 채우지 않는다면, 화가 심장을 뜨겁게 달구지 않는다면 우리는 아무것도 이길 수 없다. 따라서 화는 우리의 지휘관이 아니라 병사가 되어야 한다." 화는 잠자는 사람들의 의식을 일깨우고 싶다는 욕구에서 시작되지만, 궁극적으로는 무한히 재생 가능한 우리의 바이오연료가 될 수도 있다. 델핀 바토나 시릴 디옹은 화를 받아들인 뒤로 정말로 선불교 승려가 수련하듯이 화가 올라오면 그것을 유의미한 행동으로 변환하려 노력한다. 맞다, 온갖 불공정이 일상을 흔들고 개인과 집단을 분노하게 하지 않았다면 실천의 동력은 훨씬 약했을 것이다. "화는 저의 가장 소중한 자원이랍니다." 클레르 누비앙이 말한다. "화가 나니까 아무 행동도 하지 않는 사람들 앞에서, 심지어 훼방만 놓는 사람들 앞에서도 포기할 수가 없는 거죠."

2019년 가을, 멸종반란 활동가 수천 명이 파리와 런던, 뉴욕의 거리 곳곳을 동시에 점거한 채 비폭력적이면서도 결연한 연좌 농성을 벌였다. 이들을 사로잡았던 것은 건강한 화가 아니었을까? 국가나 공권력 같은 대상과 맞서 싸울 때는 무엇보다 분노로부터 그 힘이 나온다. 분노 덕분에 수많은 활동가들이 지구 보호를 위한 바리케이드 위에 서서 버티는 것이다. "학식 있고 부유한 지배계층은 환경 문제에 대해 알 건 다 알면서도 절대로 시스템을 바꾸려 하지 않습니다." 기자이자, 생태 문제를 다루는 일간 정보 사이트 《르포르테르Reporterre》 창립자인 에르베 켐프Hervé Kempf가 말한다. "이 계층은 둔감하고 철저하게 에고이스트예요. 그런 점에서 이건 정치적 갈등인 거고요. 아무것도 달라지지 않는 상황에서 저는 감정이론 따위는 믿지 않습니다. 명상은 집어치우고 분노해야죠!" 왜 시스템의 톱니바퀴 안에 모래 알갱이가 더 많이 끼지 않는 걸까? 왜 환경오염을 일삼는 공정들을 플라스틱 폭약으로 폭파시키고, 가동을 중단시키고, 알 낳는 기계가 된 암탉들이나 코트 신세가 될 담비들을 풀어주지 않는 걸까? 하지만 무엇이 제일 중요한가는 그야말로 답을 낼 수 없는 질문이다. 니콜라 윌로는 과격한 반란에는 말려들지 않을 거라고 말한다. "우리 인간은 뼛속까지 문명화된 적이 없습니다. 폭력만큼 전염성이 강한 게 없고, 또 폭력은 어디에나 있죠. 폭력을 동반하는 반란은 궁지에 빠질 수밖에 없어요. 저는 저항하지만 반란을 일으키지는 않습니다." 현재로서는 폭력은 파괴로 간주된다. 그리고 지구의 상황은 줄곧 더 나빠지기만 했다. 언제까지 이 분노의 좌표는 넘지 말아야 할 폭력의 경계 안쪽에만 머물러야 할까? 우리는 생명 파괴자들에 맞서 전쟁을 치르는 중이지 않던가? "나는 '분노 만세!'라고 외친다. 불공정의 딸이요 반란의 어머니, 분노 만세." 에리크 라블랑슈는 그의 책*에서 분노의 지위를 복권하기 위해 이렇게 쓴다. "사람들은 우리를 무해한 존재로 만들기 위해 분노하지 않는 법을 가르쳤지만, 나는 없어서는 안 될 이 중요한 감정을 감사하게 받아들인다. 부디 분노가 정의롭고 건설적인 많은 이들을 일깨워서 오늘날 세계가 요구하는 변화를 실현해나갈 수 있게 되길 바란다."

무력감: 너무나 보잘 것 없다는 지극히 당연한 기분
생태불안증자들은 심한 무력감에 시달린다. 이는 지극히 정상이고, 이만큼 자연스러운 일이 또 없다. "기후변화 저변에는 우리가 어떻게 해볼 도리가 없다는 이 막막

---

*   *Colère!*, Delachaux et Niestlé, 2020. 〔원주〕

한 기분이 깔려 있어요." 심리학자 리즈 밴 서스테런이 말한다. "문제는 스스로를 아무 쓸모도 없는 존재로 느끼기가 아주 쉽다는 거예요." 맞다. 할 수 있는 일이 별로 없다. 이럴 때 우리 생각은 뉴턴의 진자*를 닮게 된다. 행동하다가 주저앉고, 행동하다가 주저앉고, 행동하다가 주저앉고. 각 행동은 일정한 강도의 에너지를 담고 있지만 꼭 그와 맞먹는 강도의 힘으로 주저앉고 마는데, 이렇게 주저앉는 것은 애초에 충분하게 행동하지 못했다는 의식에서 비롯된다. "마치 행동을 하면 할수록 고통이 더 강렬해지는 격이죠. 그래서 무력해지는 거고요. 한편으로는 우리가 무엇을 해야 하고 무엇을 할 수 있는지 알아야 하고, 또 한편으로는 우리가 그렇게 대단한 존재가 아니라는 사실을 알아야 합니다." 미국 심리학자 캐럴린 베이커Carolyn Baker의 말이다.

새롭게 지구 문제에 관심을 쏟는 사람은 앞으로 자신이 실천해야 할 변화의 규모를 가늠해보게 되는데, 이때 성공하지 못할지도 모른다는 두려움과 불안, 완벽하게 변화되지 못하는 무력감 등이 회전문처럼 돌고 돈다. 2000년대에 들어선 이후 생태적 실천을 다루는 책들은 이 초심자들에게 모든 면에서 더 잘할 것을, 탄소 허리띠

---

* 뉴턴의 진자는 같은 질량의 쇠공 다섯 개가 각각 두 개의 가로대에 연결된 두 개의 줄에 매달린 채 일렬로 맞닿아 정지해 있다. 이 진자는 작용-반작용의 법칙을 기본 원리로 한다. 한쪽 끝에 매달린 쇠공을 나머지 정지해 있는 쇠공들을 향해 당겼다가 놓으면 이 쇠공은 다른 쇠공과 충돌한 뒤에 운동을 멈추고, 반대편 끝에 매달린 쇠공이 처음에 당겨졌던 쇠공의 에너지를 전달받아 바깥 방향으로 튀어 오른다. 〔원주〕

를 더 졸라맬 것을 명령해왔다. NGO들 역시 법이나 기업들의 행태를 공격하기보다는 늘 개인들을 압박해왔다. 그 결과, 정작 기업들은 자신들이 환경에 끼치는 피해에 대해 책임지지 않는데, 개인들만 늘 책임을 짊어졌다. "가족으로 치자면 행동의 의무를 아이들(개인)에게만 부과하고 부모(국가, 기업, 집단)에게는 묻지 않는 것과 똑같죠. 이 막중한 책임에 짓눌린 개인들은 한없이 무력감에 빠져드는 거고요." 세브린 밀레가 경고한다. 공학자 필리프 샤피로Philipp Shapiro도 이렇게 분석한다. "화가 지배적인 감정이지만, 화는 무력감에서 나옵니다. 우린 모두 불가능한 임무를 떠안은 신화 속 시시포스처럼, 너무 무력하고 막막한 겁니다." 어떻게 첫발을 떼야 할까? 어디서부터 시작하지? 내가 제일 나쁜 영향을 미치는 건 뭐야? 나한테 제일 쉬운 실천은 뭘까?

기온 상승을 통제 가능한 영역(1.5°C 이하) 안에 머물게 하려면 지금부터 2030년까지 우리의 이산화탄소 배출량을 5분의 1이나 6분의 1로 줄이기만 하면(!) 된다. 달리 말해, 앞으로 10년 안에 프랑스인 한 명 한 명이 배출량을 1년에 12톤에서 2~3톤으로 줄이면 된다는 얘기다. 껌이네! 환경 컨설턴트 B&L에볼뤼시옹B&L évolution은 2019년에 발표한 보고서에서 이러한 감축을 현실화할 수 있는 기발한 조처들의 목록*을 작성했다. 이 목록에는

---

*   https://www.bl-evolution.com/Docs/181208_BLevolution_Etude-Trajectoire-rapport-special-GIEC-V1.pdf

에너지 혁신과 재생에너지 개발과 같은 기존의 흔한 대책들도 포함되지만, 가장 급진적인 녹색전사들도 시샘할 만큼 파격적인 제안들도 많다. 가령, 난방 제한령을 실행해 밤 10시부터 오전 6시까지 각 가정의 온도를 17°C 이하로 낮추게 한다, 국영복권으로 장거리 항공권 50만 개를 한정 배포한다, 온라인 광고를 폐지한다, 2022년부터 연간 1인당 구매 가능한 새 의류를 1킬로그램 이하로 제한한다, 2030년까지 영상물 유통을 3분의 1로 줄인다, '마르코 폴로' 상품(차, 커피, 이국적인 과일, 초콜릿)에 쿼터제와 특별세를 적용한다, 주민 1인당 연간 육류 소비량을 90킬로그램에서 25킬로그램으로 낮춘다, 내연기관차 신형 구매를 금지한다, 신축 건물의 1인당 점유 가능 면적을 최대 30제곱미터로 제한하고 공동주택을 의무화한다 등. 걱정 마시라. 이런 일은 결코 일어나지 않을 테니까. 하지만 우리가 정말로 너무 뜨겁지 않은 지구에서 살고 싶다면 이렇게 해야 한다.

어쨌거나 우리가 아주 완벽하고 철저한 녹색주의자가 된다 해도 어차피 우리의 행동은 온실가스 배출량의 25퍼센트에밖에 영향을 미치지 못한다. 그래도 좋은 소식 아닌가! 싱크탱크 카르본4Carbon4가 발표한 보고서, 『각자의 몫을 다하기?Faire sa part?』에서 알렉시아 스와유Alexia Soyeux와 세드리크 뒤가스트Cédric Dugast는 개인들이 실천할 수 있는 행동들만 따로 추려서 열두 가지 목록을 만들었는데, 여기에는 아주 소박한 실천(텀블러 이용, 엘이디 조명 이용 등)부터 야심찬 변화(채식하기, 비행기타지 않기, 카풀 이용하기 등)까지가 다양하게 담겼다. 두 사람은 이렇게 결론 내린다. "따라서 행동을 오직 개인들의 몫으로만 전가하면서 기후 문제를 해결하려 드는 것은 아무 의미가 없을뿐더러, 심각한 역효과를 낼 위험마저 있다. 실현 가능하고 신뢰할 만한 해결책을 마련하기 위해서는 강력한 집단행동을 동원하지 않을 수 없으며, 이는 모든 사람이 각자 할 수 있는 최선의 노력을 쏟을 때 가능해진다." 나는 모래 한 알갱이다. 당신도 모래 한 알갱이다. 우리는 혼자서는 아무것도 아니지만 수백만이 모이면 드넓은 해변이 되고 단단한 시멘트 블록이 된다.

그래도 안심하자. 시민 영역이나 정치권, 기관 등의 피라미드 꼭대기에서 활동하는 사람들도 허탈감이 밀려드는 순간을 경험하니까. 무력감은? 맞다, 델핀 바토는 국회의사당에서 무력감과 나란히 앉을 때가 많다. 이를테면 화석연료 시설 수출에 대한 원조를 중단하기 위해 투표했을 때처럼. 심지어 역시 녹색당 소속인 어떤 의원은 의회 반원형 회의실에 들어찬 576명의 하수인들 앞에서도, 의사당 곳곳을 누비는 로비스트들 앞에서도, 그리고 생태부 건물이나 엘리제궁 안에서도 크게 할 수 있는 일이 없음을 고백한다. 그리고 장관이나 정무차관 들이 대중의 요구 대신 대기업 로비에 귀를 기울일 때면 이루 말할 수 없는 환멸을 느낀다. 브륀 푸아르송*이 플

---

*   Brune Poirson. 집권 여당 소속 하원의원을 지냈으며, 니콜라 윌로가 이끄는 생태전환부 정무차관으로 일했다.

라스틱 사용 금지라는 역사적 결정을 발표했을 때 사람들은 가슴이 뛰었다. 하지만 이 법안이 2040년부터 시행될 거라는 소식을 듣고 나서는 차라리 7번째 대륙*에서 빠져 죽고 싶은 열망들이 들끓었다. 2018년 8월 말, 니콜라 윌로는 프랑스 앵테르 라디오 생방송에 출연해 두 진행자 레아 살라메Léa Salamé와 니콜라 드모랑Nicolas Demorand 앞에서 느닷없이 생태전환부 장관 사퇴 의사를 발표한 뒤에 아연실색한 두 진행자에게 이렇게 말했다. "제가 정부에서 일한다고 해서 우리가 환경 문제를 해결할 능력이 되는 것처럼 착각하게 만들고 싶지 않습니다. 누가 혼자서 감당할 수 있겠어요? 제 편은 다 어디 있죠? 장관이 능력이 안 되고 끝내 목적을 이루지 못했다면 거기서 깨달은 바가 있겠죠. … 자, 우린 30년 동안이나 일이 이 지경이 되도록 보고만 있었고, 이제는 우리가 손을 쓸 수 있는 수준을 벗어나고 있는 겁니다." 책임의 사다리를 조금 더 높이 타고 올라가면 아마 가장 유능한 녹색전사조차 자신의 무능을 고백할 수밖에 없을 거대한 세력들을 만나게 될 것이다. 바로 중국, 러시아, 미국이다. 환경운동에 헌신하는 대형 NGO들은 무력감과 함께 살아가는 법을 배우는 것도 직무 중 하나다! 그 지칠 줄 모르는 열의에도 불구하고 이자벨 오티시에**는 때로

---

*   태평양을 떠다니며 점점 규모가 커지고 있는 거대한 쓰레기 섬을 말한다. 2018년 연구 결과에 따르면 이 섬은 프랑스 전체 면적의 세 배와 맞먹었다.

**   환경운동가로서 이자벨 오티시에는 오랫동안 프랑스 세계자연기금의 대

상대적 승리라는 미묘한 감정을 느낀다. "우리는 프랑스령 기아나의 황금산 프로젝트를 저지하기 위해 수개월간 싸웠습니다. 그러는 동안 셰일가스나 타르샌드 사업들은 그 어느 때보다 활기를 띠게 됐지만요."

그렇지만 무력감이 포기를 의미하지는 않는다. "이 싸움이 우리를 망가뜨리고 있습니다. 우리는 더 이상 조상들이 믿었던 것처럼 미래를 믿을 수 없어요. 내일이 오늘보다 더 행복하지 않을 겁니다. 불행하게도 시간이 흐를수록 결과가 더 복잡하고, 고통스럽고, 불가역적으로 변해갈 거예요. 저는 싸움을 포기해야 할 모든 논리를 갖추고 있습니다만, 한편으로는 늘 의심의 여지가 남아 있어요. 탄성력에 대한, 그러니까 어느 순간이든 에드가 모랭의 '변신métamorphose'*을 재촉해줄 탄성력에 대해 생각하는 거죠. 이 의심을 포기하는 순간, 저는 싸움을 그만두게 될 겁니다." 윌로가 능력과 무능력에 대해, 그리고 그에 따르면 아직 완전히 던져지지는 않은 이 주사위들에 대해 설명했다. 그리고 델핀 바토는 호전적이지만 기가 꺾인, 기가 꺾였지만 여전히 호전적인 목소리로 이렇게 말한다.

표로 일했다. 2021년 초에 명예 대표로 물러났다.

* Edgar Morin. 프랑스의 철학자, '복잡성 사고'의 창시자. 모랭이 말하는 '변신'은 '보존'과 '변화'를 동시에 아우르는 개념으로, '혁명'을 넘어선다. '변신' 개념을 통해 모랭은 모든 위기는 고유한 덕을 지니며, 위기가 자라는 곳에 구원도 같이 자란다고 말한다. 또한 오래전부터 지구의 생태위기를 예견해왔으나, 동시에 역사의 흐름을 바꿀 "예측 불가능한" 희망저 사건 또한 일어날 것임을 역설해왔다. 코로나 사태 이후 프랑스에서는 그의 복잡성과 변신이론이 새롭게 주목받고 있다.

"심각한 피해를 막기에는 이미 늦었다는 걸 알아요. 하지만 그 규모는 아직 조금은 우리 손에 달려 있습니다."

맞다, 내일 무슨 일이 일어날지는 아무도 모른다. 누가 코로나 바이러스의 '맹활약'에 판돈을 걸었겠는가? 2020년 2월, 중국의 경기 침체로 이산화탄소 배출량이 2억 톤이나 줄었는데(-25퍼센트), 이는 프랑스 연간 배출량의 3분의 2와 맞먹는 양이다! 하지만 기뻐하기에는 이르다. 1959년 이후로 전 세계 이산화탄소 배출량이 감소세를 보인 것은 외부 사건으로 인한 단 세 차례의 경우뿐이었다. 1980년 석유 파동, 1991년 소비에트 연방 붕괴, 그리고 2008년 금융 위기. 그런데 그때마다 그래프 곡선은 다시 더욱 가파르게 치솟았다.

무력감을 누그러뜨리는 데는 '문제 해결 능력'보다 '행동 능력'에 대해 말하는 것이 훨씬 효과적이다. 그렇지만 장바구니를 유기농 제품으로 채운다고 해서 스스로 무력하지 않다고 느낄까? "그렇지 않을 수도 있죠. 하지만 적어도 자신이 뭔가 하고 있다는 느낌은 받을 테고, 불안에서 빠져나오는 데는 그게 최고 묘약이거든요! 그러니까 우리는 무력감 때문에 아무것도 하지 못하거나, 아니면 너무 넘치게 하는 거죠!" 환경운동가들 중에는 자신이 브루스 윌리스처럼 임무를 수행한다고 느끼는 사람이 많다. 동에 번쩍 서에 번쩍하면서 모든 직접행동에, 모든 콘퍼런스에, 모든 친목 모임에 다 쫓아다니는 것이다! 하지만 브루스 윌리스가 되어 사방으로 총질을 해대거나 모든 뗏목마다 기어오르는 것은 결국에는 역효과를 내기 십상이다. "사과나무는 목련이 되려 하지 않아요." 세브린 밀레가 지적한다. "지렁이는 자기가 씨앗이라면 세상에서 제일 유익한 존재일 거라며 한탄하지 않고요. 그저 자기 역할 속에서 유능한 거죠." 우리도 각자에게 맞는 고유한 행동 능력을 찾아야 한다. 그런 점에서 페이스북 그룹 '아포칼립스의 술꾼들Les pochtrons de l'apocalypse' 운영자인 올리비에 세르에게는 이미 모든 것이 명쾌하다. "우리의 무력감은 죽을 운명인 인간의 조건에서 나오는 거죠. 그러니 겸손합시다. 우리가 할 수 있는 일은 아무것도 없으니까. 그냥 존재할 뿐이지. 그게 전부고, 그 정도만 해도 이미 좋잖아요."

두려움: 초존재론적 불안

우리의 상상이 온갖 기사와 콘퍼런스, 미래학 서적, 우울한 가설, 쏟아지는 할리우드의 섬뜩한 시나리오들로부터 자양분을 얻고, 또 이 상상을 기반으로 생태우울이 더욱 첨예해지는 상황에서 생태우울증자들은 늘 유령의 집에서 산다. 세브린 밀레는 기후 문제에 직면한 개인과 단체들을 지원하면서 어디서나 두려움을 목격한다. "생태불안증자들은 여러 가지 두려움과 싸워요. 가진 것을 잃을까 봐 두렵고, 고통당할까 봐 두렵고, 변화를 견디지 못할까 봐 두렵고, 미처 의식하지도 못하는 사이에 자신의 세계가 산산이 부서질까 봐 두렵고. 이 자체로 너무 끔찍한 거죠." 2100년까지 기온이 7℃ 더 올라간다거나 해수면이 6미터 더 상승한다는 등의 예견들 속에서 생태불

안은 보통 우리가 카펫 아래 숨겨둔 두려움까지 끄집어
내는데, 그중에서도 아주 깊숙한 곳에 도사리고 있는 두
려움, 즉 사는 일의 두려움을 대면하게 한다.

생태불안증자의 두려움이 하늘에서 번개가 번쩍하
는 것을 처음 본 네안데르탈인의 두려움보다 더 클까?
후자의 두려움은 성질이 전혀 다르다. 네안데르탈인은
위험을 만나면 파충류 뇌 부위에 들어 있는 본능적 두려
움에 자극을 받아 도망치거나 공격했다. 이 두려움은 유
용했다. "생리적 두려움은 어떤 위험한 상황에 부딪혔을
때 그에 걸맞은 반응을 취하게 해줍니다." 세브린 밀레
가 설명한다. 하지만 인간에게는 생리적 두려움만이 아
니라 심리적 두려움도 있다. 자연에서 사자에게 쫓기는
가젤은 죽을 힘을 다해 도망치지만, 사자가 쫓아오지 않
으면 그 옆에서 한가로이 풀을 뜯을 것이다. "가젤은 사
자에게 뼛속 깊이 새겨진 두려움을 경험하지 않아요. 하
지만 인간은 뇌의 신피질에서 생리적 두려움에 관한 정
보를 수집한 다음 전혀 다른 이야기를 지어내버리죠. 우
리는 생리적 두려움에서 심리적 두려움으로 옮겨가는 겁
니다." 바로 이 두려움 때문에 생태불안증자들이 그토록
괴로워하고 불안에 떠는 것이다.

이 감정은 누구도 피해가지 못한다. 워낙 침착하고
비폭력 대화를 즐기는 시릴 디옹에게도 역시 이따금 불
안이 엄습한다. "이때 우리를 지배하는 건 두려움이에요.
마치 언젠가 죽게 될 거라는 생각이 문득 떠올랐을 때 밀
려드는 것 같은 극도의 불안감과 비슷해요. 갑자기 정신

이 아찔해지면서 살아 있다는 이 감각이 어느 날 사라질 거라는 실감이 나는 거죠." 클레르 누비앙은 이렇게 잘라 말한다. "내가 두려운 건 기후변화가 아니라 인간들입니다." 그녀는 사람들이 완전히 야만으로 되돌아갈까 봐 무섭다. "잘 생각해보면 야만은 이미 시작됐어요. 이민자 배척, 디지털 파시즘, 황금새벽당*의 출현까지 말예요."

그렇지만 심리적 두려움도 여전히 유용하다. 시대를 막론하고 인간은 항상 두려움에 떨었다. 하늘이 무너질까 봐 두렵고, 전쟁이 일어나서 핵겨울이 시작될까 봐 두렵고…. 두려움은 더 이상 숲에서 길을 잃고 당황하는 아이들의 전유물이 아니고, 우리 접시 위에 담긴 음식에서부터 숨 쉬는 공기에 이르기까지 모든 것 속에 전염되었다. 두려움은 이제 그 기본 성질마저 변했다. 오늘날에 두려워한다는 것은 책임 있게 행동한다는 뜻이다. 귄터 안더스Günther Anders는 문명 붕괴에 대해 경고한 최초의 철학자로, 이미 1970년대 말에 그러한 경종을 울렸다. "오늘날 가장 중요한 도덕적 과업은 인간들로 하여금 불안해하는 것이 마땅하며 그 당연한 두려움을 공개적으로 선언해야 한다는 사실을 알게 하는 것이다."** 이제 사람들을 안심시키는 것은 범죄가 됐는지도 모른다. "두려움은 한때 악이었지만 이제 덕이 되었고, 심지어 지혜의 한 조건이 되었다." 피에르 앙리 타부아요Pierre-Henri Tavoillot

---

* 전 세계에 신나치주의를 확산시키는 그리스 극우 정당.

** *Et si je suis désespéré, que voulez-vous que j'y fasse?*, éditions Allia, 2001, p. 93. 〔원주〕

가 두려움에 관한 한 강연*에서 이렇게 설명했다. "과감히 알고자 하라. 그리고 주의하라." 이것이 두려움을 몰아내지 않으면서도 거기에 맞서 싸우는 길이다.

두려움은 대양 위에 부는 바람처럼 이리저리 떠돌고 위로 솟구쳤다가, 우리가 여지를 주면 회오리를 일으키면서 돛을 향해 밀어닥친다. 두려움의 바람에 맞서는 것만큼 바보짓은 없다. 우리는 더 이상 앞으로 나아가지 못하고 제자리에서 꼼짝도 하지 못한 채 기운만 모두 소진한다. 그렇지만 잘만 다스리면 두려움은 방향을 가리켜주고 뱃머리를 어디로 돌려야 할지 알려준다. 우리가 이용할 수 있게 되는 것이다. 회의, 절제, 용기, 신중, 이런 것들은 우리가 두려움을 있는 그대로 받아들이되 거기에 잠식되지 않았을 때 얻게 되는 자원들이다. 하지만 파블로 세르비뉴는 두려움을 "부작용이 많은" 유해한 코르티손에 비유하면서 오히려 장기적으로 경험할 수 있고 우리를 실천의 길로 이끌어주는 경각심을 선호한다. "경각심은 우리에게 좋은 결정을 내리게 해줍니다."

고통: 어머니의 감정

생태우울증자는 슬픔 속에서 살고, 슬픔이 곧 그의 은신처가 된다. 무엇보다도 애도의 기본 감정이 깊은 고통이라는 점에서 슬픔 속 은신은 지극히 정상이다. 하지만 지

---

* *La peur: Du point de vue philosophique*, Frémeaux & associés, 2018.
   〔원주〕

구의 안위 때문에 느끼는 이 핵심 감정은 일종의 환영처럼 모호하게만 경험되는데, 이는 우리 스스로 무엇을 잃고 있는지 확실히 알지 못하기 때문이다. 자연 풍경일까? 한 번도 본 적 없는 생물종? 아니면 소속감? 그도 아니면 불확실한, 또는 저당 잡힌 미래일까?

지구를 위해 눈물을 흘리는 것은 지구걱정인이 거쳐야 할 '필수과정'이다. 장엄하고 무결하고도 낯설기만 한 자연 앞에 서면 세계의 아름다움이 우리를 덮쳐 오는데, 가슴 저릿한 눈물을 흘리기 위해 멀리까지 갈 필요도 없다. 반딧불이도 날지 않는 공원, 가뭄 때문에 벌목된 숲, 벌레가 날아들지 않는 차창, 작은 동산도 산울타리도 없는 벌판, 물놀이도 할 수 없고 물살이도 자취를 감춘 오염된 강, 나비가 날지 않는 산책길…. 이 상실감은 샤모니몽블랑 가이드들이 이제 '자갈바다'라고 불러도 괜찮을 얼음바다Mer de Glace*를 감상할 때도 느끼는 감정이다. 놀랍게도 슬픔이 두 갈래로 나뉜다. 우리는 이미 사라진 것들을 위해서만이 아니라, 인간과 비인간을 통틀어 사라질 것들을 위해서도 눈물을 흘리는 것이다. 특히 비인간들을 위해서. 하지만 거울 효과를 통해 우리는 항상 인간을 위해 눈물을 흘리고 있는 게 아닐까? 델핀 바토는 홍해에서 황홀한 산호를 보고 나서 눈물을 흘렸다. "왜냐하면 너무 아름다웠는데, 그게 사라지기 전에 일부러

---

* 몽블랑의 명소인 얼음바다(메르 드 글라스)는 지구 온난화의 영향으로 매년 8미터씩 녹아 없어지고 있는 것으로 알려졌으며, 2020년, 프랑스 정부 차원에서 몽블랑 인근 지역을 자연보호구역으로 지정했다.

보러 간 거였기 때문"이다.

세계를 위한 고통은 종과 종 사이를 넘나드는 보편 감정이어서 그것이 특별히 누구를 위한 것인지 분류될 수 없다고 그녀는 덧붙인다. 인간이 서로에게 가하는 고통도 가슴을 찢지만, 사람이 생물에게 가하는 고통 역시 똑같이 참혹하다. 호주 산불의 화염 속에서 까맣게 타버린, 그 수가 10억을 헤아리는 동물들은 정말로 무슨 일이 벌어지는 중인지 알았을까? "산불에 재가 된 동물들에 대해서는 아무도 말을 하지 않는다는 게 너무 마음 아파요." 질리안 르갈릭이 말한다. 모두가 혼자 울고, 자기만의 작은 애도를 은밀하게 이어나간다. 마리본 본 Maryvone Beaune은 쿤달리니 요가 수업을 들을 때 "저절로" 눈물이 난다. 선생이 노래를 부르면 마리본은 지구와 연결되고, 슬픔에, 공감에 실려 간다. "바닥에 누워서 지구에게 미안하다고 말해요. 미안해! 미안해! 사랑해, 정말 너무 미안해…. 그리고 가슴에서 뜨거운 눈물이 흘러요." 가슴 깊은 곳에서! 이 모든 고통은 현재진행형인 애도를 나타내는데, 이에 대해 내적 변화 전문가인 세브린 밀레는 이렇게 설명한다. "이건 마음속에서 뭔가가 끝이 나고 이제 다른 것을 생각할 수 있게 됐다는 신호예요. 이 고통의 감정이 비수용에서 수용으로 이행하게 해주는 거죠. 일반적으로 사람들은 기존의 시스템을 떠나지 않으려고 이 감정을 꾹꾹 눌러 참습니다. 하지만 이 감정이 우리 안에 머물 수 있게 완전하고도 깊숙하게 받아들임으로써 비로소 우리는 애도의 주기를 끝내게 되는 겁니다."

애도는 기운을 완전히 소진하는 작업이다. 솔직히 누가 두려움과 고통, 상실과 불확실성을 대면하기 위해 자기 내면으로 깊이 들어가고 싶겠는가? 더구나 애도의 각 단계를 밟아나갈 시간 여유도 없다면 어떨까? 프랑스는 여전히 부정과 정신분열 단계 사이에서 표류 중이다. 이 사이에 머무는 것이 매우 위험하다는 것을 정부도 알고, 기관과 공공단체 들은 물론, 기업들과 수많은 개인들도 알고 있지만, 그런데도 세상은 마치 아무 일 없다는 듯 계속 굴러간다. 그런데다 사회 전반에 퍼진 번아웃 증상은 단순히 생태 문제에만 국한되지 않는다. 사법계, 의료계, 교육계를 포함해 모든 영역에 퍼져 있다. 신티아 플뢰리Cynthia Fleury가 〈용기의 종말La fin du courage〉(2010)에서 이야기한 '자기의 침식érosion de soi'은 이제 보편 현상이 되었다. 그리고 항시적인 정신분열과 분노와 고통 속에서 살아가는 것은 정신적으로 불가능한 일이기 때문에 이제 우리 앞에는 집단우울증이 도사리고 있다. 바로 이러한 점에서 내 친구들은 내게 (장기) 수면 치료를 받으러 가는 게 어떠냐고 제안했다. 나는 가지 않았다. 가야 할 사람이 있다면 오히려 내 친구들이었고, 그들이 가야 할 곳은 의식을 깨워주는 '회복실'이었다.

두둥! 이윽고 우울

진단부터 정확히 해보자. 너무 늦었어 + 난 아무것도 아니야 + 내 잘못이야 + 이게 모두를 위하는 길이야 + 나는 이 생각을 하루에 6만 4800번씩 해(그러니까 깨어 있는 동안 매초마다) = 나는 미쳐버린다. 그리고 떨어진다. 그럴 수밖에! 파국의 조짐도 희망적인 가능성도 부정하지 않는 상태, 이곳이 에콜로들이 노니는 불편한 장소다. 이렇게 몇 해가 지나면 결국 피로와 우울에 걸려들고 만다. 두둥!

날개 없는 추락

내 경우에는 생태우울이 특히 집착으로 나타났다. 오로지 일에만 매달린 것이다. 나는 녹색을 읽었고, 녹색을 잤고, 녹색을 살았다. 언제 어디서나 그랬다. 도저히 다른 뭔가를 생각할 수가 없어서였다. 이보다 중요한 일이 뭐가 있을까? 일터에서는 방사선을 쐬듯이 생태주의에 흠뻑 젖어들었다. 우리는 《리베라시옹》 편집국 소속으로서 존재론적 이유로도(자본 투자자를 찾는 중이었다) 우울했지만, 서로 끝내주게 죽이 잘 맞았다. 저녁 7시가 되면 와인이나 한 잔 하면서 세상 돌아가는 일을 논하고 싶었던가? 에러 404. 세상 따위는 더 이상 없었다. 나는 거리에서 자전거 위에 올라앉아 이산화탄소를 잔뜩 들이마시며 미친 듯이 페달을 밟았고, 그것이 교토의정서 온실가스 감축목표에 아무 악영향도 미치지 않으리라는 사실에 행복해했다. 기차에서는 주행거리를 원자력 단위로 환산했다. 레스토랑에서는 친구가 이런 식의 농담을 던졌다. "어머, 곡식은 새들한테 남겨줘야지 왜 네가 먹어!" 멍청한 것. 지하철 역사 통로에서는 환하게 밝혀진 광고 전광판들이 지성과 검약을 마음껏 모욕하고 있는 것을 볼 때마다 위궤양이 발작을 일으켰다. 헬스클럽에서는 늘씬한 허벅지가 대체 다 무슨 소용일지 회의가 들었다. 그리고 어쩌다 슈퍼마켓에 들르게 되면 요구르트 진열대 위에 놓인 타르트 타탱이나 레몬 머랭 맛 앞에서 우두커니 서 있기만 했다. 무기력이 엄습해오고, 생태 문제의 압도적 규모와 사회의 무관심에 대해 가슴의 통증까지 마구 밀려들면서 나는 뇌가 그야말로 멈춰버리기 직전이었다. 그래서 "괜찮으냐"는 사소한 물음에도 왈칵 눈물을 쏟았고, 누가 비수를 꽂는 한마디를 던졌다 하면 펄펄 뛰었다. 이를테면 이런 말. "그러니까 애를 하나 낳으라니까." 세상에, 생명이라니. 나는 사람들이 생명을 그만 앗아갔으면 좋겠는데 어째서 내가 생명을 하나 더 보태겠는가? 더구나 새로 태어난 이 경이로운 존재에게 뭐라고 말을 할까? "엄마랑 엄마 동시대 사람들이 네 마흔 번째 생일을 위해서 아주 끝내주는 도살장을 준비해놨단다. 너도 마음에 쏙 들 거야." 우울증은 지독한 외로움과 짝을 이루어 더욱 심각해졌다.

사실, 우울은 더 나은 날들이 오리라는 징조다. 심지어 우울이 우리를 구원해줄 동아줄이 되기도 한다. 단, 지나가는 하나의 단계로 경험되기만 한다면, 그리고 지나가는 동안 있는 그대로 받아들여지기만 한다면. "온갖 분주한 활동의 열기를 '고통스러운 애도'의 눈물로 식혀줘야 해요." 생태심리학자 캐럴린 베이커가 조언한다.

"우리에게는 모든 종류의 감정이 필요하니까요. 그래서 이 절망의 순간도 행동의 열정 못지않게 중요하답니다." 이런 멋진 소식이 있나. 특히 우울은 우리의 정화 작업 뒤에 찾아오는 자연스러운 단계이고, 어떤 이들에게는 거의 피할 수 없는 숙명이기 때문이다.

번아웃과 붕괴, 같은 원인, 같은 결과

생태운동의 최전방에서 싸우는 이들은 그들보다 먼저 뛰어들었던 과학자들도 그랬듯이 완전히 녹초가 된다. 그런데 이게 또 정상이다. 리즈 밴 서스테런은 활동가들의 번아웃에 대해 깊이 연구했다. "생태운동가들의 일은 너무 고되고 때로는 희생이 요구되기도 해요. 임박한 재앙에 대한 무서운 진실을 다뤄야 하니까요. 실제로 미래 시나리오들은 죽음 예고 같은 느낌을 주죠." 마찬가지로, 생태 번아웃은 직장인들이 겪는 흔한 탈진 상태와도 무척 유사하다. "후자는 '직업적 믿음에 닥치는 위기'예요. 개인의 신념과 세계관이 실제 직장인의 현실과는 맞지 않고, 그래서 이제까지 믿어온 모든 것이 무너지고 있음을 알게 되는 거죠. 이런 사람은 상징적으로 죽음을 맞이하고 다른 직업적 정체성을 통해 새롭게 태어나야 해요. 물론 위기를 이겨내기 위한 새로운 마음 상태도 중요하고요. 이건 소위 '붕괴 포비아'에 걸린 사람도 똑같습니다." 피에르에리크 쉬테가 설명한다. 쉬테에게는 자본주의 서사에 젖어 있는 시대가 직장인 번아웃과 사회의 붕괴 조짐을 동시에 야기하고 있는 것이 전혀 놀랍지 않다.

"하루는 24시간밖에 안 되고 나무는 하늘까지 자라지 않으니까요. 지구 자원을 고갈시키고 우리 미래를 위기에 빠뜨리는 일이라면 주주가 되어 배당금 15퍼센트를 요구하는 게 다 무슨 소용이겠어요?" 역시 놀랍지 않은 것은 끝없는 '더'의 논리와 탈진이 이 두 현상의 공통분모라는 사실이다. 직장인도, 에콜로도 끝없이 '더'를 외치는 요구 앞에 들들 볶인다. 일터에서 직장인이 녹초가 된 채 끝없이 더 열심히, 더 생산적으로, 더 빨리 일하라고 공격받는다면, 생태활동가는 끝없이 더 부유해지고, 더 착취하고, 더 유능해지고, 더 자연과 멀어지려는 이 사회에 환멸을 느낀다.

날개 없는 추락의 정상성

활동가 클레르 누비앙은 주저 없이 전투에 (문자 그대로) 몸을 던졌다. "저는 악에게 지느니 차라리 죽는 편을 택하겠어요." 블룸협회 명예회장인 그녀는 어류의 산업적 남획(동어반복이다)에 맞서 전쟁을 벌이는 동안 결코 몸을 사리는 법이 없었다. 그런데도 2013년 12월, 블룸협회와 녹색당 의원 몇 명은 유럽의회에서 심해 드롤어업 금지를 관철하려다 투표에서 패배했다. 혐오감과 허탈감이 덮쳐왔다. "그 사람들은 멀쩡한 정신으로 그렇게 투표를 했어요. 자기들이 뭘 하고 있는지 너무나 잘 알았다고요. 그때 제게 무슨 삶의 의미가 있었겠어요? 아무것도 없었죠. 그게 제 첫 번째 번아웃이었습니다. 사람 눈을 똑바로 쳐다보면서 거짓말을 술술 하는데, 자기들이 거짓말을 하고 있다는 것도, 상대가 그걸 알고 있다는 것도 다 알았어요. 너무 혐오스러웠죠. 다 끝내버리고 싶더군요." 그녀는 바닥까지 떨어졌다. 그리고 2014년 3월, 마흔 살 생일을 맞았다. 축하 파티도 하지 않았다. "제 안에는 침묵밖에 없었답니다." 당시 그녀가 쉼을 얻었던 곳은 봄꽃이 흐드러진 터키 카파도키아의 침묵 속이었다. 그로부터 막 5년이 지났을 무렵, 같은 상황이 다시 펼쳐졌고 그녀의 에너지도 다시 바닥났다. 다행히 결과는 달랐다. 2019년 2월 13일, 블룸협회 팀이 작은 승리를 거둔 것이다. 유럽연합 어선들은 2021년 6월 30일부터 더 이상 전기 펄스어업*을 이용할 수 없게 되었고, 이는 EU 해역 바깥에도 똑같이 적용될 것이었다. 하지만 승리를 얻기까지 블룸협회 팀은 육체적으로나 정신적으로나 거의 파산 지경에 이르렀다. 승리가 너무 늦게 찾아온 것이다. 생각해보자. 캠페인에만 2년이 걸렸고, 유럽의회 의원과 각국 대표 들을 수백 번도 넘게 만났고, 유럽위원회에 수도 없이 민원을 넣는 한편 유럽 행정감찰관에 제소도 해야 했다. 작은 NGO 단체에게 이것은 아이언맨이 되어 마라톤의 두 배 거리를 달린 다음에 다시 마이크 혼**과 함께 녹아내리는 북극을 횡단하는

---

*   강철 사슬로 해저를 훑는 기존의 트롤어업을 보완하는 방식으로, 사슬 대신 전기 그물을 이용해 물살이를 기절시켜 어획하는 방식이다. 그러나 이때 방류되는 전기는 주위 해양생물을 모조리 감전시킨다. 전기에 민감한 상어나 가오리 등은 물론이고, 알, 어린 물살이, 플랑크톤, 바닷물의 화학 성분까지 파괴한다.

**   Mike Horn. 탐험가. 북극 바다에서 빙산을 등반하기도 했다.

것이나 다름없었다. "사람들은 작은 승리를 얻기까지 어떤 대가를 치러야 하는지는 듣고 싶어 하지 않아요. 저는 '진짜' 삶과는 관계가 끊어졌죠. 잠도 포기했고요. 하루 24시간 일하면서 평일에는 세 시간에서 길어야 다섯 시간밖에 못 잤으니까요. 투표에서 이기던 날, 손에 술잔을 쥔 채로 곯아떨어졌어요." 이 책의 초반에 그녀가 말했듯이, "이제 생태우울을 겪는 사람들이 더 많아져 적어도 외로움에 시달리지는 않게 됐다". 심지어 사퇴를 발표하는 장관조차 이따금 찾아오는 우울에 대해 언급할 정도니까. 2018년 8월 28일, 니콜라 윌로가 프랑스 앵테르 생방송에서 사퇴를 발표하던 때, 찌푸려진 그의 얼굴에서 깊은 비애를 읽지 못한 사람은 아무도 없었다. 어쨌든 생태우울의 힘은 저항이 불가능하고, 아주 긍정적인 사람조차 고통의 심연으로 밀어 넣을 수 있다. 시릴 디옹의 다큐멘터리 〈내일〉은 사람들에게 용기와 의욕을 불어넣는다는 점에서 큰 찬사를 받았는데, 나는 이 영화를 보고 나서 울었다는 사람을 세상에서 딱 한 명 알고 있다. 바로 필리프 엠Philippe M.이다. "영화에서 엄청나게 긍정적인 면들, 신나는 부분들도 발견했죠. 워닉 구성도 좋았고요. 그런데도 어떤 깊은 슬픔이 밀려오더군요. 그 영화를 보고 나서 일주일 내내 울었어요!" 그런가 하면, 마르크 돈제*는 이 감정으로부터 스스로를 지키고 싶어 한다. 그는 우울하다고 인정하지 않고, 다만 "우울한 일들"

---

*   Marc Donneger. 에너지 및 환경 공학자.

을 경험한다고 말한다. 이 미묘한 차이라니! 그렇지만 자지Zazie가 오래 전에 "아무것도 하지 않는 건 죄"라고 노래했던 〈나는 거기 있었어J'étais là〉를 들을 때면 그 역시 "장이 끊어지는" 것 같다. 그리고 돈제는 세 명의 저자, 파블로 세르비뉴, 라파엘 스티븐스, 고티에 샤펠Gauthier Chapelle의 공동저서 『다른 종말은 가능하다』를 끝까지 읽지 못했다. "'이게 다 무슨 소용이야?'라는 암담한 심정에 갇히게 될까 봐 무서워서."

이런 상황 속에서 그만 생을 끝내는 게 퍽 매력적인 선택인 듯 보이기도 하지만, 에밀 시오랑Emil Cioran을 읽으면 얘기가 달라진다. 시오랑은 "우리의 슬픔을 위로하기 위해 자기를 기꺼이 내어준 세계를 포기하는 것은 참으로 몰염치한 짓"이라고 생각했다. 하지만 내 경우에는 '최악으로 치닫고 싶은 충동'에 사로잡힌 나머지 '내' 세계의 종말을 약간의 대의를 섞어 무대에 올리고 싶었다. 원자력 발전소를 폭파해서 경각심을 일깨울까? 아니야, 느닷없이 그렇게 하는 건 불가능 해. 그럼 석유로 분신을 할까? 탄소를 왕창 배출하면서 최후를 맞을 수는 없어! 라운드업*을 마실까? 너무 고통스럽잖아. 아니, 좀 더 실용적으로 생각할 수는 없는 걸까? 사실 생태주의자들 중에는 죽는 것보다는 살아 있는 편이 세상에 더 이롭다고 생각하는 사람들이 많다. 페이스북 그룹 '아포칼립스의 술꾼들' 운영자 올리비에 세르도 그렇다. "목숨을 끊

* 몬산토의 제초제.

138

으면 나는 더 이상 내 주변 사람들을 도울 수 없게 된다. 고려 가치 없음." 마침표 쾅. 파블로 세르비뉴는 이렇게 말한다. "나는 권총도 없고, 더군다나 용기도 없거든요!" 하지만 자살은 용기가 있어서가 아니라, 고통을 참을 수 없어서 하는 것이다.

내가 정치인이라면 나는 우리 사회의 건강한 집단우울을 위한 프로그램을 만들 것이다. 우울 없이는 아무런 전환도 가능하지 않기 때문이다. 맞다, 친구들이여, 녹색 우울을 깊이 들이마시자. 인간중심주의의 높은 대좌 위에서 굴러떨어지자. 붕괴를 받아들이자. 왜냐하면 이것이, 생태심리학자 캐럴린 베이커에 따르면, "인류를 성장시키는 중요한 통과의례"기 때문이다. 우리는 (뿌린 대로 거둔다는 측면에서) 당연히 이 고통스러운 통과의례를 겪어야 하지만, 더 중요한 것은 겪지 않으면 안 된다는 점이다. 지구가, 그러니까 끝내주게 균형 회복을 잘하는 지구가 우리에게 그렇게 호소하고 있다. 이 우울의 단계를 지나고 나면 우리 각자 안에 잠들어 있는 창조적 에너지가 해방된다. 우리는 군중 속에서 서로가 서로를 알아보고, 함께 모이고, 어렵다는 것을 잘 알면서도 같이 미래를 논의하고, 반란을, 저항을, 회복을 도모한다. 당신도 같이 하기를. 그건 그렇고, 여전히 마음을 정하지 못하고 갈팡질팡하는 이들도 걱정할 필요는 없다. 이 거대한 슬픔의 물결은 언제고 다시 그들을 찾아올 테니까.

모든 것이 정상이다

이런 식으로 감정을 털어내는 것은 마음의 섬유에 묻은 불안의 때를 지워나가듯이 아주 기분 좋은 일이다. 우리의 세탁기 드럼은 다음 차례로 넘어간다. 이제 헹굼 단계다. 옷이 얼룩과 세제를 희석하는 다량의 물속에서 흐늘흐늘해지는 시기, 거의 고요와 침잠에 가까운 시기다. 마찰력으로 때가 빠진 덕분에 우리는 옷의 본래 상태를 되찾는다. 정말 근사하다. 이 옷의 이름은 삶이다.

생태불안증자가 된다는 것, 지극히 정상적인 일

처음에는 붕괴가 너무 무서웠다. 그런 뒤에 나는 암에 걸렸다.
― 아무개

죽음 정면으로 바라보기

재앙을 기다리는 동안 가장 바람직한 자세는 이 다가오는 재앙의 블랙홀을 두 눈 부릅뜨고 응시하는 것이다. 모든 것을 받아들이는 생태불안증자는 그래서 용기 있는 사람이다. 어떤 면에서는 영화 〈시계태엽 오렌지A

141

Clockwork Orange〉에 나오는 알렉스를 떠오르게 한다. 알렉스는 '증오 치료실'로 보내진 뒤 15일 동안 의자에 묶여 절대로 눈을 감지 못하게 눈꺼풀이 고정된 채 온갖 폭력과 섹스, 분노에 관한 이미지들을 주입받아야 했다. 냉철한 생태불안증자도 우리의 최후를 일상적으로 마주쳐야 한다는 점에서 알렉스의 이 상태와 유사하다. 라로슈푸코La Rochefoucauld가 말한 것과는 달리, 우리는 죽음이나 태양을 충분히 똑바로 응시할 수 있고, 다만 아주 조금 더 성숙해지기만 하면 된다. 어쨌든 우리에게는 선택의 여지가 그렇게 많지 않기 때문이다. 출구도 없고, 별나라로 도망을 칠 수도 없으니까. 우리의 몸과 정신은 지구 진화의 산물이다. 인간이 자신의 요람을 떠나 다른 별에서 살 수 있다고 상상하는 자들은 우리의 시간을, 에너지를, 돈을 낭비하고 있는 것일 뿐이다. 단순하게, 차분하게, 냉철하게, 언제든 닥칠 수 있는 최후를 정면으로 바라보자. 역설적이게도, 이 바라봄이 미래를 밝게 해준다. 시간의 종말fin des temps 속에서 사는 것은 종말의 시간 le temps de la fin을 성찰하는 한 방식이기 때문이다. "오늘날 인류세는 우리에게 시간의 종말을 몰아내기 위해 종말의 시간 속에서 살고 있다고 생각하라고, 그렇게 이야기를 짓고 상상하라고 권면한다." 비교문학 교수 장폴 앙젤리베르Jean-Paul Engélibert는 이렇게 지당하게 썼다.* 그는

---

*   https://aoc.media/analyse/2019/09/02/la-fiction-et-leffondrement-qui-vient

붕괴에 관한 성숙한 담론을 뒷받침하기 위해 신학 개념들을 빌려온다. "이와 같이 오늘날의 아포칼립스 픽션들은 바울 서신에 드러나 있는 것과 같은 아포칼립스의 참뜻을 재발견한다. 이 서신의 수신자들에게 바울은 '시간이 얼마 남지 않았으니', 그리고 '우리가 보는 이 세상은 사라져가고 있으니' 신앙을 굳게 지키라고 권면하는 것이다. 바울에게는 미리 종말의 시간 속에서 사는 것이 종말을 앞당기는 길이었다. … 따라서 종말을 상상하는 것은 가장 선한 의미에서의 정치를 하게 해주는, 다시 말해 세상을 살 만한 장소로 만들기 위해 투쟁하게 해주는 기본 조건이 된다." 어쨌거나 이것이 수많은 생태주의자들의 태도이기도 하다. "결국 인류가 멸종해야 한다면, 내가 정말로 궁금한 건 지금부터 그때까지 무슨 일이 벌어지느냐 하는 거예요." 이자벨 오티시에가 낄낄거린다. 여전히 한 움큼의 불안도 허용하지 않겠다는 듯이.

잘 못 지낸다면 그게 잘 지내는 거야!

생태우울이 다 나쁜 것만은 아니다. 오히려 잘 지내지 못하는 데 대해 자부심을 가질 만하다. 모든 심리전문가들이 한목소리로 말한다. 제대로 돌아가지 않는 세상에서 마냥 잘 지내는 것이야 말로 진짜 아프다는 신호고, 지구에서 벌어지는 일들 때문에 괴로워하는 것이 좋은 신호라고. "생태불안은 지성과 높은 수준의 정신 건강을 의미하는 징후죠. 부정에 빠지지 않는 이들은 현실을 똑바로 바라볼 용기가 있는 사람들이에요." 몽펠리에의 생태심리학자 샤를린 슈메르베르가 말한다. "의식이 분명하게 깨어 있다는 뜻인데, 이건 좋은 거잖아요. 물론 불안에 완전히 잠식되지 않는다면요." 그런가 하면 미국의 심리학자 리즈 밴 서스테런은 이렇게 분석한다. "지금의 현실은 회오리바람처럼 어느 날 갑자기 불어닥친 게 아닙니다. 우리가 뻔히 보고 있는 동안 서서히 진행됐죠. 우리는 이 문제를 실질적인 위협으로 규정하고 대응에 나서야 해요. 미래에 일어날 무서운 결과에 대한 불안, 슬픔, 분노… 이런 감정은 문제를 자각할 때 나타나는 건강한 반응이죠." 그러니 부모들이여, 지구 걱정을 앓는 자녀를 자랑스러워하시라! 메종 드 솔렌에서 진료하는 정신과 전문의 라엘리아 브누아에 따르면, 청소년에게 생태불안이 나타나는 것은 오히려 안심해도 좋을 징조다. "어쨌든 지구를 돌보려면 스스로가 최소한의 건강 상태를 유지해야 해요. 지구 돌봄이 결국 자기 돌봄이 되는 거죠." 지구의 미래를 염려하는 10대는 자기 이상의 것들을 생각하고, 게딱지 같은 자아나 내적 갈등에 완전히 매몰되지 않는다. 다만 수렁에 빠지지 않게 조심해야 한다. "프리드리히 니체는 괴물에 맞서 싸우는 사람은 스스로 괴물이 되지 않도록 경계해야 한다고 경고했죠. 수렁도 마찬가지예요. 내가 수렁 안을 들여다보면 수렁 역시 내 안을 들여다봅니다."

우리의 가슴과 머릿속에서 몰아치는 회오리는 너무나 치명적인 것이어서 앞으로 적지 않은 이웃들이 휩쓸려갈 것이다. 이성을 잃은 자들의 팬데믹을 조심하라. 그리고 곧 밀려올 그들에게 최소한 유용한 조언이라도 해 줄 수 있게 준비하자. 현실을 똑바로 직시하라, 자기 자신에게서 벗어나라, 그리고 철학자처럼 행동하고 생각하라. 저명한 마음챙김 명상 전문가이자 정신과 의사, 심리치료사이기도 한 크리스토프 앙드레Christophe André는 생태우울증자들을 탄광 속 카나리아에 비교한다. 실제로, 과거에 탄광에서는 카나리아가 유해 가스 유출을 감지하는 역할을 맡았다. 새들이 숨을 못 쉬면 광부들은 부리나케 땅 위로 올라왔던 것이다. 번아웃 직전 사회의 파수꾼으로서 우울한 에콜로들은 우리가 돌봐야 할 대상도, 조롱할 대상도 아니고, 귀 기울여 들어야 할 대상이다. 임박한 위험을 경고해주기 때문이다. 이토록 암울한 상황을 정면으로 바라보며 견디는 것은 감정적으로 성숙하지 않고서는 어려운 일이고, 그렇게 할 수 있는 사람은 그렇게 많지 않다. "그들은 굉장히 특별한 정서지능과 관계지능을 지녔다고 할 수 있어요." 뤄크 마뉴나가 말한다. "왜냐하면 지구 전체에, 그러니까 모든 생물에게 저질러진 불가역적인 피해들을 이해할 정도로 냉철하면서, 동시에 자연에 더 깊이 공간하기 위해 사시로운 안락을 넘어설 줄 아는 이들이니까요."

붕괴하지 않는 붕괴론자들

생태주의자들에게 뭔가 특별한 게 있는 거라면? 알 수

없는 작은 뭔가가 작용한 덕분에, 아무개들이 줄행랑을 놓고 머리를 모래 속에 처박거나 진실을 부정하는 와중에 생태주의자들만이 눈을 똑바로 뜨고 있는 거라면? 정말 그렇지 않은가. 온갖 숫자와 곡선, 우울한 그래프들이 얼굴에 펀치를 날리는데도 우리는 제자리에 나름 버티고 서서 정면을 응시한다. 붕괴론 모임이나 논콘퍼런스*, 토론 그룹 등에 가보면 자폐 스펙트럼에서부터 하이포텐셜**, 경계성에 이르기까지 '뇌신경이 남다른' 인간들, 그러니까 하루에 50번씩 A상태에서 B상태를 오가며 감정의 회오리를 경험하는 인간들로 가득 차 있다. 그들뿐 아니라 약간 펑키하고 변방적이면서 기술자본주의의 세이렌에게 홀리지 않으려고 저항하는 독특한 반골들도 많이 만난다. 심리 전문가들은 지구 위기에 관한 정보들을 견뎌내려면 정말로 강골이 돼야 한다고 말한다. 그러나 이 사람들은 냉철한 이성과 완벽주의, 실패에 대한 두려움 때문에 항시적인 불만족 속에서 살아간다. 또한 무력감에 제일 민감하고, 분노보다도 이 무력감이 이들의 인생을 좀먹는다. 그렇지만 스트레스 저항력도 높다. 강연자인 아르튀르 켈레Arthur Keller는 우울한 뉴스들을 다루기 위해서는 정말로 맷집이 좋아야 한다고 말한다. "개인적

<hr>

* non-conférence. 전통적인 방식의 콘퍼런스를 거부하고, 의견과 아이디어의 자유로운 교환과 참여자들의 협력을 중시하는 회의 형태.
** 평균 이상의 높은 지능이나 창의력, 강력한 감정의 소요를 겪는 증후군 중 하나다. 흔히 '영재'로만 인식되지만 여러 신경 장애로 인해 오히려 학업이나 사회생활에서 어려움을 겪기 쉽다.

으로 저는 완전히 연구에만 매달려야 했어요. 이따금 저녁에는 자원 고갈에 대한 보고서 따위 잊어버리고 가족들이랑 옛날 영화나 보고 싶기도 했죠. 그러다 보면 의욕이 꺾이는 단계들이 찾아오는데, 이 단계를 넘어서는 건 보통 근성으로 되는 게 아니에요." 오늘날 그의 근성을 만든 것은 1990년대에 방영되던 TV 속 두 영웅이었다. 농담 같지만 그들은 인디아나 존스와 맥가이버다. 아르튀르가 믿는 '훌륭한 붕괴론자'란 스스로 붕괴하지 않는 붕괴론자이자, 목표를 위해 위험에 맞서 싸우는 불굴의 영웅 같은 사람이고, 동시에 잘 생각하고, 계획하고, 준비하고, 제일 지독한 난제조차 풀어내는 멋진 두뇌의 소유자를 말한다. 골수 생태주의자가 되는 것은 우울을 모르는 사람들에게 더 잘 어울린다. 맞다, 그런 사람도 있기는 하다. 아르튀르 자신이 그 증거니까. "저의 주특기는 어떤 시스템을 보면서 약한 부분을 바로 찾아낸다는 거예요. 그래서 특별히 실망할 일이 없어요. 어차피 다른 부분에서 더 벌충하면 되니까요. 저는 정말로 낙관적인 유전자를 타고났다니까요!"

마음의 쓰레기통을 분리수거하라

생태주의자들은 주방 쓰레기통의 분리수거만 잘하면 되는 게 아니다. 마음 쓰레기통의 분리수거도 잘해야 한다. 이 보이지 않는 쓰레기통에는 어린 시절이나 성인기 이후에 겪은 트라우마들이 들어 있는데, 이것들을 우리는 마치 불 위에 우유를 올려놓은 듯 항상 예의 주시해야 한다. "현재의 트라우마가 과거에 해소되지 못한, 완료되지 않은 트라우마들을 자극할 수도 있어요. 현재의 경험이 과거의 상처를 다시 일깨우는 거죠." 정신분석가 마리 로마넨이 경고한다. 소중한 존재를 잃거나 고통스럽게 이별한 경험, 그렇게 멋지지 못했던 어린 시절 등이 모두 재앙 같은 뉴스를 접하며 되살아날 위험이 크다는 얘기다. 델핀 바토는 여덟 살 때 엄마가 암으로 돌아가신 뒤부터 외로움과 친밀하게 지냈다. "물론이죠! 개인적 붕괴와 외부의 붕괴는 서로 연관성이 있어요. 그런데 시련을 겪을수록 우리 감수성이 더 풍부해지거나 회복력이 더 강해지는 걸까요? 모르겠어요. 아무튼 저는 아주 어릴 때부터 외로움에 익숙해졌어요." 우리는 모두 정서적으로나 물리적으로나 시련을 경험하는데, 중요한 것은 우리가 당했던 고통과 우리가 생명 세계에 가하는 고통을 구별하는 것이다. 생명을 학대하는 것이 스스로도 학대당하는 수많은 사람들에게는 무척 자연스러워 보일 것이다. 이들은 스스로 알지도 못하는 사이 자신들이 당했던 방식대로 자연 세계를 대한다. "저는 제 안에 있는 어떤 것을 치유할 때 세계의 일부분을 치유하고 있는 기분이 들어요." 동물권 운동가 샤를로트 아르날Charlotte Arnal이 설명한다.

마찬가지로, 세계에 만연한 폭력과 개인적으로 경험되는 폭력 사이에서 더 이상 차이를 느끼지 못하는 이들도 많다. "세계와 개인의 상태가 연결되는 것이 중요한 열쇠죠. 우리가 세계와 연결돼 있고, 그래서 세계가 아프면 우리도 아프다는 것을 모든 사람이 이해할 때 조금은 더 나은 세상이 올 거예요." 최근에 붕괴론 극작가로 활동을 시작한 모니카 라타지Monica Ratazzi가 말한다. "개개인의 운명과 세계의 운명, 그리고 우주의 운명도 서로 분리돼 있지 않습니다." 가수이자 멀티악기 연주자인 필리프 마르탱Philippe Martin의 말이다. 마르탱은 오랫동안 환경 운동가로 활동해왔고, 자기성찰을 쉬지 않는 생태주의자다. "손가락은 손이나 몸과 구분되지만 따로 떨어져 있지는 않죠. 우리는 세계를 지배하는 폭력과 우울을 늘 멀리서 경험하지만, 한편으로는 이 모든 과거 기억들과 불확실한 미래 예감들로 이루어진, 보이지 않는 집단 무의식으로부터 영향을 받습니다. 씨앗들은 식물에서 떨어져 나와 몇 년이 지난 뒤에도 토양과 기후가 적당할 때 싹을 틔우잖아요. 우리도 마찬가지예요."

죽기 전까진 죽은 게 아니야

내가 브릿젯 교토* 페이스북 페이지에 들어가 생태불안에 관한 경험담을 들려달라고 요청했을 때 '가이아가이아'가 이렇게 절묘한 답변을 남겼다. "내기 생대불인증자였는데 어느 날 암 진단을 받았다고 칩시다. 그럼 나는 생태달관자가 되는 거죠!" 한 번에 두 가지 붕괴를 같이 경험할 때 미래 어딘가에 있을 수십억 명의 삶보다 지금

---

*   Bridget Kyoto. 저자의 별칭으로, 저자는 같은 이름의 유튜브 채널과 페이스북 페이지를 운영한다.

여기 있는 내 삶이 더 소중해지는 것은 자명한 사실이다. 그런데다, 살아 있다는 느낌과 계속 그렇게 살아 있고 싶은 마음은 어떤 확고한 결단의 바탕이 되는 핵심 요소다. 이것이 바다에서 두 번이나 죽을 고비를 넘기고 천운으로 살아 돌아온 이자벨 오티시에의 강철 같은 투지를 설명해줄 것이다. "거의 죽을 뻔했어요. 그 순간 머리가 두 편으로 갈라져서 논쟁을 벌이더군요. 한쪽에서는 조심해, 잘못했다가는 죽을 수도 있어, 그러면서 나를 완전히 얼어붙게 만들었죠. 그랬더니 다른 쪽에서는 외쳤어요. 양동이랑 물통 가져와! 그렇게 멀뚱히 서 있지 말고 움직이라고! 저는 일종의 긍정적인 실용주의자라서 늘 이렇게 말하거든요. 죽기 전까진 죽은 게 아니야! 그래서 또 말했죠. 그래, 끝장날 수도 있어, 맞아, 그건 우울한 일이야! 하지만 닥치고 물이나 퍼내!"

우리는 누구나 언젠가 죽게 된다는 사실을 잘 안다. 이 자각과 실제로 영원히 눈을 감게 될 그 날까지의 시간 속에 수십 년의 세월이, 수많은 선택과 실수와 긍지로 채워지는 인생이 놓일 것이다. 그리고 이 수십 년의 세월 동안 꿈과 눈물, 박장대소, 순수하게 행복한 순간들, 아이들, 연애, 남부 프랑스 폭우처럼 맹렬한 울음, 지겨운 밥벌이, 바닥난 은행 잔고, 기념하지 못한 생일, 숨이 멎도록 무서운 순간들, 사소한 배신들, 미어지는 고통들이 지나갈 것이고, 또 그렇지만 잊을 수 없는 파티, 감격에 겨운 순간들, 잘못 맺은 인연들, 작아져버린 원피스, 감사의 순간들, 무수한 침묵과 힐난의 순간들도 지날 것이다. 빌어먹을 인생 같으니. 하지만 그 끝에는 죽음이다. 우리 중에 아주 소수만이 마지막에 이르기 전에 스스로 생을 마감할 뿐, 대다수는 그 마지막 순간까지 자기 역할을 다한다.

수년간 우울한 생태주의자로 살아오면서 나는 생태운동의 길도 이와 같다는 결론에 다다랐다. 문제가 자각되는 순간에서부터 시스템이 완전히 해체되는 그 요주의 순간에 이르기까지 해야 할 역할들이 있는 것이다. 예전에는 그저 아침부터 잠들기 직전까지 모든 것을 녹색으로 도배하면 되는 줄 알았다. 100퍼센트 유기농만 먹고, 천연 음료만 마시고, 미생물로 분해 가능한 똥을 싸고, 천연섬유 옷만 입고, 탄소를 배출하지 않는 기차만 타고, 달거리 때 생리컵만 쓰고…. 이렇게 환경운동계의 슈퍼마리오처럼 행동하는 것도 재미있는 일이기는 하지만, 문제는 이게 다가 아니라는 점이다. 여전히 우리가 경험해야 할 일들이, 크든 작든, 자기중심적이든 공동체적이든, 실패든 성공이든 오만 가지는 더 남아 있다. 나는 우리 집 보리수에 목을 매달지 않았고(절대로 내 나무에 그런 짓을 한 일은 없을 것이다), 기차 비퀴 이래 몸을 던지지도 않았으며(성마른 승객들에게 욕을 들어먹고 싶지 않다), 취해 죽으려고 스코틀랜드산 위스키 750밀리리터에 수면제를 섞어 마신 적도 없다(술은 신성하니까). 나는 내 인생을 아직 절반쯤, 아니면 4분의 3이든 5분의 4든 간에 어무튼 그 정도밖에 알지 않았고, 어떻게서든 마시막 순간까지 지켜보고 싶기 때문이다! 세상에 온전하게 존재하는 한 인간으로서 나는 나 자신이 기적이라고 말할 수밖에 없다. 물론 (세계에) 민폐라는 것도 잘 알고 있지만, 또한 하루에만도 수만 번씩 숨이 드나드는 가슴 벅찬 감동 속에서 나는 이렇게 말하지 않을 수 없다. "너는 지금 여기에 있어. 네가 원한다면 지금 다른 어딘가에 있을 수도 있지. 네 집이든, 숲이든, 또는 혼자든, 여럿이든. 너는 무엇이든 원하는 대로 선택해도 되지만, 부디 네 삶을 존중하렴." 우리는 우리가 아는 게 별로 없다는 것을 잘 알고 있다. 세상이 언제 금이 가기 시작할지, 어떤 형태로, 어떤 강도로 그렇게 될지도 알지 못한다. 하지만 이 삼중의 불확실성 속에서, 그리고 '그 일'이 꽤 가까운 시일 안에 닥치리라는 확실성 속에서 하루하루 길을 열어가고 있고, 또한 내게 주어진 삶을 잘 살아가고 있다는 사실만으로도 내게는 충분하다. 내 행실을 볼 때 나는 어처구니없는 사고를 당하지 말란 법이 없는 사람이기 때문이다.

세바스티앙 볼레가 그의 책 『인간 버그』에 썼듯이, 우리는 "매우 똑똑하지만 의식이 그다지 깨어 있지는 않은" 존재들이다. 하지만 세계의 상황이 우리에게 이 의식을 확장해달라고 점잖게 제의하고 있고, 이 제의에 응답하는 것은 우리가 보여야 하는 최소한의 예의다. 그래픽 디자이너이면서 선불교 비구니로서 생명 존중을 실천하는 파스칼 카노비오Pascale Canobbio에게는 현새의 상황이 아주 특별한 기회로 다가온다. "붕괴의 전망 속에서 우리는 우리의 가장 친밀한 장소로, 가장 합당한 장소로 돌

152

아갈 기회를 얻고 있습니다. 다시 말해 우리 자신에게로, 지금 이 순간 여기 있는 우리 몸 안으로 돌아가는 기회죠. 우리 본능 속에 여전히 살아 있는 어떤 것이 우리에게 그리로 가라고 말하고 있어요. 바로 거기에 영원이 있기 때문입니다." 파스칼은 영화 〈그리스인 조르바〉에서 앤서니 퀸이 모든 원대한 꿈이 무너졌을 때 미친 듯이 웃어젖히던 장면을 이야기한다. "얼마나 멋진 파국이에요. 앤서니 퀸이 어깨를 들썩이다가 시르타키 춤을 추는 장면 말이에요. 살아 있음을 느낀다는 건 현재의 순간으로 돌아온다는 것이고, 그 현재를 사는 법을 배운다는 거죠. 그러니까 이제 사물을 있는 그대로 보기 위해서 바라보는 방식을 바꿔야 할 때입니다. 뇌에서 필터로 걸러낸 관점과 그런 관점으로 세운 꿈같은 세계 말고, 더 심원하고 열린 시각으로 봐야 해요. 이제 넥타이를 풀고 주입받은 생각과 자동화된 행동, 조건화된 반응에서 벗어나야 합니다. 우리 안에 남아 있는 야생의 본성과 다시 연결돼야 하고, 뭔가 대단한 성취를 이뤄야 한다는 생각을 그만둬야 합니다. 그리고 그냥, 존재하는 거죠." 결국 붕괴하는 것은 생명 그 자체가 아니라 환상들이리고 여기는 것은 얼마나 매력적인 발상인가? 이것을 빨리 이해할수록 우리가 구하고 싶어 하는 미래에 더 이로울 것이다.

지금은 살아야 한다. 우리는 결국 죽을 테니까, 지금은 마치 세상이 내일 멸망할 것처럼 살아야 한다. 이 삶이 있음을 느끼기 위해 아침에 일어나는 것은 생명 사슬을 잇는 그물코 하나만큼이나 중요하다. 우리의 행동 하나하나에 의미를 부여해야 한다. 그 행동들의 고유한 자리와 역할을 찾아내야 한다. 마찬가지로, 잘 살기 위해서는 두려움과 고통을 줄여야 한다. 지구에 머물다 가는 우리의 유일무이한 시간, 즉 지금 여기 있는 우리의 삶은 무구한 지구 역사의 0.002나노초 안에 스쳐갈 뿐인 인류의 운명을 걱정하는 데 소진하기에는 너무 아까우니까. 그보다 훨씬 나은 대접을 받아야 마땅하니까. 지금은 행동에 나서야 할 때이기는 하지만, 미래는 정해지지 않았다. 글쎄, 아직 완전하게는! "이 싸움은 흥하기도 하고 쇠하기도 합니다. 희망과 절망으로 얼룩지기도 하고요. 중요한 건 둘 중 어느 것에도 휩쓸리지 않는 거죠. 이토록 감정들이 난무하는 상황에서 균형을 잡는 데 실패한다면 우리는 가라앉고 말 테니까요. 관건은 그럼에도 불구하고 어떻게든 앞으로 나아가는 겁니다." 부처시여! 니콜라 윌로의 몸에서 나오시지요!

받아들임

> 문제는 애초에 그것을 만들어낸 것과 동일한
> 수준의 사고방식으로는 풀리지 않는다.
> — 알베르트 아인슈타인

이제 탈수까지 모두 끝났다. 지금부터는 우리가 덕지덕지 발라뒀던 헛된 믿음과 얼룩 들이 말끔히 빠진 옷을 잘 펼쳐서 말릴 시간이다. 이 깨끗한 옷은 이제 삶이라는 가느다란 줄에 조용히 내걸린 채 태양 볕에 서서히 말라갈 것이다.

돌이킬 수 없는 것 끌어안기

한 마을이 태풍의 이동 경로 위에 자리 잡고 있다면 어떤 일이 벌어질까? 경고가 발령되고 주민들에게 대비하라는 안내가 나갈 것이다. 그러면 주민들은 창문을 판자로 막고 정원에 있는 의자를 안으로 들일 테고, 마실 물과 파스타와 비스킷을 비축하면서 대피를 준비할 것이다. 한 마을이 태풍의 이동 경로 위에 있을 때 우리는 불안해하는 주민들을 '태풍불안증자'라고 부를까? 그리고 그들에게 매일 명상하라고, 세인트존스워트St. John's wort 허브차를 끓여 마시고 숲을 산책하라고 처방할까? 또 '위대한 전체'에 연결되라느니, 페이스북 그룹에 가입하라느니 하면서 불안을 잠재우라고 조언할까? 아니다! 하지만 이것이 위험을 알리는 자들이나 생태불안증자들에게 매일같이 쏟아지는 충고다. 몰려오는 태풍이 모든 것을 파괴할 위력을 지닌 실세 위협인 것과 마찬가지로 지금 일어나고 있는 일도 정신 나간 염세주의자들의 터무니없는 시나리오가 아니다. 기후변화도, 자원 고갈도, 생태계 붕괴도 막연하거나 비합리적인 상상이 아닐뿐더러, 이미 우리 앞에 닥친 일이다. 대비하는 것 말고 우리가 달리 무슨 일을 해야 하는지 나는 모르겠다. "지금은 우리 세계가 겪는 단말마의 고통을 정면으로 바라보고 조금 엄숙해져야 할 때다."* 그러면 지금 우리 눈앞에 있는 이 시간을 어떻게 써야 할까? 물론 대비하는 데 써야 한다. 바로 이 대비를 위해 생태전환 도시들의 네트워크가 생겨났고, 우리 한 사람 한 사람에게 화석에너지를 탈피할 준비를 하라고 권유하고 있는 것이다. 완전히 탈피하는 데는 10년이 걸릴 수도, 20년, 30년이 걸릴 수도 있지만 그건 중요하지 않다. 핵심은 일단 시작하는 거니까.

진짜 중요한 질문은 이것일 테다. 우리가 자원 고갈에 적응할 시간이 얼마나 남았느냐는 것. 어떤 카운트다운이 시작되었느냐는 것. 이것이 감정에 세심하게 귀를 기울이는 것이 지금부터 대단히 중요해지는 이유다. "정말로 회복력을 강화하고 현명한 선택들을 해나가고 싶다면 무엇보다 지금 벌어지는 일을 정직하게 진단해야 합니다." 리즈 밴 서스테런이 말한다. 모두가 당장 '문제해결' 모드로 들어가고 싶어 하지만, 잠시 숨을 고르면서 상황을 파악하고 가만히 성찰하는 시간을 갖는 것이 당연한 절차다. "죄책감, 수치심, 회한, 분노 등 우리에게 나타날 수 있는 모든 감정을 직시하자고요. 현재의 위기를 감안할 때 이 모두가 지극히 자연스러운 감정이니까요." 애도의 방법론에서 받아들임은 굴레에서 자유로워지는 단계로, 이때 본인도 모르는 사이에 판세가 달라진다. 현실을 받아들이는 그 순간, 달리 무엇을 해야 할지

* *Le Plus Grand Défi de l'histoire de l'humanité*, Michel Lafon, 2020. 〔원주〕

알 수 없어지는 것이다. 그저 살아가는 것 말고는. 그래, 좋다, 미래는 죽었다. 그래서 어쩌자고? 아침에 아이들에게 밥을 차려주지 않을 건가? 폭염을 피해서 스코틀랜드 습지로 이사를 가나? 관리자 역할을 집어치우려고 회사도 사직하고? 맞다, 당신은 분명히 변할 것이다. 하지만 그 전까지 그 으리으리한 아파트, 앞으로 일어날 일로부터 아무것도 보호해 주지 못할 그 아파트 월세는 누가 내는가? 시간이 얼마 남지 않았다. 당신은 먹고 사느라, 사회적 지위를 얻느라, 연애를 하느라, 가족을 꾸리느라, 아이들을 낳아 기르느라 이미 시간을 많이 잃었다. 이제부터는 그 모든 것을 보호해야 하는데, 보호하기는 사랑하기보다 훨씬 어렵다.

우리는 이전에 한 번도 경험해 보지 못한 시대를 살고 있다. 마야인도, 바이킹도, 이스터섬 사람들도 이런 경험을 하지는 않았다. 인류 역사상 전무후무한 이 시기의 의미를 정확히 따져보자. 이런 점에서 사회학자 브뤼노 라투르Bruno Latour는 우리에게 이렇게 제시한다. "아포칼립스는 긍정적이고 매력적인 주제입니다. 그 덕분에 거짓 희망들을 물리칠 수 있으니까요. 따라서 우리 시대를 이토록 흥미롭고 심지어 탁월하게까지 해주는 게 바로 이 아포칼립스인 겁니다!"* 아포칼립스가 매력적이라고? 좀 과장이 심한 것 같은데? 호주 철학자 클라이브 해밀턴은 자국민들에게 "미래의 죽음을 애도"하자고 호소

---

* 《르몽드》 2019년 6월 11일자에 실린 대담. 〔원주〕

하기 위해 호주 산불을 '이용'했다. 얼마나 지독한가. 하지만 또 얼마나 진실인가! "모든 게 괜찮아질 거라는 이 유치한 낙관주의를 버려야 한다. 우리는 이미 오래 전에 한계를 넘어버렸으니까! 이제는 우리가 직면한 참화의 진실을 받아들여야만 한다." 무엇보다 중요한 것은 이것일 테다. 이 진실을 우리 안에 스미게 하는 것, 좌뇌 깊은 곳에 새겨서 우리 사고의 바탕이 되게 하는 것, 그런 다음 이 진실이 우리를 지배하지 못하도록 거기서 해방되는 것. "나는 인정하지 못합니다. 결국 최악의 상황이 올 거라는 예측에 대해 나는 동의하지 않아요." 조경사이자 펑크 시인 에리크 르누아르Éric Lenoir가 잘라 말한다. "과학은 오랫동안 나무들의 의사소통을 부정하다가 결국 소통한다는 사실을 입증하기까지 2000년도 넘게 걸렸어요. 그래서 나는 과학이 단언하는 결론들을 그다지 믿지 않습니다. 물론 더 나은 세계를 만들려는 우리의 노력 앞에 어떤 거대한 시련이 버티고 있는지 생각하면 당연히 절망스럽죠. 하지만 주어지는 정보들을 그저 또 하나의 자료 정도로 냉정하게 대하는 것이 충격을 견디는 데 도움이 됩니다." 한마디로, 침착하자는 얘기다. 옛날 미래는 죽었어? 그러면 전에 없이 새로운 미래를 맞이하면 될 일! 그리고 우리 빨랫줄에 쏟아지는 태양 볕을 만끽하자고.

그나저나, 뭘 받아들여야 되는 거야, 대체? "지금 벌어지고 있는 일을 받아들이라는 게 아니라, 그것을 경험하는 우리의 방식을 받아들이자는 겁니다. 상황은 있는 그대로 상황일 뿐이니까요." 세브린 밀레가 설명한다. "문제는 감정이 아니라, 우리가 그 감정을 끝까지 밀고 나가지 못한다는 점이에요. 감정은 제 갈 길을 알고 있고, 그 길 끝에 다다르면 우리는 더 이상 예전의 우리가 아닌데 말이죠." 시릴 디옹조차, 그러니까 최악에 대해 말하는 것을 극도로 조심하고 소소한 실천에서 집단행동까지, 콘서트나 대박 다큐멘터리 영화에서부터 기후행진이나 시민의회에 이르기까지 가능한 모든 실천에 힘을 보태온 시릴조차 이미 돌이킬 수 없다는 것을 받아들였다. 그날을 그는 정확히 기억한다. 왜냐하면 그날 붕괴론 삼총사(세르비뉴, 샤펠, 스티븐스)의 책 『다른 종말은 가능하다』의 발문을 썼기 때문이다. "우물을 파고, 온실을 사고, 태양광 패널도 사고…. 우리는 충격을 덜어줄 온갖 방법을 동원할 수 있고 그런 것들이 몇 개월이나 1, 2년쯤 도움이 되기도 하겠지만, 그렇다 해도 본질적으로는 도망치지 못한다. 이 발문을 고민하면서 나는 내가 힘든 고비를 한 단계 넘어섰음을 알게 되었다. 나 스스로를 보호하라고 안달하던 불안이 사라져버린 것이다." 흐음, 이건 새로운 심리기법인가? 모든 것을 받아들이고 눈앞의 현실을 똑바로 바라보면 불안이 줄어드는 걸까? 이게 어떻게 가능하지? "상황이 안정되리라는 막연한 희망과 이 막연한 희망이 젖은 모래더미 위에 놓여 있는 것 같다는 희미한 느낌 사이에서 오락가락하기를 그만두기만 해도 한결 마음이 가벼워진다. 상황이 명확해질 때 우리가 내놓을 수 있는 해법도 명확해지기 때문이다." 맞다,

모든 문제가 해결되지는 않아도 훨씬 분명해진다.

받아들이자, 그런데 어떻게?

제일 먼저 해야 할 일은 내려놓는 것이다. 생태주의자의
고통은 부분적으로는 생태주의자 '되기'와 '행동하기' 사
이의 간극에서 나온다. "내가 경험하는 것과 세상에 보
여주는 것은 서로 일치하지 않습니다." 집단지성 연구자
장프랑수아 누벨Jean-François Noubel이 설명한다. "내 행동
은 어떤 이데올로기를 따르지만 내 내적 존재는 거부하
죠. 그래서 이 갈등은 어떤 방식으로든 표출될 수밖에 없
고요." 그러니까 우리가 할 일은 태풍의 눈 안에 머물면
서 거기서 벌어지는 일을, 다시 말해 아무 일도 일어나지
않는 고요를 가만히 지켜보는 것이다. 고통이 잦아들기
를 기다리는 동안 잠자고, 명상하고, 봄날 하늘을 날아가
는 두루미들을 바라보고, 정원에서 지렁이를 관찰하고,
스스로를 자동 조종모드로 설정해두고, 아주 조금 수다
도 떨고, 그리고 또 자는 것이다. 아무 일도 하지 않을 때
라야 배터리가 충전된다.

　물론 어떻게 대응하느냐는 사람마다 다르다. 영국
컴브리아 대학 지속가능발전학 교수 젬 벤델Jem Bendell
은 받아들임의 주제를 오래 고민해온 끝에 우리가 취할
수 있는 심리적 수용 전략들을 나타내는 일종의 매뉴얼
을 고안했다. "예기치 못한 일이 닥치면 사람들이 어떻
게 대응해야 할지 잘 모르더군요. 그 이유는 무엇보다도
미지 속에 들어서면서 매뉴얼조차 가지고 있지 않기 때

문이죠." 지금까지 그의 매뉴얼에는 스물두 가지 유형이 완성되어 있다. 먼저, "머문 자리는 깨끗이 치우고 가십시오" 전략을 쓰는 사람들. 이들은 일종의 청소부 스타일로, "인류는 지구 역사에서 고작 혜성 같은 존재일 것"이라고 생각한다. 그래서 인류가 사라질 수 있다는 사실은 받아들이지만, 그 이후에 존재할 생명의 가능성마저 파괴하고 가는 것은 도저히 용납하지 못한다. 그다음에는 "위대한 전체의 힘에 의지"하려는 부류가 있는데, 이들은 명상이나 자연과의 재연결을 통해 예보된 태풍에 맞서고자 한다. 또 "숙취 없는 축제"를 계획하는 이들은 자기 인생이나 심지어 사회를 변혁하겠다고 부질없이 애쓰기보다는 평소와 다름없는 생활을 유지하면서 "소소한 행복과 일상의 단순한 기쁨들을 최대한 만끽"하고 싶어 한다. 그러면서도 그 모든 것이 한순간에 사라질 수 있음을 잘 알고 있다. 그런가 하면, 불길에 휩싸인 '타워링', 즉 지구를 위해 하루 20시간씩 최전선에서 싸우는 "브루스 윌리스들"도 있다. 이들은 집회라는 집회는 빠짐없이 참석하고, 가는 곳마다 탄소 중립과 생태계 복원의 중요성을 설파하고 나닌다. 또 이떤 부류는 투지를 불태우며 전투에 뛰어들어 "전시와 같은 노력"을 경주할 것을 촉구하고, 정치인들에게 압력을 행사해 중대한 결정들을 내리도록 유도한다. 어떤 이들은 가족과 친구들에게 겨우 "커밍아웃"을 한 상태로, 이 괴로운 문제 때문에 점점 피가 말라간다는 사실은 비밀에 부친다. 어떤 이들은 여전히 자신들의 "실천이 세상을 구할 것"이라고 확신하고, 프린터에 재활용 종이를 집어넣으면서 이미 세상을 구한 것이나 다름없다고 여긴다.

다양한 인간상을 제시하는 이 벤델의 유형론은 그때그때 기분에 따라 한 가지 유형을 골라잡을 수 있다는 것이 장점이다. 지난해 9월, 나는 아유르베다 요법을 실천하는 친구들과 함께 벨기에에 가서 생태 페미니스트의 대가 스타호크Starhawk를 만났는데, 그날 그녀 곁에서 추분秋分 축제를 벌이는 동안 내 프로필은 "투쟁하는 마녀"였다. 지난주에는 다 버리고 떠나고 싶은 생각이 굴뚝같았다. 그래서 "나는 자연인이다" 프로필을 써서 깊은 숲속으로 들어간 다음 멧돼지와 노루와 버섯 들만 벗 삼아 살고 싶었다. 그리고 어떤 근사한 붕괴론 모임에 다녀온 뒤로는 "국제 아나키스트" 대열에 합류해 모든 걸 갈아엎고 싶은 욕망이 불끈거렸다. 정리하자면, 이 프로필들을 냉장고에 붙여놓고 아침저녁으로 자기 내면의 날씨를 살피라는 얘기다.

'익명의 알코올중독자들Alcoholics Anonymous'이라는 금주협회 사람들은 자기 능력을 넘어서는 일에 대한 포기와 수용에 대해 잘 안다. 어쨌거나 알코올중독자들이 해장술에 집착하는 것만큼이나 우리도 온갖 편의와 안락에 중독돼 있지 않던가? 이 협회가 모임을 시작할 때마다 암송하는 기도가 있는데, 이 위기의 시대에도 꼭 들어맞는다. "제게 바꿀 수 없는 것을 감내하는 힘을 주시고, 바꿀 수 있는 것을 바꾸는 용기를 주시며, 이 두 가지를 분별하는 지혜를 주소서." 로마 황제이자 스토아 철학자였던 마르쿠스 아우렐리우스의 격언에서 유래한 것으로 알려진 이 기도는 우리의 에너지를 잘 분배하는 데 도움이 된다. 힘, 용기, 지혜, 이 세 가지가 바로 생태우울증자를 위한 행복의 세 양식이다. 다시 말해, 알고 있는 진실을 감내하는 초인적 힘, 바꿀 수 있을 만한 모든 것을 바꾸되 특히 우리 자신을 바꾸는 어마어마한 용기, 그리고 생태불안증자의 진정한 성배로서, 주어진 시간 안에 어디에 에너지를 투입할지, 무엇과 맞서 싸울지, 스스로의 기대가 무엇인지 분명하게 아는 지혜. 이건 우리의 품위가 걸린 문제다. 공동으로 세든 지구에서 이만큼 난장을 피웠으면, 떠나기 전에 조금이라도 치우고 가야 할 것 아닌가.

새로운 삼위일체 – 지구, 영혼, 사회

일군의 사상가, 생태심리학자, 철학자 들은 모두 해결책이 다양한 차원에서 하나로 수렴돼야 한다고 입을 모은다. 기본적으로 컴퓨터를 바꿔야 하고, 운영체제와 소프트웨어까지 다 바꿔야 하는 것이다. 가령, 아무리 소박하게 생태주의를 실천하고 퍼머컬처(영속농업) 방식으로 농사를 짓는다 해도 여전히 주식시장에 매달리고, 이기적이고, 자기중심적이고, 기분 내키는 대로 행동하고, 시샘하고, 경쟁에 몰두하고, 자기 이미지 관리에 집착하는 바보라면 아무 소용이 없다. 진정한 해법은 그런 게 아니라, 내면적 생태주의와 외면적 생태주의를 결합하는 데 있다. 이는 철학자이자 등반가인 아르네 네스Arne Naess가

심층생태학이라는 개념을 통해 우리에게 권고하는 부분이기도 하다.

　심층생태학은 1970년대에 등장한 생태철학의 한 분야로, 인류가 (오늘날 알려진) 수천만의 다른 종들과 함께 공동으로 진화해온 생태계의 한 구성 요소일 뿐, 특별하고 우월적인 존재가 아니라고 말한다. 호모 사피엔스를 포함한 모든 생물종과 생태계가 그 자체로 지극히 중요한 가치를 지니며, 인간의 목적 또한 소위 말하는 '생물', 또는 모든 것이 서로 연결되어 있는 '생명의 그물' 안에 속해 있다는 것이다. 심층생태학은 인간의 필요를 충족하기 위한 수단으로 자연보호를 주장하면서 그 외 모든 생물에게 '자원'의 지위를 부여하는 식의 생태주의와 정확히 반대편에 서 있다. 아르네 네스에게는 국제적 표준과 법규, 녹색 테크놀로지, 소소한 실천 정도로 채워진 생태주의는 충분하지 않다. 이런 생태주의는 문제의 뿌리까지, 다시 말해 우리의 심연까지 내려가지 못하기 때문이다. 등산을 그 무엇보다 사랑했던 네스는, 그래서 나무 위에 올라가고, 높은 곳을 향하고, 산 정상에 오르고, 하늘에서 무한을 바라보며 아이처럼 한없는 기쁨을 누렸던 그는 우리에게 공감을 통해 각자만의 고유한 '생태철학écosophie'을 전개하라고, 더욱 생태적인 삶을 발명하라고 요청한다. 이제 당신은 합리주의자들의 비웃음을 살 만한 이 모호하고 비의적인 표현들을 보면서 어쩐지 생명사상 운운하거나 뉴에이지 영적 스승입네 하는 구린내가 스멀스멀 올라오기 시작한다고 생각할지도 모르겠다. 하지만 다시 생각해 보자. 우리가 여기까지 오게 된 게 바로 우리의 '내면'을 방치했기 때문 아닌가? 저마다 개인적 이끌림에 따라 더러는 내면으로 들어갈 테고 더러는 바깥으로 향하겠지만, 어쨌거나 다들 무언가를 향해 나아갈 것이다. 사회학자 미셸 막심 에거Michel Maxime Egger는 이 지점에서 우리의 어떤 본질적인 자세까지 이끌어낸다. "패러다임의 변화만이 유일하게 현실적인 해법이다. 이원론을 넘어서서 개인의 변화와 세계의 변화를 하나의 순환 고리로 연결하는 새로운 패러다임 말이다. 이 변화된 패러다임을 통해 우리는 영적이면서 동시에 정치적인 변혁을 이뤄낼 수 있으며, 이를 실행하는 것은 새로운 방식의 참여 주체, 즉 명상하는 운동가다."

샤를로트 아르날은 지속가능한 발전 모델을 전문으로 하는 에이전시를 운영하면서 수많은 기업과 단체, 프로젝트 들이 그린워싱에 물들어 있는 것을 보았다. 그녀는 그룹이니, 공동체니, 비영리 운동단체니 하는 것들에 진력이 났다. 그리고 서서히, 무기력에 짓눌려 생태주의자로서의 삶이 허물어져가고 있을 때, 그녀는 외면적, 집단적 생태주의에서 내면적 생태주의로 전환함으로써 위기에서 탈출했다. "그때 모든 직무에서 손을 떼고 모든 공동 사업에서도 빠져나왔어요. 물론 저도 연대가 필요하죠. 하지만 혼자 힘으로 뭔가 큰일을 해보고 싶었어요. 나 자신을 실현하는 데 다른 사람이 필요하지는 않으니까요. 개인주의적이지만, 그래도 목적은 내 잠재력으로 세상에 기여하는 거예요." 그녀가 보기에는 한 사람의 개인이 그 어떤 조직보다, 이를테면 2000명의 협력자나 주주가 합의를 거쳐야 하는 그런 조직들보다 훨씬 신속하게 일을 전개하고 혁신해나갈 수 있다. 실제로 그녀는 자신이 기획한 위마니스마Humanisma 프로젝트의 일환으로 동물권 옹호를 위해 프랑스 전역을 걸어서 누비는 중이다. 2019년 10월 4일에 시작해 정확히 1년 만인 2020년 10월 4일 파리에 입성할 계획인데, 같은 날 동물에게 법적 인격을 부여하기 위한 헌법 개정안을 국회에 제출하는 것이 이 도보여행의 대미가 될 예정이다.* 그러니까 샤를로트는 어떤 내적 변화를 겪은 뒤에 명백하게 개인적인 길을 선택한 것이다. "자신의 내면을 바라보는 게 답이에요. 저는 제 안에 있는 뭔가가 치유되면 세계가 좀 더 좋아졌다는 인상을 받아요. 이제는 뭘 '해야 한다'거나 '이게 문제야'라는 식으로 말하지 않아요. 대신 이렇게 말하죠, '더 좋아지게 하기 위해서 나는 이렇게 할 거야'. 그런데 어디를 가나 '이건 내 잘못이 아니야, 다른 사람들 탓이야'라면서 어린아이처럼 생각하는 이들을 많이 봐요. 저는 이런 태도에 신물이 났어요. 그런 면에서 붕괴는 다분히 해방적이죠. 모두가 끝장날 운명이라면 정말로 하고 싶은 일들을 빨리 하자는 거예요. 물론 계속 큰 그림도 봐야 하지만, 제가 실제로 바꿀 수 있는 뭔가는 작은 것 속에, 모두가 함께 하는 구체적인 실행 속에

---

* 그러나 코로나 바이러스가 프랑스 전역을 휩쓸고 엄격한 이동제한이 실시되면서 샤를로트 아르날은 불가피하게 프로젝트를 중단했다.

166

있어요. 우리의 아름다움을 세계에 바치자고요. 그다음
엔 운명에 맡기는 거죠!" 아르네 네스의 사상은 끊임없
이 내면과 외면을, 개인과 집단을, 영성과 이성을 하나의
고리로 연결한다.

　1990년대에 그 유명한 슈마허 칼리지Schumacher College*
를 설립한 사티시 쿠마르Satish Kumar도 같은 입장이다. 그
는 타인과 자연만이 아니라 자기 자신과의 사랑과 조화
에도 기반을 둔 의식 혁명을 호소한다. 그의 책『영적 생
태주의를 위하여Pour une écologie spirituelle』**에서 쿠마르는
우리에게 "새로운 삼위일체"를 섬기라고, 다시 말해 지
구를, 자신의 영혼을, 그리고 사회를 돌보라고 조언한다.
"저는 우리의 새로운 역사를 구현할 수 있는 삼위일체
를 찾고 있었습니다. 그런데 기독교의 삼위일체, 즉 '아
버지, 아들, 성스러운 영혼'에는 어머니, 딸, 성스러운 물
질이 빠져 있죠. 프랑스의 삼위일체, '자유, 평등, 박애'
는 훌륭하지만 인간만을 겨냥할 뿐 자연이 빠져 있고요.
또 뉴에이지의 삼위일체, '정신, 몸, 영혼'은 사회를 외
면합니다. 그래서 저는 이 세 가지를 제안하게 됐죠. '지
구, 영혼, 사회'. 어떤 사람들은 말합니다. "나는 생태주
의를 실천해." 또 어떤 이들은 말하고요. "사회정의를 위

---

*　　영국 데번 지방에 위치한 이 어른 학교에서 학생들은 생태농업 원리에 따
　　라 농사짓는 법과 대안적 경제 모델의 기초를 배우고, 세상을 바라보는 시
　　각을 바꾼다. 이들은 단체 명상으로 하루의 노동을 시작한다. 〔원주〕

**　국내에는 번역 출판되지 않았고, 영어 원서 제목은 *Soil · Soul · Society: A
　　new Trinity for Our Time*이다.

해 투쟁하는 게 가장 시급해." 이렇게 말하는 이들도 있습니다. "영적 각성이 제일 중요하니까 나는 명상을 해." 하지만 이런 식으로는 일이 되지 않아요! 슈마허 칼리지에서도 가르치듯이, 세 가지가 동시에 일어나야 해요. 다시 말해, 지구를 돌보는 것은 자신의 영혼을 돌보는 일이고, 자신의 영혼을 돌보는 것은 올바른 방식으로 정치에 참여할 수 있는 수단을 갖추는 일이며, 그렇게 해서 결국 영적인 삶과 자연 보존을 중시하는 사회를 위해 일하게 되는 겁니다. 정말이지 변화는 위에서, 그러니까 정치 지도자나 다국적 기업 같은 데서 내려오지 않아요. 아래로부터, 보통 사람들의 각성 덕분에 일어나죠."* 이것이 정답인지는 확실하지 않지만 엉터리가 아니라는 점은 분명하다. 자드ZAD**가 가고, 이제 지구Terre, 영혼âme, 사회société, 타스TAS 운동이다. 파블로 세르비뉴도 그의 선배들과 같은 맥락에서 마찬가지의 제안을 내놓는다. "투쟁의 길, 대안 창조의 길, 그리고 의식 전환의 길까지 이 세 가지 길을 동시에 걸으라"고. 이 세 개의 다리가 균형을 이루는 의자 위에 앉을 때 생태불안증자는 더 이상 나동그라질 일이 없다. 그는 투쟁 속에서 다시 투지를 얻고 자신의 삶에 대한 주도권을 되찾는다. 대안들을 만들면서

---

* 2019년 7월 22일자 《마담 피가로Madame Figaro》 인터뷰. 〔원주〕

** 자드zone à défendre는 우리말로 직역하면 '보호구역'으로, 주로 정부의 개발 계획에 맞서 특정 지역을 불법 점거함으로써 '보호'하는 프랑스의 급진적 생태운동이다. 이 운동은 자연을 개발로부터 보호하는 목적도 있지만, 체계 밖에서 자립적 삶의 방식을 추구하는 의미도 크다. 보호구역 점거자들을 자디스트zadiste라고 부른다.

창의성과 혁신, 그리고 연대의 힘을 얻는다. 또한 세 번째 다리, 즉 의식의 전환 없이는 아무것도 버텨내지 못하며, 그는 이 의식의 전환을 통해 세상에 대해 바꾸고 싶은 것을 자기 안에서도 바꾸어나간다. 세상을 돌보기 위해 스스로를 돌보는 것. 맞다, 또 그 뻔한 얘기고, 어깨 한 번 으쓱하게 만드는 훈수다. 하지만 이것은 지극히 보편적인 주제고, 평생에 걸쳐 씨름해야 하는 문제다. 그러니까 우리는 아직 고생길이 창창하게 남았다는 얘기다! 이 모든 것은 다음의 몇 가지 질문으로 요약된다. 나는 다가오는 시대에 어떤 사람이 되고 싶은가? 세상에 무엇을 기여할 수 있는가? 어떤 변화를 실행할 수 있는가?

인생을 살면서 나는 가지 라자냐, 천연와인, 그리고 정신분석에 이르기까지 이미 다양한 항우울제를 시도봤고, 그래서 그럭저럭 잘 지낼 만했다. 더구나 지독하게 합리적인 데카르트주의자로서 한 번도 내면적 생태주의를 좋아해본 적이 없고, 내가 유일하게 참선에 들 수 있는 것은 잠잘 때뿐이라고 굳게 믿었던 사람이다. 하지만 나의 치명적인 호기심 때문에 이 녹색 수행자의 길을 걸어보고 싶었다. 그래서 우리 집 텃밭민이 아니라 내 영혼에도 약간의 거름을 줘보기로 했다. 차츰, 우리가 세상을 바꾸려고 노력할 수 있지만 동시에 바꾸지 못하는 현실을 받아들이면서 살 수도 있다는 것을 깨닫게 되었다. 바꾸지 못하는 것은 그 자체로 그렇게 심각한 일이 아니다. 왜냐하면 생명은, 어떤 상황에서도 항상 승리할 것이기 때문이다. 생각해보자. 생명은 영악한 인간 앞에서 완전히 멈춰 서려고 소행성 충돌과 덥고 추운 날씨, 또 그 모든 화산 폭발을 견뎌온 것이 아니다. 나도 우리가 지금 우리 이름이 붙은, 인류세라는 지질학적 시대를 살고 있다는 데 동의하지만, 너무 자만하는 것은 곤란하다. 우리는 생명을 끝장낼 수 없을 테니까! 생명은 다시 실험 도구들을 꺼내 들고 제 창조적 기틀을 재정비할 것이다. 생명이 우리보다 오래 살아남으리라는 것을 아는 데는 아득하리만치 마음이 놓이는 뭔가가 있다. 그래서 조언 한마디. 몇 년쯤 삼각 다리 의자에 앉아 쉬시라.

2부

삶으로 돌아가다

다시는 혼자 가지 않는다

이제 잘 마른 옷을 차곡차곡 개켜 낡은 옷장에 정리해둘 준비가 끝났다. 더는 고통의 비의 속에서 홀로 애도하지 않아도 될 시간이 온 것이다. 오롯이 혼자라는 것은 녹아내리는 극지방 얼음 모자처럼 슬프다. 고통도 기쁨과 마찬가지. 나누면 힘이 된다.

혼자서는 안 된다

녹색 꼰대처럼 굴고 싶지는 않지만, 그래도 다들 이 모든 것을 2020년에 경험하게 된 것을 다행으로 여기기 바란다. 2001년이나 2009년, 심지어 2013년까지만 해도 분위기가 이만큼 뜨겁지 못했고, 붕괴론자들은 겨우 세상에 출현한 신생 종으로서 어둠침침한 비영리단체 사무실 안쪽에 둥지를 틀고 모여 있는 정도였다. 한때는 인류의 미래를 불안하게 바라보는 것이 고립과 배제로 가는 편도 티켓을 끊는 것과 같던 시절도 있었다. 그게 불과 얼마 전이다. 솔직히 말하자면, 나와 함께 붕괴론을 공유하는 파트너, 에리크 라블랑슈가 없었다면 나는 지금 이 자리에 없었을 것이다. 우리는 함께 녹색 도가니 속에서 기사를 읽고 또 읽었고, 유엔 정상회의는 지리멸렬하고 또 지리멸렬했으며, 우리는 그렇게 2001년부터 오늘에 이르기까지 하루 또 하루를 보냈다. 에리크는 과학저널 《시앙스에비Sciences et Vie》에 실린 기사들과 그 외 온갖 논문을 읽어치웠고, 나는 그에게 위기에 처한 나라와 지역들을 다녀온 취재기를 들려주었다. 우리는 같이 파랗게 질리곤 했고, 동시에 다른 이들의, 아니, 다른 모든 이들의 무관심 속에 잠겨 있었다. 오랫동안 그는 매주 목요일마다 우리 집으로 와서 겨울에는 장작불 앞에서, 여름에는 보리수 아래서 한 손에는 로컬 와인 잔을 든 채 한 주 동안 발표된 최악의 뉴스들을 정리해주었다. 우리는 우리의 고통을 배양해서 사색이 깃든 슬픔의 거품들로 변환시켰고, 이 거품들은 결국 터지기 마련이었다. 혼자가 아니라는 데는 뭔가 기쁨 같은 것이 있었다. 슬펐지만, 마냥 슬프기만 하지는 않았던 것이다. 이 공동의 저녁들 덕분에 우리는 머릿속을 가득 메우던 부정적인 생각들을 밖으로 배출할 수 있었고, 또한 우리가 난파선에서 붙들고 살아날 나무판자를 마련할 수 있었다. 물론 결국에는 격한 논쟁으로 번질 때도 많았던 게 사실이지만, 그래도 서로가 없었다면 훨씬 더 힘들었을 것이다.

"외롭고 무력하다고 느껴지는 게 최악이죠." 이자벨 오티시에가 단언한다. "같은 싸움을 하고 있는 사람들과 가까워지는 게 정말 중요해요. 저는 아침마다 세계자연기금 사무실에 도착하면 그곳이 주는 에너지에서 힘을 얻는답니다." 인생의 좌표를 잃고 빈털터리로 방황하던 아멜리 세네공Amélie Sennegon이 붕괴론을 접하게 된 것은 최근 일이다. 그녀는 마치 비자도, 가이드북도 없이 미지의 나라로 여행을 온 사람처럼 경험담을 들려준다. "이 나라 말을 배우고, 풍습과 생활양식도 배우고 있어요. 저와 비슷한 사람들을 많이 만나고 있는데, 모두 성장하는 세계에서 무너지는 세계로 건너온 이민자들이죠. 사실 저에게는 뭔가 '알고 있는' 사람들을 만나는 게 무척 중요했던 것 같아요." 심리상담가 피에르에리크 쉬테는 말한다. "이들은 다른 붕괴론자들을 만나기 전에 깊은 존재론적 고독을 경험합니다. 사회적 관계에 균열을 겪은 뒤에 비로소 새로운 관계를 형성하게 되는 거죠." 새롭게 받아들인 생태 윤리 때문에 갓 전향한 초심자는 더 이상 예전처럼 소비하지 않고, 나아가 자신이 먹는 유기농 '글루텐 프리' 파스타를 앞세워 주위 사람들에게 훈계를 늘어놓곤 한다. 가까운 친구들이 신물을 낼 정도로. "갑자기 거리감이 생기죠. 친구들은 이 사람이 이해하는 걸 이해하지 못하니까요." 물론 친구들만 이해 못하는 게 아니다. 가족, 직장 동료, 배우자나 연인, 요가 선생, 빵집 주인, 버스 운전기사, 헤어 디자이너, 식당 옆 테이블 손님들까지! 완전히 별종이 아닌 이상 인간은 혼자가 되는 것을 거의 좋아하지 않는다. 따라서 이 초심자는 동류를 찾아 나선다. 성장주의에 반기를 드는 사람들, 시스템을 의심하는 사람들, 활동가들, 열정적인 철학자들, 그리고 생태주의를 소비하기보다는 직접 살아내는 사람들을. 유유상종의 필요성이 급하게 대두되고, 그저 마음의 평화를 위해서만이라도 그는 새로운 무리를 형성한다. "같은 것을 알고 이해하는 사람들과 연결되어야 합니다. 워크숍에 참석하고, 모임에 나가고, 감사와 우정도 나눠야 하고요." 미국의 생태심리학자 캐럴린 베이커의 말이다. 베이커는 붕괴가 우리의 영혼과 마음에 미치는 영향에 관해 연구해온 선구자들 중 한 명으로, 우리가 발붙이고 살아가야 하는 '장기 비상시대'*에 관해 10년 동안 거의 스무 권 가까이 책을 냈다. 그중에서도 『생태적 아포칼립스 시대의 사랑Love in the Age of Ecological Apocalypse』(2015)은 대혼란 속에서의 감정들에 대해 이야기하는 드문 책들 중 하나다. 이 책은 육체적 사랑, 부모를 향한 사랑, 보편적 사랑 등 사랑 전반에 대해 다루고, 또한 더욱 긴밀해지고 보호받아야 할 유대감에 대해서도 이야기한다. 맞다, 모든 것이 무너져 내릴 때도 우리는 여전히 사랑할 것이기 때문이다. "같이 모여서 감정들을 주제로 이야기 나누는 건 고립감을 깨기 위해 반드시 필요한 일이에요. 내가 겪고 있는 감정에 대해 그와 유사하게 느끼는 사람들에게 이야기한다는 건 내가 혼자가 아니라는 증거니까요. 그리고 이 만남을 통해서 새롭게 행동에 나설 의지가 생기고, 나 자신은 물론 다른 사람들에게도 지지와 응

---

* 이 개념은 제임스 하워드 쿤슬러James Howard Kunstler가 2005년에 출판한 중요 저서, 『장기 비상시대: 석유 고갈과 기후변화 등 몰려드는 21세기 재난에서 어떻게 살아남을 것인가』에서 따왔다. 영어 원서 제목은 *Long Emergency: Surviving the Converging Catastrophes of the Twenty-first Century*. 〔원주〕

원을 보낼 힘이 생기죠." 이제 사회분석가 앙토니 브로 Anthony Brault*의 감정을 들여다보는 것만으로도 충분할 것이다. 한때 사회문화 분야 강연자였던 앙토니는 지난 10년 동안 석유 정점의 위험과 붕괴운동의 탄생에 대해 혼자 강연을 하러 다니면서 이 분야 선구자들이 겪어온 고독을 뼈저리게 이해했다. 그러다가 2015년, 탈성장을 주제로 한 여름대학이 열렸을 때 그는 다른 강사들이 정말로 섬뜩한 내용으로 강연을 한다는 사실을 알게 되었다. 놀라운 일이었다. 정신 멀쩡한 사람들 중에 이런 주제에 관심 갖는 사람들이 이토록 많다니. 더구나 관련 서적들이 서점에서 불티나게 팔려나가는 것도 이 탈성장에 대한 대중의 열광을 입증하고 있었다. "이건 안 좋은 징조인 것 같아요. 점점 더 많은 사람들이 관심을 갖는 걸 보면 우리가 정말로 붕괴의 문턱에 와 있는 건지도 모르니까요. 저는 그들이 이 암울하고 불가능한 상상을 뛰어넘고 있는 게 보입니다. 이건 나쁜 징조지만 좋은 징조기도 하죠." 다행하게도 2020년에는 붕괴론자들의 고독이 끝났다. 항상 다큐멘터리를 관람하러 가는 누군가가 있고, 강연을 듣는 사람, 토론하는 사람, 알로에주스를 홀짝이며 강의 노트를 바꿔 보는 사람도 있다. 그리고 무엇보다 신나는 변화는, 우리가 더 이상 정신 나간 사람 취급을 받지 않는다는 사실이다! 최근 몇 년 사이 생태주의

---

*   앙토니는 2008년에 처음으로 석유에 관한 대중교육 강연들을 구상했다. 2017년에는 클레망 몽포르Clément Montfort의 웹 다큐멘터리 시리즈 〈넥스트Next〉 제작에 참여했다. 〈넥스트〉는 유튜브에서 볼 수 있다. 〔원주〕

모임들이 폭발적으로 늘어나 같은 의식을 공유하는 사람들 수십만 명*을 하나의 강력한 집단으로 결집했다. "다른 사람들을 만나면서 지구 위기를 인정할 수 있게 됐어요." 오렐리가 고백한다. "이 사람들도 모두 알고 있다면 이게 사실인 거니까요. 이제 우리는 혼자 불안에 떨지 않고 다 같이 전진할 수 있게 됐어요. 별 말을 하지 않아도 서로 이해한다는 게 정말 좋죠. 요즘에는 같이 실천할 수 있는 해법들에 대해 논의하고 있답니다." 저 사람은 세상에서 제일 입이 쌀 수도 있고, 저 사람은 제일 쩨쩨할 수도, 또 저 사람은 제일 슬픈 어릿광대일 수도 있지만, 저들이 모두 '알고 있다'는 사실만으로 친밀감이 형성된다. 우리는 윙크 한 번으로 서로를 알아본다. 낯선 이들이기는 하지만 사실 같은 세탁기 드럼 안에서 수천 년을 함께 해왔다. 세상을 구하려면 네트워크 안으로 들어가기 바란다. 다가올 혼돈 속에서 유대관계 형성은 가장 중요하고도 가장 어려운 일들 중 하나가 될 것이다. 좋은 소식을 알고 싶은가? 당신 집 주변에도 틀림없이 미래의 생태불안증자가 살고 있을 것이다. 나쁜 소식은? 그 생태불안증자가 어쩌면 한창 탈수 중일지도 모른다는 것!

한편으로 커뮤니티가 지인과 친구들 사이에서 확장

---

* 정확한 수는 알지 못한다. 다만 2019년 유럽의회 선거에서 41만 1000명의 유권자가 생태비상행동 그룹 후보에게 표를 던졌고, 파블로 세르비뉴와 라파엘 스티븐스의 공동 저서 두 권은 12만 9000권이 팔려나갔다. 또한 붕괴론을 다루는 그룹들에는 등록자 수가 6만 명에 이르는 것으로 추산된다. 〔원주〕

되는 것은 좋은 일이지만, 또 한편으로 이것은 불가피한 현상이다. 흥미로울 것 없는 인스턴트 메시지들이 홍수처럼 넘실대는 세상에서 우리 인간은 정말로 소통을 하고 있을까? "우리가 이용하는 의사소통 방법은 대부분 원격 대화가 가능한 것들이고, 타인들, 특히 낯선 이들과 실질적이고 물리적인 상호작용을 할 기회는 갈수록 드물어지죠." 캐럴린 베이커가 설명한다. "서로 얼굴을 마주보고 경청하는 법, 대화하는 법을 새로 배우는 것이 절대적으로 필요합니다. 그리고 전혀 모르는 이들과도 관계를 맺지 않으면 안 된다는 사실도 받아들여야 하고요." 캐럴린은 이렇게 설명을 이어간다. "소위 '커뮤니티' 또는 '사적 영역'이라고 하는 개념들이 내일은 의미가 바뀔 거예요. 곧 우리의 자원을 낯선 이들과 공유해야 될 거라면 언어적, 직접적 의사소통 방법도 다시 배워야 하는 거죠." 스마트폰 없이 교류한다고? 더구나 낯선 이들하고? 이렇게 공포스러울 데가! 캐럴린은 또 다른 어려움도 예고한다. 모르는 이들과 위급한 상황에서도 소통해야 하리라는 것. 따라서 그녀가 제안하는 것은 각자의 친분관계를 점검하고, 신속히 이웃들과 호의적인 관계를 맺고, 도움을 부탁하는 한편 최대한 자주 도움을 제공하고, 또한 자신의 생활공간의 경계를 명확히 하라는 것이다. 이제 각자의 집에서 시험해보기 바란다. 붕괴 이후의 세계를 상상하면서 저녁 식사를 준비하는 것이다. 누구와, 어디서, 어떻게 살까? 큰 저택에서 여럿이 모여 살까, 아니면 작은 마을을 이루고 살까? 도시가 좋을까, 시골이 좋을까? 기차역 근처에서 살까? 밴을 타고 노마드 인생을 사는 건 어떨까? 자율운항 보트를 타고 바다 위에서 사는 건? 다양한 선택지가 채식 카레와 손수 만든 사과 소스와 함께 식탁 위에 올라 있다. 캐럴린은 서두르지 말라고 조언한다. "다른 사람들을 설득하려 하거나 압박하는 건 좋지 않아요. 결국 그들을 잃기 십상이고, 무엇보다 스스로 지쳐 떨어지니까요. 중요한 건 그들을 사랑하는 겁니다. 사랑할 때라야 비로소 그 문제에 대해 얘기할 수 있게 되죠. 물론 사랑한다고 해서 관계가 소원해지지 않는 건 아니지만, 어쨌든 나로서는 할 만큼 한 거고 미리 예고도 한 거니까요." 그들은 결국 오게 될 것이다. 왜냐하면 그들도 이미 지구를 사랑하지만, 단지 그 사실을 아직 의식하지 못할 뿐이니까.

먹고, 축제하고, 웃고, 사랑하라

그렇기는 하지만, 심층생태주의자들이 길거리에 나와 서 있는 것은 아니다. 낯을 가리는 사람들, 은둔형 인간들, 눈코 뜰 새 없이 바쁜 이들에게는 고맙게도 인터넷이 있고, 소셜 네트워크는 붕괴론을 옹호하는 생태불안증자들의 중요한 만남의 장소 역할을 한다. 페이스북만 해도 '붕괴와 회복탄력성', '붕괴론과 유머', '붕괴와 스토리텔링', '행복한 붕괴론', '붕괴와 민감한 외톨이' 등 관련 주제를 다루는 그룹들이 넘쳐난다. 페이스북에서 다수의 그룹을 운영 중인 조엘 르콩트Joëlle Leconte에 따르면, 디지털 지구 붕괴론자는 6만 명에 이를 것으로 추산된다. 이제 생태우울증자 누구나 자기 입맛에 맞는 그룹을 찾아 갈 수 있게 된 것이다. 가령, 엔지니어, 그래프 마니아, 보고서 광, 덮어놓고 트집 잡기 좋아하는 사람들은 '드라스티아Drastia'와 전환 2030Transition 2030' 같은 그룹에서 동류들을 만나게 될 것이다. 또 몽상가와 그 밖의 창의적 인물들은 '붕괴와 스토리텔링Effondrement et storytelling'에 가면 그럭저럭 재미있고 현실적인 이야기들을 지어내는 데 도움이 될 것이다. 캘린더 공유로 일상의 중심을 잡아나가는 것도 중요하다. 에코 모임이나 흥미로운 콘퍼런스, 또는 지구걱정인들의 대화 모임에 참석하지 않고 넘어가는 저녁이 단 하루도 없도록.

가입자가 1만 명에 이르는 페이스북 그룹 '붕괴론과 유머Collapsologie et humour'는 재밌는 농담으로 가득하다. 여기서 사람들은 우울한 붕괴를 소재로 낄낄거리고 불신자들을 비웃는다. 뭔가 아는 자들만의 의미심장한 웃음과 같이 키득거리는 즐거움. 일례로, 수백의 눈사람들이 심각한 표정으로 빽빽하게 운집해 있는 사진이 있다. 이런 설명과 함께. "지구 온난화 반대 시위". 또 전기 자동차 충전 주차장이 물에 잠겨버린 사진도 있고, 모순적인 광고들에 대한 고발 게시물도 많다. 가령, "낭비를 막는" 소포장이라고 홍보하면서 작은 유리병에 담긴 발사믹 펄을 할인 가격으로 판매하는데, 실상은 차라리 악몽이다. 이 조그만 상품을 커다란 일회용 용기에 비닐 랩으로 친친 감아서 파는 것이다.

그룹 '아포칼립스의 술꾼들'에서는 회원들이 맥주의 종

말(생산하는 데 물이 엄청나게 많이 소비되므로)에 감명을 받고, 샤르트르 수도회 수도사들이 만드는 약초 술, 그러니까 자연 그 자체인 샤르트뢰즈chartreuse의 놀라운 회복력에 또 한 번 감동을 받는다. 이곳은 술꾼들의 커뮤니티가 아니라, 머리는 비상한데 모든 것에 심드렁한 이들이 술잔에 근심을 털어내는 곳이다. 이 미묘한 차이란! 회원들은 이따금 인터넷 세계에서 빠져나와 파리에서, 리옹에서, 보르도에서, 오세르에서 소란한 아페로*-칼립스를 뚫고 진짜 인생의 술잔을 부딪치곤 한다. 그렇게 술꾼들은 여기저기 모여 근사한 샴페인을 고르고, 맥주를 주문하고, 콘퍼런스를 놓치고, 공원을 어슬렁거리다가 누울 자리를 보고 뻗어 잔다. "그럼 '아포칼립스의 술꾼'이 되는 게 무슨 의미가 있냐"고 내가 묻자, 마르탱 오노레Martin Honoré는 이렇듯 오묘한 분석을 내놓았다. "우리는 냉소적인 인간들로서 음주를 인간이 저지르는 다른 자기파괴적 행동들, 특히 지구와 다른 생명들에게 저지르는 행동들과 동급으로 여기죠. 그러니까 이건 그냥 어리석은 취미일 뿐이에요. 골프처럼, 모터크로스나 놀이공원처럼!" 그런가 하면 맨에루아르 지방에서 활동하는 그룹 '붕괴, 슈터 그리고 댄스플로어Effondrement, shooters et dancefloor'는 댄스파티를 개최하는데, 인기가 대단하다. 그러니 생각해보시라. "나쁜 소식 하나에, 슈터댄스** 한

곡." 어쨌거나 이들을 하나로 묶어주는 것은 단 한 가지다. 잔치가 끝났다는 사실을 알고 있다는 것. "앎을 공유하는 사람들과 함께한다는 건 말할 수 없이 즐거운 일이에요." 세르비뉴가 말한다. "수시로 웃음보가 터지고 건강에도 좋고요. 하지만 이건 견뎌야 할 롤러코스터의 한 구간에 불과하죠." 붕괴론 모임들의 입장과는 반대로, 시릴 디옹은 각자의 삶에 생태주의 이외의 관심사들을 위한 공간을 확보해야 한다고 강조한다. "생태주의자가 아닌 친구와 어울리고, 생태주의가 아닌 주제를 이야기하고, 생태주의와 상관없는 모임에 계속 나가는 건 무척 중요합니다. 즐거움을 주는 단순한 활동들을 해나가는 것도 그렇고요. 한마디로, 지구 문제에 억눌리지 말아야 합니다." 때로 우리를 억누르는 것이 거꾸로 억눌림을 당하기도 하니까.

커플이라는 것, 그리고 커플을 유지한다는 것!

생태주의가 우리의 정서적 삶의 일부를 때로 되돌릴 수 없을 정도로 무너뜨릴 수 있다면, 커플 관계도 마찬가지다. 지금까지 지구 문제와 그 침울한 결말 때문에 헤어진 커플에 관한 통계는 없지만, 평행선을 달리는, 도무지 접점을 찾을 수 없는 세계관의 차이로 결별한 사례는 부지기수다. 세계관은 우리가 누구이며 무엇을 열망하는지 훤히 드러내주기 때문이다. 15년의 노력 끝에 앙토니는 겨우 "공사를 구분"해내는 데 성공했다. 다시 말해, 틈만 나면 여자 친구에게 석유 정점에 관해 얘기하던 것을 이

183

제 그만하게 된 것이다. 하지만 그 얘기를 참자니 속에서 답답증이 이는 건 어쩔 수 없다. 크리스토프는 파리 붕괴론 모임의 핵심 인물이고, 일주일에 닷새는 이 주제와 관련된 일을 한다. 그는 지구 위기에 관한 고민을 아침 식탁 위에 꺼내놓지는 않지만, 자신의 집에 그레타 툰베리는 없고 나약한 10대들뿐이라는 것이 못내 속상하다. 그웬 드 본느발Gwen de Bonneval은 그의 만화 〈사각지대Les Angles morts〉에서 붕괴론자들의 일상 풍경을 잘 포착해냈다. 남들과 잘 지내지 못하는 그 대책 없는 무능력과, 동시에 파트너를 진저리나게 하는 그 탁월한 능력에 대해서 말이다. 딸의 돌이 지난 기념으로 카미유와 에리크는 어느 심포니 오케스트라의 모차르트 연주를 들으러 가기로 했다. 기분 좋은 저녁 나들이가 될 터였고, 카미유는 이날을 손꼽아 기다렸다. "중간 휴식 시간에 제가 남편에게 그랬죠. 나중에 우리 딸이 컸을 때 이렇게 아름다운 음악회에 같이 오면 좋겠다고요. 그랬더니 이 남자가 뭐라는 줄 알아요? '뭐, 그때도 음악이라는 게 남아 있다면…' 저는 1년의 수유기를 마친 때라서 모처럼 평화로운 저녁을 보내고 싶었는데 남편이 제 기분을 완전히 망쳐버린 거죠." 에리크는 에리크대로 끊임없이 이중고에 시달리는 심정이다. 머릿속에 수시로 떠오르는 생각들도 힘들고, 그걸 내색하지 않아야 하는 것도 힘들다. "솔직히, 음악이 너무 아름다워서 그랬던 거예요. 20년 뒤에는 더 이상 이런 음악회가 없어서 내 딸은 올 수 없을지도 모른다는 생각이 들었거든요. 그 점에 대해 그 자리에서 말하고 싶었던 거고요." 카미유가 그에게 경고했다. "하루 종일 세상이 무너질 날만 생각하면서 아이를 기를 수는 없어. 그건 절대 안 돼." 그렇지만 그 생각에 잠긴 사람에게는 이따금 압력을 빼줄 장치가 필요하다. "붕괴 문제를 접하고 이게 의미하는 엄청난 파괴력을 알게 된 뒤부터 사람들이 나를 탁구공처럼 쳐내는 듯한 기분이 들어요. 나도 알아요, 난 혼자고, 혼자 괴로워할 뿐이죠. 더구나 내 생각을 표현해서도 안 되고요. 이건 정말 부당한 것 같아요." 에리크가 항변했다. "내가 볼 땐 이건 때와 장소를 가리는 문제야." 젊은 아내가 대꾸했다. 이제 오만 가지 질문이 쏟아진다. 전혀 다른 두 사람 사이에서 옹알대는 18개월 아기를 어떻게 교육할 것인가? 한쪽은 스코틀랜드 습지로, 또 한쪽은 파리 16구로 이사를 가고 싶어 한다면 미래를 어떻게 구상해야 하는가? 둘째 아이 계획은 어디에 배치해야 하는가? 캐럴린 베이커는 미래의 소용돌이 속에 걸려든 커플들의 복잡한 문제들을 정면으로 다룬다. 두 파트너가 비슷한 의식을 공유하는 경우에는 문제가 없지만 둘의 관점이 누전을 일으킨다면, 안나깝시만 감전사다. "커플 간에 시로의 감정에 대해 하루빨리 대화를 나눠야 해요. 1년에 몇 차례씩, 며칠에 걸쳐 두 사람만의 시간을 보내면서 서로의 감정에 대해 번차례로 깊게 다루는 거죠." 삶의 방향 전환을 같이 실험해보거나, 한 사람이 다른 사람의 꿈을 따를 방법을 찾을 기회는 얼마든지 많다.

그래도 일부는 여전히 현실의 장벽을 넘지 못하고

갈라서고 만다. 한쪽은 생태주의에 빠지고, 다른 한쪽은 여행과 대가족의 찬란한 꿈에 빠진 경우다. 카롤은 8년 동안 삶을 같이해온 마르크를 떠났다. 미래를 함께 계획 하기가 불가능해졌기 때문이었다. "마르크는 문제가 있다는 걸, 모든 게 잘못돼가고 있다는 걸 절대로 인정하려 하지 않았어요. 그저 '평범한' 삶을 영위하면서 안락한 즐거움을 계속 누리고 싶어 했죠." 그녀는 아주 전투적 인 운동 단체에 합류해 저녁과 주말 시간을 대부분 거기 서 보냈다. 차츰 둘의 사이를 침묵과 몰이해가 채워갔고, 끝내는 돌이킬 수 없는 결별의 지점에 이르렀다.

지구와 여자들, 정확히 닮은 꼴!

나는 핵폐기장과 IPCC 보고서, 그리고 새로 파괴되는 인도네시아 숲 문제에 코를 박고 사느라 오랫동안 에코 페미니즘을 잘 모르고 지나쳤다. 하지만 모든 것은 때가 되면 더는 아무것도 기대하지 않는 사람들에게 불쑥 나 타나게 되는 법. 그렇게 에코페미니스트 스타호크의 책 『어둠을 꿈꾸다Dreaming the Dark』가 《리베라시옹》 편집실 내 책상 위에 당도했을 때 나는 맨 뒷장에서 '끝'이라는 낱말을 보기 전까지 책을 손에서 내려놓지 못했다. 이 미 국인 운동가는 지난 40년 동안 에코페미니즘 운동에 투 신해왔다. 1980년 11월, 1500명의 운동가들이 펜타곤 앞에서 시위를 벌이며 일부는 마녀로 변장한 채 레이건 과 그의 군비 경쟁에 저주를 걸었을 때, 그녀도 그중 한 명이었다. 그때도 지금보다 크게 나을 게 없는 시절이었다. 나는 이 책에서 미국 에코페미니스트들의 존재를 알게 되었고, 그녀들은 소련과 미국의 핵무기 증강에 반대하는 최전선에서 싸우고 있었다. 그녀들에게도, 우리에게도 생태주의는 단연코 페미니즘적이고, 페미니즘은 단연코 생태적*일 수밖에 없다. 약탈, 학대, 강간, 착취, 이용, 멸시 등 지구에게 부과된 운명이 우리의 자매들, 어머니들, 친구들, 딸들이 겪는 운명과 너무나 닮아 있기 때문이다. 책을 읽으면서 나는 마치 오래전부터 기다려온 것처럼 거대한 분노가 내 안에서 올라오는 것을 느꼈고, 동시에, 인간 종족 안에서 나라는 존재가 무엇보다 한 인간이고, 여전사의 딸이고, 전투의 자매고, 심지어 아이를 출산한 적 없는 여자로서 아마존 부족의 한 조상이기도 하다는 것을 알게 되었다. 더구나 이 이름들이 '생태 전문기자'보다 얼마나 더 근사한지! 여성들은 자연과의 연결, 돌봄, 치유, 탄생 등의 자산을 생식기 모양에 따라 차등 분배하지 않는 운동 속에서 진정한 힘과 역량을 얻는다. 우리 각자에게는 남성성과 여성성이 모두 들어 있다.

에코페미니즘을 통해 나는 자매애가 회복력으로 가는 하나의 길일 수 있음을 알게 되었다. 하지만 자매애라는 것이 대체 뭘까? 사전에 따르면 자매애는 '형제애'**의 여

---

* 프랑스 작가 프랑수아즈 도본Françoise d'Eaubonne이 1974년에 처음으로 "생태적 페미니즘"이라는 용어를 도입했는데, 이는 "생태혁명을 이끌 수 있는 여성들의 저력에 대해 관심을 환기"하기 위해서였다. 〔원주〕

** fraternité. 프랑스의 3대 정신은 보통 우리말로 '자유, 평등, 박애'로 번역

성형이다. 당연하다. 하지만 나는 같이 휴가를 떠날 여자 친구들은 있지만, 파스칼 데름Pascale d'Erm의 책 제목『생태주의의 자매들Soeurs en écologie』이 무엇을 의미하는지 이해하기까지는 시간이 오래 걸렸다. "생명에 헌신하는 여성들이 각자의 역사적, 사회경제적 맥락에도 관여할 때 그들은 희망의 힘을 대변하는데, 이는 그들이 하는 활동 때문만이 아니라 저항자, 반대자, 지배체제에 대한 대안 제시자로서의 그들의 정체성 때문이기도 하다. 바로 이 운동으로부터 내가 '생태적 여성연대'라고 명명하는 강력한 감정이 흘러나온다. 한마디로, 이는 지구와 생명을 보존하고자 하는 자애로운 자매들 사이에서 느껴지는 부름이며, 본성과 문화를 넘어서는 적극적인 연대다." 이러한 힘을 지닌 여성들은 서로 짓밟지 않고, 자연의 딸들로서 작은 가슴마다 품은 낙관주의를 소중히 여기면서 서로가 서로에게 딛고 올라설 손과 어깨를 내어준다. 우리는 15, 16, 17세기에 장작더미 위에서 살해당했던 당차고 똑똑한 (그리고 무고한) 여성들의 자랑스러운 후손임을 천명한다. 모든 여성에게는 진정한 자기 자신과 가부장제가 허락하거나 부여한 역할 사이의 간극이 여전히 상당하다. 이 대의 속 대의는 서른 살도 채 되지 않은 젊은 세대 안에도 너무나 자연스럽게 자리 잡는다. 에너지 넘치는 이 젊은 세대는 세계의 치유 과정 속에서 여성들이 맡아야 할 핵심적인 역할 또한 거리낌 없이 주장한다.

되지만, '박애'에 해당하는 fraternité는 문자 그대로 '형제애'를 뜻한다.

2019년 6월, 프랑스 최초의 에코페미니즘 페스티벌 '비 온 뒤에Après la pluie'가 개최되면서 세상이 이미 많이 바뀌었음이 입증되었다. 적어도 마흔 살은 돼야 이런 주제에 마음이 끌리던 그런 시절이 더 이상 아닌 것이다. 페미니즘과 생태주의의 결합이 더 자주 더 많은 장소에서 활성화되다 보면 둘의 시너지가 상상을 초월할 가능성이 농후하다.

에코페미니스트이면서 약간 마녀인데다 세이지 잎에 미쳐 있는 친구들 덕분에 나는 평소라면 절대로 가지 않았을 곳에 찾아가게 되었다. 벨기에에서 보름달 아래 추분 축제를 벌이는 스타호크를 보러 간 것이다. 책상 앞에서 그녀의 책을 읽으며 이런저런 문장에 공감하는 것과, (단 네 명의 남자와) 100명도 넘는 여자들 속에서, 그것도 한 무리는 한창 월경전증후군을 겪고 있는 그런 집단 속에서 꼬박 이틀을 보내는 것은 완전히 차원이 달랐다. 스타호크는 눈빛에서 줄곧 빛이 났고, 은발 머리 위에 챙 넓은 모자를 눌러쓴 얼굴에서는 웃음기가 가시지 않았다. 그러면서도 기운은 차분했고 목소리는 부드럽지만 생각은 단단했다. 그녀와 함께한 시간은 나 같은 부류의 아마존 전사에게는 영감을 마구 불러일으키는 시간이었지만, 솔직히 그곳에 있는 동안 글쟁이로서의 내 냉철한 뇌는 탈의실에 고이 모셔두고 있었다.

챙 모자를 쓴 여인은 환영 행사로 우리에게 각자 집에서 가져온 물을 대형 샐러드 볼에 쏟아달라고 부탁했다. 욘에서, 파리에서, 센에서, 루방에서, 루베에서, 브뤼

셀에서 온 물이 이제 하나가 되었다. 우리는 이 각지의 물이 강에서 왔는지, 숲의 물웅덩이에서 왔는지, 빗물받이 홈통에서 왔는지, 아니면 동굴 엘프들이 마시는 비밀의 샘이나 좀 더 평범하게는 수도꼭지에서 왔는지 알지 못하지만, 중요한 건 이제 우리가 여신 브리지드Bridgid 의례를 시작했다는 사실이었다. 그녀가 설명한다. "레이건이 당선됐을 때 우리는 '정치의 절망'이라는 의식을 시작했어요. 소금물을 담은 볼을 옆 사람에게서 또 옆 사람에게로 건네주면서 우리를 절망하게 하는 것들에 대해 이야기하는 방식이었죠." 파국의 기운이 감돌던 이 초자유주의 시절부터 시작해서 스타호크와 그녀의 마녀 패거리는 매년 2월 초만 되면 이 의례를 되풀이한다. "같이 모여서 우리의 의지와 목표를 우주로 보내는 거예요. 그럼 우주는 우리에게 기회를 보내줘요. 물론 이게 레이건을 물러나게 하지도 못했고 트럼프도 마찬가지지만, 그래도 아무도 모르는 거죠. 이 의례의 정체가 무엇이든 간에 이걸 통해서 우리는 우리를 슬프게 하는 것들과 우리에게 힘을 주는 것들에 대해 이야기합니다." 둘째 날은 모든 좋은 하루의 알파와 오메가, 바로 '닻 내리기'로 시작됐다. 먼저 우리는 눈을 감고 깊은 호흡을 연습한다. 그런 다음 좀비들처럼 팔을 벌리고 태양 빛을 향해 나아간다. 굵은 나무를 끌어안고, 풀 냄새를 맡고…. 이제 스타호크가 '낮을 내리라'고, 우리의 몸을 느껴보라고 안내하면서 기쁨의 맛과 냄새, 그리고/또는 평온한 장소를 기억에서 떠올리라고 주문한다(나는 당황스럽게도 동예루

190

살렘의 후무스*가 떠올랐다. 닻을 내리는데도 탄소를 배출하다니! 그리고 바람에 하늘대는 베일 그늘 속 내 여름 침대도. 고양이들이 내 배 위에 누워 가르랑거린다.) 이 각자의 기억들 속에 우리는 닻을 내린다. 이제 둥글게 원을 그리고 서서 신성한 모든 것을 받아들이는데, 그 이름을 부르는 것만으로 충분하다. 여기저기서 이름을 부르는 큰 목소리가 터져 나온다. "자비!", "몸!", "쾌락!", "시!", "생명!", "조건 없는 사랑!", "아이들!", "치유!", "돌봄!", "자매애!", "자유!", "협동!". 나는 아무것도 부르지 않았다. 나는 내 안에 사전 한 권을 통째로 받아들였다.

스타호크에게 이 의례는 정치에 다시 마법을 거는 기초 작업이다. 의례는 3막짜리 희곡처럼 진행된다. 먼저 신성한 공간을 만드는데, 참가자들이 보통 둥그렇게 원을 그리고 앉거나 서서 개인적으로, 그리고 다 같이 닻을 내린다. 그런 뒤에는 준비와 정화(예를 들면 연기가 피어오르는 세이지 다발을 들고 주위를 거닌다)를 거쳐 신성한 것들을 불러내는 시간이다. 2막에서는 극이 시작된다. "의례의 목적이 무엇이든 간에 여기 2막에서는 우리가 염원하는 변화를 실제로 일어나게 해줄 상징적 행위들을 표현합니다." 3막은 마무리 단계로, 감사를 표현한다. "우리가 불러낸 모든 신성한 것에 감사해야 해요. 작별 인사도 해야 하고요." 스타호크는 이러한 의례

---

*   중동지역에서 즐겨먹는 요리로, 병아리콩을 으깨서 만든다.

를 통해 우리의 이야기를 되찾아야 한다고 말한다. 이 이야기라는 것은 EPR 핵발전소* 반대 투쟁이나 다리 위에서 벌이는 연좌 농성에 관한 것도 되지만, 또한 자연이나 여신女神 문명에 대한 우리의 태도에 관한 것도 된다. 우리는 발명하고, 실행하고, 즐기고, 그것을 믿게 된다. "의례가 공동체에게 선사하는 것이 바로 이런 겁니다. 아무 판단 없이, 성과에 대한 부담도 없이 같이 즐기고, 화합하고, 창조하는 기회를 얻는 거죠." 조금 바보 같아 보인다 해도 상관없다. 우리에게는 정치에 다시 마법을 걸 힘이 남아 있으니까. 데이지 꽃 화관을 꼬아 만들면서 죽을 때까지 맞서 싸우리라고 다짐할 수 있으니까. 그리고 미칠 수 있으니까. 우리보다 더 미친 세상에서. 환한 보름달 아래서 우리는 이 싸움에 약간의 아름다움을 불어넣기 위해 신나게 놀았다. 그렇다고 해서 내가 정말로 데이지 꽃 화관을 머리에 쓰고 시위에 나간다는 얘기는 아니다. 어쨌든 데이지 꽃을 괴롭히면 안 되니까.

실험하라

다행인지 불행인지 몰라도 나는 데카르트의 후예이자 뼛속 깊은 무신론자로서 100퍼센트 합리주의자다. 또 초자연적인 것도 좋아해서 그런 드라마(엑스파일), 소설(필립 K. 딕), 영화(블레어 위치) 들을 즐긴다. 그렇기는 해도 내가 아는 것은 내가 아무것도 모른다는 사실뿐이지만

---

* 프랑스 원자력 그룹 아레바가 설계한 유럽형 핵발전소.

(고마워요, 소크라테스), 한 가지 잘 아는 것은 우리가 자연으로부터, 과거로부터 심각하게 분리돼 있고, 생명 사슬 속 포유류에 속하는 유기체로서의 단순한 조건으로부터도 한참 멀어져 있다는 사실이다. 내가 나고 자란 현대사회는 그렇게 행복하지 않다. 어쩌면 감각의 대상으로부터 떨어져 나온 탓에 시들어가고 있는 것인지도 모른다. 이 시대야말로 집착을 내려놓기에 가장 완벽한 시기인 것 같다. 내 머릿속에서 지금은 어떤 실험이든 다 시도해볼 만하다고 속삭인다. 잘 안 돼봤자 본전이니까. 잘 되면? 이 성공한 실험이 반향을 일으킬 테고, 그러면 우리는 다시 한 번 기회를 얻게 된다. 인생이 나를 모니카에게로 데려다주었다. 모니카는 시나리오 작가인데, 본인 말로는 약간 무당 끼도 있다고 한다. 그녀가 내게 북을 가르쳐주고 싶다면서 집으로 초대했다. 나는 영성이라고는 쥐똥만큼도 없는 인간으로서 폴커 슐뢴도르프 Volker Schlöndorff 감독의 영화, 다소 불편하지만 가히 천재적인 〈양철북〉에 대해 골똘히 생각했다. 영화에서 주인공 오스카는 더 이상 자라지 않기로 결심하고 브라스밴드의 북을 누구보다 열심히 두드린다. 하지만 나는 그런 일이 없었다. 모니카가 주술 북을 가르쳐 준다고 했기 때문이다. 안개가 짙게 깔린 어느 주말, 나는 로맹빌에 있는 그녀의 집에 도착했다. 그녀의 집은 아늑하고 안전한 안식처 같았고, 정적이 감돌았다. 담요는 부드럽고, 바닥에는 카펫이 깔려 있었다. 그 위에 누운 채 나는 둥근 나무 테두리 위에 팽팽하게 당겨진 사슴 가죽의 소리를 들

었다.

북도 리듬이고 우리도 리듬이다. 달거리, 밤낮, 계절, 달, 밀물 썰물 등의 주기에 일렁이면서 우리의 몸은 대기의 진동이 주는 에너지를 느끼고, 그에 따라 우리의 몸도 진동한다. 우리는 그렇게 몸을 내맡기기만 하면 된다. "북을 통해서 나는 정화에 이르고 마음도 편안해져. 그리고 더 생생하면서도 덜 해로운 차원으로 깊이 들어가고." 모니카가 설명한다. "북은 내가 자연과 더 실제적이고, 구체적이고, 의식적인 관계를 맺게 해줘. 그리고 나면 감각이 고도로 민감해지지. 그래서 지금 세계가 겪는 고통을 나는 정말 몸으로 느끼는 거야." 북을 두드리는 것은 인류 최초의 종교 의례들 중 하나다. 역사가 아주 오래돼서 오늘날 터키 땅에 해당하는 아나톨리아의 한 신전 벽화에서도 발견됐는데, 이 벽화는 기원전 6000년경에 그려진 것으로 추정된다! 그래서 북소리에 다음과 같은 것이 담겨 있다는 말은 오히려 놀랍지도 않다. "이 신성한 타격은 인간의 맥박을 모방한다. 우리가 자궁 속에서 오랫동안 겪는 최초의 경험이 어머니의 피의 박동이기 때문이다. 우리는 어머니 몸의 리듬에 맞춰 성장한다. 무녀가 틀북*을 통해 재현하는 것도 바로 이 시원적始原的 감각이다. 틀북을 두드리면서 무녀는 이 창조 과정을 영속화하고 리듬의 줄을 짜나가는데, 이 리듬은

---

*   tambour sur cadre. 북의 한 종류로, 탬버린처럼 높이가 낮은 것이 특징이다. 보통 원형 나무틀의 한쪽 면에 동물 가죽이나 합성가죽을 팽팽하게 잡아당겨 고정한다. (원주)

개인을 그가 속한 공동체에, 환경에, 그리고 우주에 연결시켜준다."* 레인 레드먼드Layne Redmond는 20년도 더 전에 최고의 북 명인 중 한 명에게 북 치는 법을 배웠다. "이따금 내 몸과 머리가 리듬에 완전히 몰입되면 나는 안팎으로 우주 에너지에 연결된다. 시간은 더 이상 존재하지 않는다. 명상할 때와 마찬가지로 북을 치는 행위가 정신을 끌어모은다. 그러면 온갖 사념이 물러나고, 우리를 조종하는 심리적 도식도 차츰 희미해진다." 수년 동안 레인은 이 신성하고 오래된 기술이 지닌 치유와 전환의 힘을 목격했다. 북소리를 한 번이라도 들어본 사람은 누구나 여기에 동의한다. 내가 북에 대해 얘기하고 다닌 뒤부터 정말 많은 여자들이 공범자의 눈썹을 쫑긋거렸다. "너도 있어?", "내 북은 너무 느슨해졌어. 어쩌면 좋아!" 이들은 북을 치기만 하는 게 아니라 북을 가지고 여행을 떠나거나 북장단에 맞춰 춤을 추기도 한다. 어떤 여성은 심지어 우리 집에서 몇 킬로미터 떨어진 벌판 한가운데서 티베트 깃발 아래 새들과 눈에 보이지 않는 존재들에 둘러싸인 채 북을 친다. 내 친구 이자벨 들라누아는 "전국 모든 구청마다 북을 비치해야 한다"고 주장한다. 왜냐하면 북은 '결속'을 이뤄주는 최고의 도구이기 때문이다.

그리고 어느 날, 인지과학자들이 마법을 풀었다.

---

* Layne Redmond, *When The Drummers Were Women: A Spiritual History of Rhythm*, Echo Point Books & Media, 2018. 〔원주〕

북의 진동이 소위 말하는 '변성의식 상태altered state of consciousness'를 활성화한다는 것이다. 이 상태는 우리가 과잉경계 상황에 있을 때, 또는 어떤 일에 몰입하거나 이를테면 소설에 푹 빠져 있을 때 자연스럽게 경험되는 현상이다. 뇌에는 대략 1000억 개의 뉴런이 전기신호를 통해 정보를 교환하는데, 이것이 헤르츠Hz로 측정되는 뇌파의 다양한 진동수를 발생시킨다. 이 다양한 종류의 진동수마다 다양한 의식 상태를 나타낸다. 그런데 변성의식 상태는 일반적 안정 상태로, 이성적 각성 상태에 비해 뇌의 전기신호 리듬이 줄어든다. 실제로 우리는 뇌파의 진동수가 12헤르츠를 넘지 않을 때, 다시 말해 알파파에 해당하는 진동수로 내려갈 때 변성의식 상태로 들어간다. 북소리를 들을 때 우리는 각성 상태와 수면 상태의 중간쯤에 위치하게 되고, 그래서 세계와 자신의 몸이 다르게 인식되면서 현실을 초월한 듯한 인상을 받는다. 변성의식 상태는 명상이나 요가, 최면 등을 통해 활성화될 수 있다. 하지만 이는 우월한 영적 상태가 아니라, 현실의 차원을 변경해주는 하나의 도구일 뿐이다. 전문가들에 따르면 우리는 90분마다 저절로 이 상태를 경험한다.

따라서 우리는 공동체에 봉사하던 전통적 샤머니즘과는 거리가 한참 멀다. 인류만큼이나 오래된 이 샤머니즘은 문자나 일신교, 근대과학이 출현하기 훨씬 전에 나타났고, 이런 것들이 출현했을 때 샤민들은 이미 지식과 성스러움의 수호자였다. 이들은 지금도 인간과 자연 사이의 긴밀한 관계를 의인화하고 이 관계의 미묘한 균형을 유지함으로써 토착 사회의 생존에 기여한다. 북(이나 약초들)은 샤먼이 자신의 정신을 다른 세계로 내보내는 매개이고, 이 다른 세계에서 샤먼은 영혼과 동맹 들로부터 개인이나 집단을 위한 정보를 전달받는다. 정보를 주는 이 존재들은 동물이나 조상, 또는 신화 속 인물의 형태로 샤먼에게 나타난다. 이 샤머니즘은 미래 예측을 위해 비일상적 현실과 눈에 보이지 않는 세계에 접속하는 의식들 중 가장 오래된 형태 중 하나다.

1960년대 말부터는 신샤머니즘néochamanisme이 매우 빠르게 퍼져나갔다. 이 새로운 샤머니즘은 이제 우울증이나 단순한 체력 저하 치료를 포함해 별의별 용도에 두루 동원된다. 답답한 속을 풀고 싶을 때 라캉의 정신분석을 찾기보다 파리의 대형 공공주택 아파트에 차려진 북 치유센터로 달려갈 수도 있게 된 것이다. 이렇게 신샤머니즘이 크게 유행하는 와중에 부정적인 측면과 오용 사례도 많다. 인터넷에는 온갖 사이트와 수련 프로그램, 구루 들이 넘쳐나고 심지어 형편없는 약장수들도 많다. 이들은 때로 민속신앙만큼이나 비합리적인 시각으로 신샤머니즘을 미용과 건강에 좋은 오락거리쯤으로 전락시킨다. 마치 마음만 먹으면 누구나 진짜 샤먼이 될 수 있다는 듯이(고등교육 10년 과정 필수) 말이다. 클릭 몇 번이면 나 역시도 샤먼이 될 수 있고, 희한하고도 다채로운 프로그램에 여기저기 등록해서 통장 잔고를 털려줄 수도 있다. 지금의 이 유행은 삶에 다시 의미를 부여하고 싶어 하는 욕구와 무척 닮았다. 서구 사회가 신샤머니즘에 열

광하는 이유는 우리가 돌진하고 있는 곳이 전혀 알려지지 않은 미지의 세계라는 두려움에서 나온다. 샤머니즘을 찾을 때 사람들은 더 이상 공동체와의 관계를 목적에 두지 않는다. 시베리아 샤먼들이 내다봤듯이, 샤머니즘은 이제 자기탐색과 웰빙을 위해 봉사하고, 심리적 안정을 되찾아주는 디딤돌로 기능하며, 무언가에 마음을 붙이게 돕거나 옛날 사람들의 겸손과 지혜에 연결해주는 역할을 한다. 내가 볼 때 사람들은 저마다 자기 입맛대로 이 새로운 샤머니즘에 의미를 부여한다.

그래서 나는 잘 모르겠다. 내가 이걸 '믿는지', 샤먼이 정말 있는지, 북을 치면 마음이 평온해지거나 위로가 되는지, 아니, 이것이 해답의 작은 실마리라도 가져다주는지도. 그저 내가 아는 건, 그날 모니카의 카펫 위에서 이제 기쁨 속에서 글을 쓰고 싶다고 빌었다는 사실뿐이다. 만일 5개월 전에 누군가 내게 당신은 곧 센생드니에서 북을 치다가 영감을 얻게 될 거라고 말했다면 나는 웃음보를 터뜨렸을 것이다. 하지만 이제 웃지 않는다. 다만 경험해보고, 입을 다문다. 모니카가 내게 북을 하나 빌려주었다. 이따금 나는 동이 트기 바로 전에 북을 울린다.

교감하기

애도는 죽음과 벌이는 협상이 아니라, 삶에게

보내는 용감하고 너그럽고 아름다운 연애편지
다. — 아쥘 발레리 토메Azul-Valérie Thomé

매일매일 일어나는 삶의 기적들 앞에서 그대의
가슴이 계속 경이로 가득 찰 수 있다면, 그대
에게는 고통 또한 기쁨만큼이나 경이로워 보일
것입니다. —『예언자』, 칼릴 지브란.

이제 우리는 내면적 생태주의의 세계로 들어왔다.
쓰레기 분리수거를 하듯이, 또는 비오컬(유기농bio + 지
역농산물local)로 밥을 짓고, 공정무역 옷을 입고, 페달을
밟아서 이동하고, 기름보일러를 철거하듯이, 감정 또한
잘 다듬고 빚어서 거기에 매몰되지 않으면서도 자유롭게
표현할 수 있게 해줄 도구들을 알아보자.

애도의 공동체

엘리자베스 퀴블러로스의 접근법은 애도하는 사람이 겪
게 될 시간을 지나치게 단순화하는 경향이 있다. 애도는
엄청나게 힘든 작업이고, 세계를 바라보는 시각도, 우리
가 삶에 연결되는 방식이나 남아 있는 시간을 쓰는 방식
도 완전히 바꾸어야 하는 일이다. 정신보건 분야에서 35
년 넘게 일해온 미국의 심리치료사 프랜시스 웰러Francis
Weller는 애도를 위한 더 광범위하면서 덜 선형적인 방법
을 제안한다. 자, 마음의 준비를 하시라. 웰러에게는 거
쳐야 할 애도가 무려 다섯 가지나 되니까. 마치 우리 존

재의 통로에 나타나는 겹겹의 관문 같다고나 할까? 첫 번째는 지구상의 모든 인간이 겪는 애도로, 사랑하는 사람을 잃었을 때다. 이것이 가장 보편적인 애도다. 두 번째는 한 번도 사랑받은 적 없는 우리 자신의 일부를 위한 애도다. 일생을 살아가는 동안 우리는 교육 때문에, 가족 때문에, 또는 발 딛고 살아가는 사회 때문에 우리 정신에 칸막이를 치는데, 그래서 어떤 이들은 스스로에게 한 번도 화를 내거나 성적 경험을 하는 것을 허락하지 않고, 어떤 이들은 자신의 자유분방한 에너지나 창조성을 억눌러버린다. "이 애도는 생각보다 어렵습니다. 우리가 평생 밀어내고 적대해온 부분, 때로는 벌써 잃어버리고 없는 부분을 위해서 울어야 하니까요." 세 번째는 지구걱정인들이 나쁜 뉴스들을 앞세워 돌파해야 하는 관문이다. 지구걱정인들은 재생력을 지닌 숲과 우리 삶의 조건을 유지해주는 다양한 생물종, 그리고 건강한 물이 매일매일 우리 곁에서 사라지고 있다는 것을 잘 안다. 그런데도 우리는 한 번도 시간을 들여 이 상실들 앞에 적절한 방식으로 조의를 표하지 않는다. 네 번째는, 내가 볼 때 제일 열기 고통스러운 관문이다. 이 문 뒤에는 우리가 갖고 싶었지만 절대로 가져본 적 없는 것들이 모여 있다. 이는 엄마의 다정함일 수도 있고, 결코 태어난 적 없는 아이의 웃음일 수도 있고, 또한 태곳적부터 우리 조상들이 경험해온 자연과의 연결일 수도 있다. 그러니까 당신 위로 333번째 되는 조상이 자기 부족과 함께 불 앞에서 할 수 있었지만 이제 당신은 할 수 없는 그것 말이다. 조금 더 가까운 과거로 내려오자면, 우리는 공동체를 이루고 살았고 이야기를 공유했으며 삶의 변화, 상실, 치유, 감사 등을 위한 의례를 중심으로 한자리에 모였다. "우리는 이런 것들이 전혀 작동되지 않는 시대에 태어났죠. 이제 이름조차 알지 못하는 것을 위해 애도해야 합니다." 그것의 이름은 '(진짜) 비브르 앙상블'* 아닐까? 마지막 관문은 인류사 전체가 걸린 문제다. 우리가 오늘 여기에 있기 위해서, 그러니까 나는 내 책상 앞에 앉아 글을 쓰고 당신은 어딘가에 앉아 글을 읽기 위해서 여자들과 남자들의 대대손손에 대대손손이 대륙을 누볐고, 대양을 건넜고, 여기 또는 저기에 정착했으며, 전쟁을 하고, 다른 여자들과 남자들을 죽이고, 노예가 되고, 아이를 낳고, 다시 길을 떠났다. "그들이 겪은 모든 것을 애도해야 합니다. 하지만 겪은 일뿐 아니라 그들의 언어, 노래, 의식, 역사까지도요. 이 모든 것이 우리 안에, 우리의 뼈와 살 속에 새겨져 있으니까요." 오늘날의 우리는 혼자 괴로워하는 데 익숙하다. 무슨 고통이든 혼자 끌어안고 자기만의 으슥한 구석에 움츠린다. 그러나 위와 같은 방식으로 접근할 때 애도는 그저 두려움으로 직행하는 바보 같은 편도 티켓이 아니라 우리를 더욱 풍요롭게 하는 자양분이 된다. 더욱 풍요롭게 할 수 있지만, 또한 혼자 수행하기에는 더욱 어려워진다.

---

* vivre ensemble. '함께 살기'라는 뜻으로, 프랑스에서 중시되는 보편 가치 중 하나다.

"사실, 애도는 결코 사적이었던 적이 없습니다. 수천 년 동안 인간 공동체는 힘든 순간들을 다 같이 짊어졌죠. 마을이 개입하고, 같이 얘기하고, 같이 경청하고요. 그저 어느 날 저녁에 서너 명이 모여서 같이 얘기를 나누는 정도로도 충분합니다. '오늘 저녁에 너희에게 내 아픔에 대해 얘기할게. 그런다 해도 아무것도 해결되지는 않지만, 나는 그냥 누군가 내 얘기를 들어주면 좋겠어.'" 지금까지도 이런 관습을 강하게 유지하고 있는 원주민이나 부족 사람들도 많다. 부르키나파소의 다가라 부족 사람들은 매주마다 공동 애도 의례를 거행한다. 아무런 흉사나 특별한 사건이 없어도 애도 모임은 인간과 비인간을 아우르는 공동체 전체의 '보건'을 위해 항상 열린다. 주민 한 명 한 명마다 각자의 괴로움을 표현하고 다른 이들의 고통에 귀를 기울이며, 또한 이 중요한 배출 작업에 참석해준 데 대해 서로에게 감사한다. "공동의 애도는 우리가 혼자 눈물 흘릴 때 얻을 수 없는 어떤 것을 얻게 해준다." 부르키나 출신 소본푸 소메Sobonfu Some는 이렇게 썼다. 그녀는 영성, 상실, 그리고 자신의 부족인 다가라의 의례들에 대해 총 세 권의 책을 냈다. 경청을 통해, 인정과 증언을 통해 공동의 애도는 우리에게 깊은 치유와 해방을 경험하게 해준다. "의례 속에서 사람들은 동시에 같은 감정을 경험하게 됩니다. 이 경험은 내가 존재한다는 느낌, 나보다 더 큰 뭔가에 속해 있다는 느낌, 나를 강하게 하고 내게 살아갈 이유를 주는 뭔가에 속해 있다는 느낌을 주죠. 이렇게 감정을 공유하고 남들에게 이해받고 있다는 느낌은 큰 위로가 됩니다. 의례를 통해 개인들은 내가 나를 넘어서는 어떤 큰 전체에 참여하고 있다는 것을 증명합니다." 캐나다의 데니스 제프리Dennis Jeffrey 교수가 설명한다. "코로나 초기의 봉쇄 기간 동안 많은 이들이 망자의 시신도 없이 애도를 겪었고, 감염원 때문에 장례식도 엉망이 되는 경우가 흔했어요. 환자들은 북새통이 된 병원에서 혼자 죽어갔죠. 가족들은 부모나 친구가 마지막 숨을 거두는 순간에 곁을 지켜줄 수 없었고, 이 고통스러운 순간을 함께 견디기 위해 한자리에 모일 수조차 없었습니다. 그렇지만 우리는 결별의 과정 속에서 몸이라는 것이 정신을 지탱해주는 얼마나 중요한 요소인지, 고통 속에 있을 때 다른 이들이 곁에서 공감해주는 게 얼마나 중요한지 잘 알죠. 그런데 뭇 생명의 희생을 기리는 작업, 세계를 위한 우리의 고통을 함께 나누는 작업, 오래된 미래와 작별하는 애도… 이런 것들은 상상도 하지 못하고 있어요! 생태심리학에서는 이런 작업들에 엄숙함을 부여해야 하고 그 존재 가치를 인정해야 한다고 주장합니다." 이것이 웰러가 지구를 위한 애도를 의례화해야 한다고 제안하는 이유다. 의례는 치유의 힘을 발휘하고, 또한 '함께 있기'를 더욱 견고하게 다져주는 한 방법이기 때문이다.

소본푸 소메에게 영감을 받은 레바논계 프랑스인 아쥘 발레리 토메는 영국 달링턴에서 이러한 의례화를 실험하는 '애도로 거름 만들기compostage du deuil' 모임을 운영한다. 이곳에는 한 달에 한 번씩 사람들이 찾아와 어둠 속에 잠겨 있는 유르트, 일명 '검은 텐트' 안에서 세계를 향한 각자의 고통을 내려놓는다. 그리고 네 시간에 걸쳐 그 큰 괴로움과 슬픔을 각자의 방식대로 아무런 구애도 받지 않고 최고의 자비 속으로 떠나보낸다. 2018년 3월, 파블로 세르비뉴도 이 텐트 안으로 들어갔다. "매우 강렬한 경험이었어요. 캄캄한 어둠 속에서 일상적인 시공간 바깥에 머물러 있었으니까요. 마치 고통의 문을 통과해서 빛과 평온에 조금 더 가까이 다가간 것 같았고, 타인들과의 관계만이 아니라 우리를 초월하는 어떤 존재와의 관계에도 더 가까워진 기분이었어요. 고통 너머 어딘가에 이렇듯 평화로이 접근할 수 있다는 게 정말 감격스럽더군요. '땅과 단절된' 요즘 세대*에게 부족한 것이 바로 이런 종류의 의례일 겁니다." 생태심리학자 조애나 메이시Joanna Macy가 발명한 재연결 작업의 나선형 순환도 목적이 같다. 고통을 거름으로 만들어서 이 고된 작업이 끝나고 난 뒤에는 우리의 일상과 미래를 다시 파종할 수 있게 하자는 것이다.

다양한 프로젝트에 둘러싸여 신바람이 날 때도 많지만, 나는 지금도 이따금 고약한 녹색우울이 재발한다. 힘을 내고 싶어도 종말과 치명적인 기온 상승(7℃도 말

---

* génération hors-sol. 직역하자면 땅에서 벗어난 세대지만, 자연과 단절된 채 사방의 벽 안에서 스크린만 보고 자란 세대, 역사, 전통, 과거와 단절된 세대 등을 주로 가리킨다. 파블로 세르비뉴는 한 인터뷰에서 자신도 "땅과 단절된 세대"에 속한다면서 이를 "제초제와 누텔라를 먹고 자란 세대"로 표현했다. 그런가 하면 등산 가이드 필리프 샤를Philippe Charles은 이렇게 묘사했다. "태양을 한 번도 보지 못한, 조금은 양계장 닭 같은 세대."

이다)이 문득문득 떠올라 기운이 풀려버린다. 가령, 〈테이크 셸터Take Shelter〉 같은 영화를 다시 보기만 해도 빨간 경고등이 깜박거리는 것이다. 영화에서 주인공 커티스는 끔찍한 악몽과 환영에 시달리며 공포에 사로잡히지만, 그의 이상 행동이 주위 사람 모두를 불편하게 만든다. 각설하고, 이렇게 울적할 때면 나는 차라리 조애나 메이시의 글들 속에 푹 잠겨버린다. 먼저 『액티브 호프』, 그다음에는 『생명으로 돌아가기: 기후위기 시대 거대한 전환을 위한 안내서』*. 이 두 번째 책에서 저자는 나선형 순환의 단계들을 자세히 묘사하는데, 나는 따라해볼 만한 실험으로서 이 재연결 작업을 지구에 사는 모든 생태우울인들에게 백만 번도 더 추천한다. 왜냐하면 만일 세상에 우리가 고민하는 모든 것을, 즉 분노, 무기력, 고통, 공허까지 모두 다루는 실습서가 존재한다면 바로 이 책이 그런 책이기 때문이다. 자기계발서의 얄팍한 속임수를 질색하는 사람들조차 꼭 경험해볼 만하다.

이 책 『생명으로 돌아가기』의 서문에서 조애나 메이시는 우리가 "세계를 치유하는 작업에 동참"하기를 원한다면 방향의 대전환을 이뤄내는 것이 얼마나 절실한지 호소한다. 대전환이란 "자기파괴적 산업성장 사회에서 생명공존 사회로의 급진적 변화"를 가리킨다. 이 책은 "우리 모두가 이 대전환에 동참하도록 돕는 데 그 목적"

---

* 두 책의 영어 원서 제목은 각각 *Active Hope*와 *Coming Back to Life: Practices to Reconnect Our Lives, Our World*다. 국내에도 위의 제목으로 번역 출간되었다.

을 두고, 메이시가 수십 년간 실천하면서 개발해온 방법들을 총망라해 보여준다. 닷새에 걸친 워크숍에서 참가자들은 네 가지 차원의 감정 나선 속으로 들어간다. 제일 먼저 감사에 닻을 내리는데, 이 도입은 불교철학자이기도 한 저자가 불교 전통에서 가장 직접적으로 영감을 얻은 부분이다. 참가자들은 역할극과 이야기 나눔을 통해 생명의 아름다움을 되새기고, 이 망하다시피 한 세계 속에서도 우리가 드러내고 있는 경이로운 기적을 상기하게 된다. 이 시간은 또한 우리가 매일매일 받고 누리는 모든 것에 감사하는 시간이기도 하다. 둘째 날은 세계를 위한 우리의 고통에 집중하는 날로, 절망을 다룬다. 특히 이 절망 속에 있을 때 우리를 방해하는 힘든 감정들에 주목하면서, 두려움이나 무력감처럼 제일 흔하게 걸림돌로 작용하는 근원 감정들을 수용하게 해준다. 이 두 번째 날이 제일 중요하다. 왜냐하면 지금 여기에서, 같이, 긴밀하게 살기 위한 진실 만다라가 열리기 때문이다. 진실 만다라는 바닥에 그려진 둥근 원에 고통/슬픔, 불안/두려움, 분노/적개심, 공허/허무 등의 문자반이 표시돼 있다. 각각의 참가자는 만다라 중앙으로 가서 자신이 원하는 문자반으로 이동한 다음 한 칸씩 옮겨가면서 감정을 하나씩, 또는 한꺼번에 몰아서 표현한다. 이때 안내자는 참가자가 감정을 남김없이 꺼내놓도록 유도하는데, 따라서 곧 눈물이 쏟아지고, 화가 폭발하고, 공허가 똬리를 튼다. 나는 이 워크숍에 처음 참석했을 때 태아 자세를 하고서 모든 슬픔의 낙엽들을 내 위로 끌어모았다. 무슨 말을 해야 할지 알 수 없었고, 아무 할 말이 없었다. 그다음에 나는 분노를 상징하는 막대를 집어 들고 무릎을 꿇은 채 막대를 하늘 높이 쳐들었다. 역시 할 말이 없었다. 이번에는 공허 칸으로 옮겼는데…, 거기서 펑! 폭발이었다.

세상의 모든 태아가, 이전과 이후의 태아, 오늘과 내일의 태아가 모두 슬펐다. 나는 내가 낳지 않은 여자아이, 또는 남자아이에게 말을 걸었다. "너도 보이지, 너무 한심하잖아." 나는 아이에게 들릴 듯 말 듯한 목소리로 중얼거렸다. "용기가 없었어. 그리고 사랑도. 하지만 특히 용기가 없었지. 난, 난 말이지, 네가 강간당하고, 굶주리고, 갈 곳을 잃는 걸 보고 싶지 않았어. 그래서 너를 세상에 나오게 하지 않은 거야. 거의 그럴 뻔했지, 그런데 네가 떠났어. 거의 그럴 뻔했어, 그런데 내가 너를 지웠어. 네 형제 아닌 형제와 자매 들도. 정말 많았지. 내 몸은 '해보자'고 말했고, 내 가슴도 단호하게 그러자고 했어. 하지만 내 머리는 달랐지. "안 돼, 세상에 나오면 안 돼." 늘 머리가 이겼어. 한 번, 두 번, 세 번, 네 번, 나도 몰라, 상관도 없어. 내 머리, 조건 없는 사랑 따위 하지 않는 존재의 완벽한 승리. 나는 용기가 없었단다, 아가야, 하지만 무척 용감하기도 했어. 너를 원하지 않기 위해서도, 너를 갖지 않으면서 너를 원하기 위해서도 용기가 필요하거든. 가끔은 네가 조금 보고 싶어. 너 없는 세상은 조금 덜 달콤한 것 같아. 하지만 더 자유롭기도 하지. 너도 자랑스러울 거야, 내가 두려움을 커다란 에너지로, 분노를 행동으로, 빈 자궁을 무한한 생명력으로 바꿨으니까. 나는 투사야, 전사야, 그리고 너에게 고마워. 너의 부재가 나를 더 강하게 해주니까. 내가 너를 떠난 곳에서 너는 괜찮구나."

이날 저녁, 나는 자러 들어가면서 내가 내 안에 있던 오래된 마음의 쓰레기통에서 마침내 헤어 나왔음을 느낄 수 있었다. 세 번째 날은 세상을 "새로운 눈으로 보기" 위한 날이다. 이 워크숍은 각자의 인식을 확장해 우리 모두가 생명의 거대한 가족 안에 속한다는 것, 또한 하나의 역사에서 나왔다는 것(나보다 먼저 살았던 333번째 로르도 살아남는 문제가 이만저만 걱정이 아니었을 것이다)을 이해하기 위한 프로그램이다. 우리가 큰 전체의 일부라는 사실은 우리에게 지속가능한 사회를 발명할 힘을 준다. 마지막 날은 실행을 위한 날이다. 이 나선형 순환에서 벗어나고 나면 우리는 무엇을 할 수 있을까? 우리의 힘을 어디에 쏟아야 할까? 어떤 프로젝트를 해보고 싶어질까? 이 대전환을 시작하기 위해서는 먼저 어떤 버팀목들을 세워야 할까? 집단적 카타르시스는 가공할 위력을 지닌다. 이 경험이 주는 변화의 힘은 정말이지 상상 이상이었다. 골수 회의론자인 나조차 그 이전과 이후가 나뉘니까.

생명의 이름으로 죽음을 기억하라

생각해 보면, 인간이 벌이는 싸움에는, 어떤 전쟁이든 아니면 집단학살이든 간에 모두 희생된 존재들을 기리는 위령비가 세워진다. 5월 8일*이나 11월 11일**에는 폭우가 쏟아지든 땡볕이 내리쬐든 수많은 선출직 공직자들이 프랑스를 위해 죽은 이들에게 꽃다발을 바친다. 하지만 생물종의 여섯 번째 대멸종이 진행되고 있는데, 더 이상 후손을 낳을 수 없는 비인간 존재들은 어디에서 기억되고 있을까? 우리의 상업지구와 초고속 교통 노선들의 제단에 희생 제물로 바쳐진 생물들을 우리는 어디에서 추모하고 있을까? 어디에서도 하지 않는다. 또는 거의 하지 않거나.

바로 이 정당한 질문에서 시작해 안드레아스 코느발Andreas Korneval은 사라진 생명들을 기리는 제단으로서 크고 작은 돌무더기를 쌓아 일명 '생명의 돌탑cairns de la vie'을 세워야겠다고 마음먹게 되었다. 최초의 돌탑은 2011년, 영국의 이스트서식스에 있는 캐번산Mount Caburn에 세워졌다.*** "이 돌탑은 인간이라는 존재가 무엇을 의미하는가에 관해 성찰하고 자각하는 장소였어요. 이곳을 통해 우리는 윤리와 도덕에 대해 많은 이야기를 나눌 수 있었죠. 하지만 자주 훼손을 겪었어요. 이 탑을 보기 싫어하는 사람들이 정말 많았거든요. 당연하잖아요. 이런 위령비는 우리가 누구인지를 적나라하게 드러내니까 심기가 불편한 거죠." 안드레아스가 말한다. 두 번째는

---

*   제2차 세계대전 승전기념일.

**   제1차 세계대전 종전기념일. 프랑스에서는 이 전쟁으로 목숨을 잃은 모든 희생자들에게 경의를 표하는 날이기도 하다.

***   https://vimeo.com/24161259 〔원주〕

2013년 '탈문명 페스티벌Uncivilisation festival' 때 세워졌다. 더 최근에는 2018년 12월 1일, 아쥘 발레리 토메가 샤 펌Charpham 언덕 정상에서 150명 규모의 모임을 조직했 을 때였다. 이날 참가자들은 한 명씩 종과 북소리에 맞춰 멸종된 생물의 이름을 부르며 돌을 하나씩 얹었다. 아이 들은 그 한 해 동안 사라진 생물들을 그려 넣은 깃발을 준비해 와 행렬에 동참했다. 참석자들은 그 순간을 기리 며 모닥불을 둘러싼 채 노래를 불렀고, 가슴 뜨거운 묵상 속에서 한없이 눈물을 흘렸다. 그리고 다시 기도와 노래 를 바친 다음 아직 우리 곁에 남은 생물종들을 보호하고 존중하기 위한 행진을 벌였다. 이제 다음 생명의 위령비 는 어디에 세워질까? 인간 사회가 제 큰 슬픔을 끌어안 고 이 거대한 상실에 애도를 표할 수 있는 장소는 어디 일까? 다 같이 침묵이나 노래 속에서 우리가 벌인 일들 의 결과를 골똘히 성찰하는 날은 대체 언제 올까? 이런 의례를 행하는 데는 그저 적은 수의 사람들과 자연 속 장소, 돌 약간과 충만한 사랑만 있으면 된다. 거기에 몇 몇 예술가들, 음악가들, 커다란 자비까지 더해지면 마법 이 일어난다. 나는 당장 이곳, 우리 집 근처 숲에서 이런 추도식을 열고 싶었다. 사람들이 내게 던진 첫마디. "안 돼, 아이들이 불안해할 거야!" 천만에! 함께 연대하는 의 례는 아이들이 혼자서 조그만 스크린 앞에 앉아 있는 것 과는 정반대의 경험을 제공해준다. 안드레아스는 인간에 게 자행되는 범죄들에 대해서도 똑같이 추모한다. "집단 학살이 저질러지기 위해서는 먼저 희생자들이 '인간 이

하'로 보여야 합니다. 그리고 시체더미가 쌓이는 동안 우리가 저마다 자기 볼일을 볼 수 있어야 하고요. 이것이 정확히 생물종 다양성 앞에 벌어지는 일이기도 합니다. 동식물이 매일매일 생명나무에서 사라지고 있는데, 사람들은 그들에게 지각 능력이 없다고 우기면서 이 죽음을 정당화하죠. 우리는 물질 성장에 바칠 자원을 추출하기 위해서라면 생명을 전멸시켜도 무방하다고 스스로를 용인하는 겁니다."

전 세계의 이목이 온통 코로나 바이러스에만 집중돼 있는 와중에, 중국과 남아메리카와 아프리카의 셀 수 없이 많은 시장 안에 갇힌 야생동물들의 가혹한 운명에 대해서는 과연 누가 신경을 쓸까? 만일 내가 이런 추모 의례를 열게 된다면 나는 내 돌을 천산갑에게 바칠 생각이다. 매년 20만 개체가 살육당하는 이 비늘 덮인 작은 포유류는 세계에서 밀렵에 가장 많이 희생되는 야생 포유류라는 슬픈 기록을 보유하고 있다. "천산갑은 식용과 약용으로 쓰인다. 가죽, 비늘, 혈액, 머리, 그리고 태아는 아시아에서 혈전 방지와 소염, 해독 효과가 높다고 하여 특히 인기가 높다. … 포획해서 반출하는 나라에서는 비늘을 벗기기 위해 천산갑을 산 채로 끓는 물에 담근다." 『멸종위기종 비지니스의 아틀라스l'Atlas du business des espèces menacées』에서 읽을 수 있는 내용이다. 한 개체당 5000유로에 거래되는 이 동물은 도저히 멸종을 모면할 가망이 없다. 더구나 번식 주기가 느려 개체수를 회복하기도 불가능하다. 20만 개체라니, 해마다!

모든 생물종은 수십억 년에 걸친 연구 개발의, 아니, 진화의 산물이다. 우리의 눈부신 과학기술로도 이 동식물들을 다시 생산해내기는 어려울 것이다. 그러니 조금만 존중하자고! 내 친구 에리크는 말했다. "우린 문맹인들 같아. 도서관을 불쏘시개 종이 창고로 쓰는 무식한 문맹인들." 맞다. 우리는 문맹인들보다 하나도 낫지 않다.

감사하기

거기 있어줘서 고마워.
— 나. 어떤 날들에 어떤 이들에게.

가을밤, 맨발을 잡초 위에 누인 채 덱체어에 앉아 있다. 고양이들이 주위에서 놀고, 일요일 저녁이 느린 화면처럼 흐른다. 달빛이 우리 집 조그만 정원을 붉게 물들인다. 도무지 도망갈 구석도 없이, 분화구 촘촘한 그 크고 하얀 얼굴이 한밤을 가득 메운다. 그리고 우리 모두가 아는 사실을 나는 천 번째쯤 다시 깨닫는다. 달을 보면서 여기 있다는 것, 이건 기적 같은 일이야. 저 위성과 그 주위를 수놓은 총총한 별들을 보면서 어떻게 감동하지 않을 수 있을까? 우주의 저 캄캄한 어둠 속으로 어떻게 빨려 들어가지 않을 수 있을까? 또 다른 별에도 생명이 살아가고 있을 거라고, 거기에도 바다가 있고, 숲이 있고, 모래바람과 눈보라가 칠거라고 어떻게 상상하지 않을 수 있을까? 지금까지 알려진 바로는 이 모든 것을 동시에

품고 있는 유일한 행성의 이름은 지구다. 그리고 나는 그 행성 위에서 맨발을 잡초 위에 누인 채 이 모든 것이 어떻게 가능한지 스스로에게 묻는다…. 이 순간, 내가 기적들의 조합 안에 속해 있다는 강렬한 느낌이 북받쳐 올라 내 두 뺨을 타고 눈물이 흘러내린다. 얼마나 아름다운가, 얼마나 단순하고 아름다운가. 1000억 개의 은하를 자랑하는 이 망할 우주에서 나를 찾아와줘서 고마워, 생명.

맨발을 잡초 위에 누인 채, 나는 여기 45억 년이 조금 넘는 진화 사슬의 맨 끝자락에 있다. 나는 코스모스의 일부이고, 거기에는 보일러나 제모, 안으로 들여놓지 않은 장작 등의 내 소소한 문제들도 모두 포함된다. 우리 안에는 별들과 지구와 바다에서 발견되는 원자들과 정확히 똑같은 원자들이 들어 있다. 우리는 수만 년 동안 다양한 형태의 생명들과 같이 살아왔다. 지구에서 우리가 함께 겪어온 일들을 생각해보면 동물이니, 식물이니, 인간이니 경계를 가르는 게 사뭇 우스워진다. 그리고 이제 우리는 바보들처럼 더 이상 옆집에 사는 이웃들에게 말을 걸지 못한다. 지구의 역사가 하루라고 상상해보자. 1시간은 1억 8750만 년이고, 1분은 312만 5000년이다. 그리고 호모 사피엔스는 하루가 저물기 마지막 5초 전에 등장한다(25만 년 전). 이 계산법을 생각하면 머리가 핑 돈다. 특히 인류의 거대한 변화가 시작된 것이 고작 4000분의 1초 전이라는 것을 깨달을 때 더욱 그렇다(만일 200년 전에 내연기관이 발명된 것이 결정적 사건이었다고 친다면). 그러니 우리는 저주의 소산인 만큼 기적의 결과이기도 한 것이다. 만세.

현재 세계가 겪고 있는 생태적 제동 장치는 광고와 소비의 힘으로 달려온 우리 서구 사회에 크나큰 기회다. "우리에게 무슨 일이 벌어지고 있는지 똑바로 보자. 그리고 이것은 자연과 더 조화를 이루고 인간을 더욱 존중하는 사회를 창조하라는 메시지임을 이해해야 한다." 사회학자이자 저널리스트이고, 한 내적 전환 연구소의 책임자인 미셸 막심 에거*의 문장이다. 심리학자 캐럴린 베이커는 붕괴를 심지어 절호의 기회로 여긴다. "우리는 아직 어린아이예요. 나르시시스트고 자기중심적이죠. 이 생태위기는 날마다 우리에게 성인이 되기 위한 통과의례를 치르라고 요구하고 있어요. 이 시련 속에서 어떤 인류가 새롭게 태어날 수 있을지 알 수 없지만, 앞으로 남은 시간 동안 우리 한 사람 한 사람에게 재탄생의 기회가 주어진다는 건 확실해요. 기후위기를 우리의 스승으로 삼을 수 있는 건 매우 드문 기회입니다." 생태계 붕괴가 스승이라고? 수업료가 너무 비싸잖아! 아무튼 성인기에 들어선다는 것은 내적 지혜를 갖추고 서로에게, 다른 종들에게, 그리고 지구에 재연결되는 것을 의미한다. "그래서 이 위기를 받아들이고 이것이 우리에게 주는 삶의 위대한 가르침에 마음을 여는 것이 중요한 겁니다. 붕

---

*   미셸 막심 에거는 2004년에 '트릴로지 네트워크(www.trilogies.org)'를 창립했다. 그 뒤로 지금까지 영적 전통들과 의미 탐색, 생태주의, 우리 시대의 주요 사회경제적 쟁점들 간의 대화와 소통을 열어가기 위해 앞장서고 있다. 〔원주〕

괴를 피해갈 수 있으리라는 믿음을 빨리 버려야 해요."
이것은 존재론적 위기이고, 그러니까 삶과 죽음의 문제
다. "이 문제를 과학이나 사실, 논리로만 맞설 수는 없어
요. 그 외에도 살펴야 할 게 너무나 많죠. 사랑, 죽음, 영
원, 신성, 고통 같은 것들이요." 이 '빅 파이브'를 모두 살
펴나가는 것이 베이커에게는 결코 빼놓을 수 없는 과정
이다.

그러면 어떻게 해야 할까? 존재의 밑바닥까지 흔들
린 지구발 우울증자들은 이를 해결하기 위한 다양한 방
법을 모색해야 될 텐데, 이를테면 대화그룹, 심리치료,
명상, 그리고 자연과의 더 깊은 연결 등도 내적 변화의
좋은 도구들이다. 또한 생태심리학계 거물 조애나 메이
시가 강조하듯이, 감사에 뿌리를 내리는 것은 매우 중요
하다. 왜냐하면 감사를 통해 이미 닥쳐온 일을 기꺼이 수
용하게 되고, "이 놀라운 세계 속에 살아 있다는 기적"*
을 더 많이 체험하게 되기 때문이다. 조애나 메이시는 아
무것도 발명하지 않았다. 이미 기원후 2세기에 황제이자
스토아 철학자인 마르쿠스 아우렐리우스는 날이 밝자마
자 삶에 감사하라고 조언했다. "아침에 일어나시 그대가
살아 있다는 것, 숨 쉬고 행복하다는 것이 얼마나 소중한
특권인지 기억하라." 그리고 불행한 것조차 얼마나 특권
이냐고, 나는 감히 덧붙이겠다.

감사는 지구에 대한 사랑을 더욱 북돋고, 따라서 지

---

*   『생명으로 돌아가기: 기후위기 시대 거대한 전환을 위한 안내서』

구를 지키고 싶은 열망도 더욱 높인다. 소비주의의 해독제로서 감사는 우리가 이미 가진 것에 만족하게 함으로써 결핍감을 억제해준다. 사회학자 미셸 막심 에거는 이렇게 썼다. "감사는 주고받음의 순환을 만들어내는데, 그 순환 안에서 우리는 과거에 받았던 것을 현재와 미래에 되갚게 된다. 또한 감사를 통해 우리에게 벌어지는 부정적인 일조차 긍정적인 부분을 포함하는 더 큰 그림 속에 재배치할 줄 알게 된다. 이렇게 함으로써 우리는 지구가 겪는 고통에 더욱 민감해질 뿐 아니라, 우리의 회복력을 높이고 현실을 직시하는 능력, 부정적인 정보를 처리하는 능력도 강화한다."* 고마워, 감사.

자기계발 중독자들에게는 감사가 이미 슈퍼 트렌드가 되었다. 감사와 황홀한 경험으로부터 수많은 책과 에세이가 쏟아져 나온다. 하지만 오해는 하지 말자. 감사에서 삶의 만족감이 나오는 것은 사실이니까. 2000년대 초부터 세계 곳곳에서 실시된 진지한 연구들이 이를 입증한다. "감사는 인간의 본성에 속하며, 누구나 한 번씩은 이 감정을 느낀다. 가령, 친구에게 선물을 받거나, 모르는 사람이 대기 순서를 양보해줄 때." 캘리포니아 대학교 심리학 교수 에먼스Emmons의 설명이다. 에먼스는 이 내적 자질의 효과에 관해 과학적으로 탐구한 최초의 연구자들 중 한 명이다. 매 순간을 감사하게 맞이하는 것은

---

*   *Écologie: retrouver notre lien avec la Terre*, éditions Jouvene.

수면을 촉진하고 혈압을 낮추는 등 신체에도 이롭다.[*] 소소하고 자잘한 일 1000가지를 즐길 줄 알면 인내심이 높아지고 의사결정 능력도 향상된다.[**] 타인에게, 또는 딸기를 붉게 물들이는 태양과 거기에 영양을 더하는 물에 감사한 마음을 갖는 것은 인간관계에 도움이 된다. 커플 사이에서 두 파트너가 서로에게 감사할 줄 아는 것은 마치 둘의 관계에 시멘트를 발라놓는 것과 같은 효과를 낸다. 그리고 자살 충동을 느끼는 우울증 환자 10명 중 9명이 2주 동안 감사 훈련을 받은 뒤에 증상이 해소되었다![***] 매일매일 감사한 일 다섯 가지를 노트에 적으면 3주 뒤에는 스트레스와 우울 수준이 27퍼센트 감소할 수 있다. 또한 감사의 기술을 배우고 나면 운동을 한다거나 통곡물을 먹는 식으로 자기 관리를 더 잘할 공산이 높아진다. 특히 섭식장애를 겪는 사람에게 좋은데, 충동 통제력이 높아지고 밥을 느긋이 먹는 데 도움이 될 뿐 아니라, 푸짐한 크림소스 파스타 그라탱에서 알록달록 균형 잡힌 샐러드 메뉴로 갈아탈 가능성도 높아진다. 그러니 하루를 가만히 정리하면서 오늘 당신을 기다려준 버스

[*] Marta Jackowska, "The impact of a brief gratitude intervention on subjective well-being, biology and sleep", Department of Psychology, Whitelands College, University of Roehampton, UK.

[**] L. Dickens & D. Desteno, "The grateful are patient: Heightened daily gratitude is associated with attenuated temporal discounting", *Emotion*, 16(4), 421-425, 2016.

[***] J.C. Huffman *et al.*, "Feasibility and utility of positive psychology exercises for suicidal inpatients", Department of Psychiatry, Massachusetts General Hospital, Boston, MA, USA.

운전기사, 보도블록 사이를 비집고 나온 민들레, '오늘의 요리'를 대접해준 주방장을 떠올리며 긍정 주사 한 대 챙겨 맞는 것을 잊지 말기 바란다. 신경계가 안정되고 잠이 솔솔 올 것이다. 더 건강한 기분을 느끼는 데는 고마움을 말하고, 고마움을 생각하고, 고마움을 살아내는 것으로도 충분하다. 고마움은 누구나 공짜로 얻을 수 있는 최고의 보약과 같다. 이제 매일매일 고마움의 근육을 키우는 일만 남았다. 그러니 모두들, 고맙다.

감사에 닻을 내리게 돕는 단순한 실천법들이 많이 나와 있다. 가령, 저녁마다 그날 하루 동안 겪은 제일 긍정적인 일 세 가지를 떠올려 노트에 기록하면 쓸데없이 인스타그램을 배회할 때보다 훨씬 활력이 넘치고 만족감도 높아진다. 저녁에 먹은 로스트 치킨이 끝내줬어, 옛날 청바지가 아직 몸에 맞았어, 빗속을 산책하는 근사한 기분이란. 다 하찮아 보이지만(청바지 빼고), 정말로 효과가 좋아서 꾸준히 하면 몇 주만 지나도 기분이 더 밝아지고 전반적인 만족감도 올라간다. 쓰라린 낭패감 따위는 기억도 안 난다. 잠깐씩 짬이 날 때면 나는 조애나 메이시의 책에 제시된 열린 문장들을 아무 고민 없이 떠오르는 대로 완성해 보곤 한다.

이 위기의 시대를 살아가면서 내가 좋아하는 것은…
… 멋진 사람들을 만나는 것!
어린 시절에 경험했던 신비롭거나 매혹적인 자

연 속 장소는 …

… 여름 내내 놀았던 부르제 호수!

내가 정말로 살아 있다고 느끼는 순간들은…

… 숲속을 달리거나 의식적으로 호흡할 때.

감사의 필연적 귀결은 '경탄'이다. 우리는 만사에 삐뚜름하고 '해봐서 다 아는' 어른이 된 뒤로는 이 놀랍고 벅찬 감동을 거의 느끼지 못하고 산다. 미셸 막심 에거가 썼듯이, "마법을 되찾는 열쇠는 감사와 경탄이다". 그에 따르면, 경탄은 모든 것의 원천이다. "경탄은 우리 존재에 새로운 가치를 부여하고, 관조 지능을 발달시켜주며, 창조적 상상력을 자극하고, 감각을 일깨워서 자신의 영혼과 지구의 영혼에 귀를 기울이게 해준다." 종이에 적힌 이런 설명은 어쩌면 별 감흥을 주지 못할지도 모르겠다. 하지만 경탄은 무엇보다 "몸의 경험이자 세계에 대한 지각이며, 개방적이고 경청할 줄 아는, 그리고 삶을 향해 지금 여기에서 긍정의 화답을 할 줄 아는 존재의 한 방식이다". 어쨌거나 '나중에 어딘가에서'는 너무 늦을 테니까. 목숨이 다하는 날, 인스타그램에서 더 놀시못한 것을 후회할 사람은 없다.

살다

승화하다

> 우리에게 예술이 있는 것은 진실 때문에 죽지
> 않기 위해서다.
> ― 프리드리히 니체

《샤를리 에브도Charlie Hebdo》테러 사건 이후 만화가 카트린 뫼리스Catherine Meurisse*는 자신이 테러범들에 의해 감정의 '무인지대no man's land'로 굴러 떨어졌다고 고백했는데, 그 뒤 어떻게 다시 언덕을 기어 올라왔는지 만화집 《가벼움La Légèreté》에서 잘 보여주었다. 2015년 여름, 그녀는 자신의 '삶의 조력자'인 마르셀 프루스트의 흔적을 좇아 카부르로 떠났고, 그해 말에는 로마의 메디치 빌라로 다시 거처를 옮겼다. 아름다움에서 안정을 얻겠다는 일념으로 그녀는 '스탕달 신드롬'을 겪으려 애썼다. 다

---

* 2015년 1월 7일, 이슬람 극단주의자들이 풍자 주간지 《샤를리 에브도》테러 사건을 일으켰을 때 카트린 뫼리스는 이 주간지에서 일하는 유일한 여성 상근직 만화가였다. 테러 당일, 뫼리스는 편집회의에 지각한 탓에 화를 면했지만 거리로 나온 용의자 두 명을 목격했다. 이 사건으로 그녀의 동료 8명이 목숨을 잃고 4명이 부상을 당했다.

시 말해, 아뜩하게 밀려드는 아름다움에 휩쓸려 모든 감
각을 잃고 싶었다. 문제는 그녀가 로마에 있었다는 것과,
팔다리가 없는 동상들을 그리면서 머릿속에서 끔찍한 영
상을 몰아내기는 어렵다는 점이었다. 예술은 잔혹한 장
면과 말하지 못한 고통을 떠오르게 하는 방식으로 역사
속 잔혹한 사건들을 포함해 우리가 경험하는 모든 것을
승화한다. 만화집이 그녀의 회복 과정을 그려냈다고는
해도, 그녀는 단 한순간도 마음의 안정을 얻지 못했다.
하지만 결코 포기하지 않았다. 그녀는 자연 한가운데서
몇 차례 지복의 순간을 경험했고, 마침내 색채들이 돌아
왔을 때, 맞다, 그럴 때 우리는 삶이 승리했음을 느낀다.

임박한 종말에 관한 이야기들과 함께 인류가 시련을
겪은 것이 이번이 처음은 아닐 것이다. 물론 마지막은 되
고도 남을 듯하지만! 시대를 막론하고 인류 공동체는 항
상 장애물을 삼키고 소화하고 새롭게 변화시켜 역사를
만들어왔다. 그런 점에서 예술은 없어서는 안 될 중요한
역할을 수행한다. "시인, 작가, 음악가 등의 예술가들은
눈에 보이지 않는 것을 드러내는 전문가들로서, 우리의
시각을 바꿔주고, 감각을 벼려주고, 또한 아름다움과 자
연의 심오한 의미를 발견하도록 돕는다." 미셸 막심 에
거의 말이다. 그러니까 감상할 것이 풍경과 숲만 있는 게
아니라, 프레스코, 그림, 음악, 시, 철학, 건축, 소설, 동화
등 다양한 형태의 예술도 있는 것이다. 인간이 생산한 작
품들의, 기발하지만 더러 기괴하기도 한(내 취향은 아니
라는 얘기!) 그 아름다움에 아무 편견 없이 다가가 미식

가처럼 마음껏 맛보고 즐겨보자. 아르 오리앙테 오브제 Art orienté objet는 마리옹 라발 장테Marion Laval-Jeantet와 브누 아 망쟁Benoît Mangin이 결성한 2인조 예술가 그룹이다. 나 는 그들의 작품 속에 승화된 붕괴의 형상들을 보면서 감 정과 성찰을 함께 갈아 만든 스무디를 더욱 즐기게 되었 다. 가령, 북극 빙산에서 진짜 북극곰의 발자국을 떠다가 냉동고에 넣어놓은 작품, 거대한 와이퍼가 보름마다 한 번씩 소멸위기 언어들이 직면한 장벽을 밀어버리는 작품 *, 로드킬 당한 동물의 털로 만든 모피 코트, 샬레에서 배 양된 돼지 피부에 희귀동물이나 멸종위기 동물을 타투로 새기고 누군가에게 이식되기를 기다리는 듯 형상화한 작 품, 나무를 말하게 하는 기계, 거대한 나무 밑동을 둥글 게 에워싼 기후 협상 테이블과, 그래서 나무를 정말로 보 지는 못하는 협상가들…. 내 친구 알랭질 바스티드Allain-Gilles Bastide가 체르노빌에서 찍은 사진들은 또 어떤가. 버 려진 인형의 머리를 방사능과 무관심에 찌든 이끼가 뒤 덮고 있는 사진을 보면서 무슨 말을 할 수 있을까(인형은 지금 우리 집 거실에 앉아 있다)? 하비에르 페레즈Javier Perez가 자드킨 미술관의 숲 전시회에서 인간 근육과 여린 나뭇가지들 사이에 걸어두었던 그 몽환적 심장은 또 얼 마나 충격적으로 감미로운가? 우리가 익히 아는 것을 다 른 사람의 시선으로 보는 일은 매우 신선한 자극이 된다.

---

* 세계의 언어가 2주에 하나씩 소멸된다. 화자가 없는 탓이다. 2020년 1월, 유네스코 위기언어 프로젝트 '아틀라스'는 소멸 위기에 처한 언어가 2464 개에 이르는 것으로 집계했다. 〔원주〕

블룸협회 창립자 클레르 누비앙은 가능한 한 자주 아름다움을 마주하려 노력한다. "아름다움이 저를 위로하니까요." 그녀가 대답한다. 더는 사라지는 것들에 연연하고 싶지 않지만, 그녀는 일본에서 봄의 기별과 함께 흐드러지던 벚꽃이 떠오를 때면 흐르는 눈물을 참기 어렵다. 벚꽃은 덧없는 아름다움의 절대적 상징 아니던가. 그런가 하면 모니카 라타치는 시를 외운다. "시를 외우다니, 쓸데없는 짓이죠. 하지만 좋은 걸요. 그럼 된 거잖아요! 자, 앙드레 체디드Andrée Chedid의 선물 하나 드릴게요. '나는 희망을 박아 넣었어/ 삶의 뿌리 속에/ 어둠이 내렸을 때/ 나는 빛을 쳐들었지/ 햇불을 꽂았어/ 밤의 가장자리에.'"

저널리스트이자 모멘텀 연구소Momentum 창립자인 아녜스 시나이Agnès Sinaï는 북동풍에 시달리는 올리브나무 숲으로 쉬러갈 때가 많다. "이제 저의 가장 큰 즐거움은 느린 것, 움직이지 않는 것과 다시 연결되는 것이랍니다." 오래 누적된 실망들 위에서 알로파 투발루의 창립자 질리안 르갈릭은 아무것도 하지 않는 텅 빈 순간들을 틈틈이 챙긴다. 그 짧은 순간 동안 그녀는 인간들이 사는 세상이 그래도 조금은 근사하다고 느낀다. "숨을 쉬다가 파리 시내를 보려고 테라스로 나가요. 인간들이 세운 도시지만 그래도 너무 아름답잖아요. 테라스에서 토마토 하나 따고 딸기도 하나 따고, 하늘을 올려다보면 새도 날아가죠. 그건 그렇고, 저는 이제 코미디만 볼 거예요!" 세상의 아름다움을 누구나 맛볼 수 있는 것은 아니다. 어쩌면 그 놀라운 진가를 알아보기까지 고통의 시간을 보내야 하는 건지도 모른다. "우리는 보면서도 보지 못하고 화려한 외관에만 자족할 때가 너무 많다." 니콜라 윌로는 2002년에 출판한 『지구 자연: 영원한 아름다움Planète nature: La beauté à l'infini』에서 이렇게 썼다. "아마 긴 여정이 선행돼야 할 것이다. 그 여정에는 커다란 감정적 충격과 존재를 뒤흔드는 사건 들이 곳곳에 도사릴 테고, 그 모든 경험이 차츰 당신의 수용력을 높여주고 감수성을 해방시켜 이윽고 진정한 바라봄에 도달하게 해줄 것이다. 하찮던 것들이 그렇게 경이로운 것이 되고, 갑자기 모든 것이 당신에게 말을 걸어온다. 이날부터 당신은 살아 있는 것들의 세계와 대화에 들어가고, 이 대화에 이끌려 강렬한 행복의 해변에, 가장 아름답고 내밀한 소통의 희열에 이른다." 로맹 가리Romain Gary 소설 『하늘의 뿌리Racines du ciel』의 주인공 모렐처럼, 지구발 우울증자들도 아름다움을 사랑하는 인간들의 새로운 무리를 구성한다. 왜냐하면 아름다워서, 순전히 아름다워서. 그리고 그것을 지키는 데 삶을 바친다.

웃음

외계인 둘이 약간 어리둥절한 얼굴로 인간 문명 유적지를 돌아보고 있었다. 첫 번째 외계인이 자리를 잡으며 물었다.

"그런데 세상이 무너지리라는 걸 알았을 때 인
간들은 다 뭘 했대?"
두 번째가 대답했다.
"그야 콘퍼런스지."
— 한 인터넷 밈(콘퍼런스 발표용!)

부피가 있는 예술 작품을 만드는 데는 워낙 재주가
없고 데생 화판 앞에만 앉아도 정신이 아득해지지만, 나
도 내게 알맞은 예술 분야를 찾았다. 바로 웃음 예술! 냉
소적인 농담에서부터 실없는 농담, 블랙코미디, 썰렁 개
그까지 웃음은 내가 제일 선호하는 안정제다. 더구나 일
부 동물도 웃을 줄 아는 걸 보면 웃음이 얼마나 자연스
러운 본능인지 알 수 있다. 잡지 《라네프la Nef》의 질문지
에 답하면서 영화감독이자 작가인 크리스 마커Chris Marker
는 유머에 관한 한 천재적인 정의를 내놓았다. "유머란
절망이 갖추는 예의다." 울지 않는 예의를 갖추기 위한
웃음… 이 얼마나 아름다운가! 환경 재앙 속에서도, 그것
을 해결하지 못하는 우리의 무능 속에서도 울지 않기 위
해서? 피에르 데프로주Pierre Desproges*라면 이 암울한 주제
를 가지고도 수천 톤의 쇼를 만들었을 것이다! "우리는
모든 것을, 즉 전쟁도, 불행도, 죽음도 모두 비웃어야 한

---

* 1939~1988. 코미디언. 블랙유머와 반순응주의, 부조리에 대한 감각 등으
로 유명했다. 특히, 동시대 코미디언들이 기피하던 주제들을 거침없이 다
루고 주류 사회에 역행하는 행보를 보이면서 프랑스인들의 많은 사랑을
받았다. 48세에 폐암으로 사망했다.

다. 어쨌거나 죽음이 우리를 비웃을 때 마음 불편해하겠는가?" 물론 아니다. 이것이 에리크 라블랑슈와 내가 '녹색 데프로주', 브릿젯 교토Bridget Kyoto를 탄생시킨 이유였다. 브릿젯 교토는 인류 역사상 최초로 붕괴론을 다루는 유튜버이며, 지독한 우울 속에서 태어난 것을 기뻐하는 유일한 어린아이다. 2000년대 말, 에리크과 나는 세상 사람들의 무지와 무관심에 넌더리가 난 나머지 우리의 괴로움을 세계의 면전에 날려줄 방법을 궁리했다. 어떻게 경종을 울리고 절망을 소리칠 것이며, 분별없이 조롱을 일삼는 자들의 차가운 무관심을 몰아낼 것인가? 울지 않기 위해서는 웃는 게 좋을 테고, 가능하다면 대중을 우리의 격동 속으로 끌어들이고 싶었다. 그렇게 해서 브릿젯이 태어났다. 먼저 그녀는 우리가 알고 있는 모든 것을 소화하되, 거리두기를 통해 웃음을 줄 수 있어야 했다. 그동안 그녀의 유튜브 채널에서는 유전자조작식품GMO, 과자 봉지에 주입하는 질소가스, 인구 과잉, 후쿠시마 원자력 사고 등 다양한 주제를 다뤘다. 브릿젯은 배설하고, '농담'의 형태로 이행대상(프로이트 학파에서는 이것을 '응가'라고 부른다)을 제시한다. 첫 방송에서는 카메라를 향해 "우울하지 않게 생태주의자로 살아남는" 유일한 방법은 솔직히 유기농 와인으로 정신을 흐리멍덩하게 만드는 것뿐이라고 설명한 뒤에, 이렇게 결론 내린다. "그리고 케네디 가문 사람들 말마따나, 우리는 결코 무너지기 않을 기에요!" 9년 기꺼이 총 80개의 영싱(모두 성공적이지는 않았다)을 올렸지만 이 문장은 전혀 낡지도 않았고, 복합적인 의미의 언어유희도 여전히 훌륭하게 들어맞는다. 조금만 물러나서 생각해보면 심지어 주제를 관통하는 핵심 문장이 되기도 한다. 한마디로, 우리 자신은 무너지지 않으면서 우리 문명이 무너지는 것을 봐야 할 거라는 얘기다. 우리 지구의 운명이 너무 이른 나이에 무너져 내린 그 젊은 대통령 가문의 운명과 점점 닮아가는 것 아닌가?

2000년대 말이었던 이 당시에 제일 기가 막혔던 것은 대중을 끌어들일 수 있으리라고 기대했던 우리의 순진함이었다. 오다가다 우리의 "웃픈" 동영상을 보게 된 일반 네티즌들은 우리를 수박(겉은 녹색인데 안은 빨강) 취급했고, 그나마 이런 짧은 댓글을 날리지 않으면 다행이었다. "웃기고 자빠졌네, 나가 죽어라." 좋아해준 사람들은 우리와 상태가 같은 이들뿐이었다. "붕괴를 웃음거리로 만들 수도 있군요! 너무 지쳐 있었는데 갑자기 기운이 솟아요!" 물론 우리는 결혼식장에서 마카레나를 추지 않는 사람들끼리의 불안하고 말 없는 한패 의식을 느꼈다. 브릿젯 교토의 딱한 영상들은 이미 알고 있는 사람들만 웃게 할 뿐이었고 대중은 콧방귀조차 뀌지 않았다. 우리는 넓은 타깃층을 잃었지만 전위적인 소수를 가족으로 얻었다. 이들은 정신이 맑고 홀로 고립된 사람들, 현란한 축제 한복판에서 어쩔 줄 몰라 하는 그런 이들이었다. 덤으로 우리는 웃음의 배출구 역할도 새발견했지만, 또한 한 가지 기본 원칙도 새삼 확인하게 되었다. 즉, 이해하는 자들만이 같이 웃을 수 있다는 사실이다. 그래서 데프로주가 이 유명한 문장을 남겼던 것이다. "우리는 모든 것에 대해 웃을 수 있지만, 모든 사람과 같이 웃을 수 있는 것은 아니다." 백번 지당한 말씀. 만화 영화에 나오는 괴짜 과학자들 정도를 빼고는 아무도 웃기지 못할 소재가 있다면, 그건 인간종의 전멸에 관한 예측일 것이다(석유값 인상은 말하나마나). 사람들은 두려움을 주는 대상에 대해 낄낄거리지 못하는데, 그것을 믿지 않을 때는 더더욱 그렇다. 아니면 그것에 대해 전혀 이해하지 못하거나, 알고 싶어 하지 않거나, 문명의 진보를 확신하거나, 비관적 관점을 거부하거나, 생태주의 운운하는 부르주아 좌파를 싫어하거나, 또는 삶이 늘 자기편이라고 생각하거나, 기타 등등. 그래서 붕괴론자들의 농담은 종종 하늘에서 떨어진 해파리가 길바닥에 짜부라지는 소리를 내곤 하는 것이다. 철퍼덕. 뭐, 괜찮다. 대신 대중들은 귀여운 아기 고양이 영상이나 베에프엠BFM 티비 시청률을 높여 줄 테니까. 또 한 가지, 이야기의 출처도 중요하다는 점을 짚고 넘어가자. 같은 농담이라도 이를테면 화장법 전문 유튜버가 하느냐, 나치 하사관이 하느냐에 따라 똑같이 재미있지 않기 때문이다. 천체물리학자 위베르 리브스Hubert Reeves*가 짧은 농담으로 강연을 시작하면 엄청나게 잘 먹힌다. 작은 파란별이 작은 하얀별을 만난 이야기는 그가 수도 없이 우려먹은 농담이다. 자, 파란별이 열

---

* 천체물리학자로서 과학의 대중화에 앞장서 온 인물로, 프랑스인들에게 인기가 높다. 캐나다에서 태어났으나 프랑스인으로 귀화했다. 2000년대 들어서면서부터 환경운동가로도 활동한다.

도 나고 기운도 하나도 없는 게 뭔가 이상이 온 것 같았다. 하얀별이 파란별을 북극에서 남극까지 죽 훑어보더니 이렇게 외쳤다.

"아! 왜 그런지 알겠네. 너 인간 걸렸어! 나도 옛날에 걸렸었거든."

"제기랄! 심각한 거야?"

"아니야, 걱정 마. 지가 알아서 나가."

킥킥거리는 웃음이 강연장 곳곳에서 터진다. 블라디미르 푸틴이 똑같이 했다면 훨씬 덜 웃겼을 것이다.

유머는 생각보다 훨씬 지혜롭다. 우리의 희망에 한계를 그어주고 우리의 실망을 조롱한다. 농담을 통해 우리는 고통을 누그러뜨리고, 공포를 몰아내며, 모든 것을 비웃는다. 한 발자국 옆으로 비켜섰을 뿐인데 쏟아져내리는 33톤의 심리적 압박을 모면한다. 블랙유머는 씁쓸하거나 불편한 웃음을 주지만 괜찮다. 어쨌거나 공포감과 거리를 두게 해주고 문제를 상대화하면서 '쫄지 마'의 자세를 유지하게 해준다. 유머는 우리를 구원하고 치유하고 회복시켜준다. 유머 감각이 뛰어나기로 유명한 유대인들은 역사적으로 늘 웃고만 살았던 것은 전혀 아니지만, 소소한 이야기들이 어떻게 거대한 것을 몰아내게 해주는지 잘 안다. 그렇다. 우리는 얻어터지겠지만 적어도 웃기는 할 테다! 하지만 조심하자. 사람들을 웃게 하는 것이 때로 아프게 할 수도 있으니까. 연극 〈여우집 Maison Renard〉을 만든 알렉상드르 드웨Alexandre Dewez는 극중에서 '여우집'이라는 회사의 창립자로서 "최악에 대비하자"는 슬로건 아래 '지속가능한 자기방어 기지La Base Autonome durable'를 판매한다. 이 연극은 해학적인 요소와 문명 붕괴나 핵폭발 위험에 관한 과학적 사실을 한데 버무린 작품이다. 공연 중에 알렉상드르는 관객이 얼어붙는 것을 자주 느낀다. "낄낄거리면서 보던 사람들이 마치 제가 어떤 버튼이라도 누른 듯이 갑자기 얼어붙어 버리는 거죠." 그런 면에서 신랄한 농담과 부드러운 분위기를 번갈아 오가는 마리본 본의 작품 〈우리, 인간들Nous, les humains〉도 마찬가지다. 대개는 순조롭게 진행됐지만 어느 날 저녁 공연은 달랐다. 그녀는 관객이 전혀 따라오고 있지 않다는 느낌을 받았다. "관객이 상처를 받고 있는 것 같았어요. 하지만 저는 부드러움을 지향하는 사람인데…." 마리본은 프랑스식 유머를 비꼬면서 "동성애혐오, 성차별, 인종차별 등을 소재로 누군가를 괴롭히는 유머" 스타일을 비난했다. "저는 아무도 아프게 하고 싶지 않거든요!" 못되게 구는 건 하나도 좋을 게 없다(훗날 값을 치르리라). 그저 적절한 대사 정도면 충분할 뿐. 누구와 함께, 무엇에 저항하고, 무엇을 비웃느냐는 모두 뉘앙스와 미적 감각의 문제디. "붕괴에 대해 낄낄거리고 싶어 하지 않는 건 이해해요." 알렉상드르 드웨가 말한다. "하지만 그렇다면 아직 준비가 덜 된 겁니다. 붕괴를 비웃는 건 우리의 죽음을 비웃는 거고 또 죽음을 받아들이는 거니까요. 최소한의 애도가 필요한 거죠."

최종 결론은 이렇다. 웃음이란, 재난과 재난으로부터 덕을 보는 이들, 특히 혼돈의 시기마다 더욱 혹세무

민하기를 즐기는 정치권력에게 빅엿을 날리는 행위라는 것. 웃을 줄 아는 사람들은 우울이나 두려움에 빠지는 이들과 달리 통제당하지 않는다. 웃음은 불온하다. 웃음은 귀에 못을 박아 넣는 효과를 내며, 악을 몰아내고 또한 끝까지 저항하는 방식이기도 하다. 철학자 뱅시안 데프레Vinciane Despret가 말했듯이, 기쁨은 철저하게 전복적이다. 몰리에르의 좌우명, "웃음을 통해 풍속을 뜯어고치자!"는 외침 역시 여전히 유효하다. 우리의 풍속이 지구 생명 전체를 망치고 있는 이상, 우리는 웃음을 통해 다가오는 기막힌 문명 붕괴의 주범들을, 그러니까 어느 정도는 우리 모두를, 무엇보다 대형 SUV를 모는 "운전(병)자들"을, 20년 전 시대에 갇혀 있는 "파괴적" 오피니언 리더들을, 나아가 수십, 수백 억 규모의 수익을 깔고 앉아 있는 증권거래소 날강도들을 뜯어서 고칠 충분한 권리가 있다. 웃음은 거리두기와 부조리를 통해 우리 인간들에게 스스로의, 그리고 사회의 착란 상태에 대해 깨닫게 해준다. 다시 말하지만, 우리는 유구한 역사의 관점에서 볼 때 그렇게 대단한 존재가 아니다. 이제 인정하자. 호모 모더르니쿠스Homo modernicus는 이번 장의 도입부에 나오는 두 외계인이 했던 것처럼 그 과오들과 심지어 몰락에 대해 비웃음을 당해도 싸다는 것을.

놀이

진지해지기 위해서는 놀아야 한다.
— 아리스토텔레스

그렇다고 해서 시도 때도 없이 농담만 해야 하는 것은 아니다. 유쾌하게 행동에 나선다면 그것이 이미 커다란 배출구다. 활동가들은 상황을 비틀고 약간의 조롱을 섞어서 행동하는 데 선수들이다. 그린피스는 원자력 안전성을 조사하는 과정에서 외부 침입에 아무런 대비가 되어 있지 않은 위험한 핵시설의 실태를 고발하기 위해 한 원자력 발전소에 숨어 들어가 에리크 게레Éric Guéret*의 카메라 앞에서 불꽃놀이를 펑펑 터뜨렸다. 물론 이 장면은 시청자들의 웃음을 자아냈다. 그런가 하면, 사륜구동 자동차 바퀴에 바람을 빼고, SUV 트렁크에 "나는 기후를 악화시키는 중입니다"라는 스티커를 붙여놓고, 아프리카나 인도네시아의 석탄 화력발전소에 자금을 대는 은행의 유리창을 닦는 행위도 모두 매력적으로 불온하다. 활동가들은 이제 자신들의 악행에 유머를 가미할 줄 안다. 모두가 그렇지는 않고 항상 어디서나 그런 것은 아니지만, 이는 권력자들의 귀에 메시지를 넣어주는 데 도움이 되고, 최루가스를 터뜨리려고 오는 보안기동대 경

---

* 에리크 게레는 2018년 아르테Arte에서 방영된 다큐멘터리 〈안전한 원자력, 그 새빨간 거짓말Sécurité nucléaire, le grand mensonge〉를 연출했다. 당시 나 역시 조사관으로 참여했다. 〔원주〕

찰들의 기세를 누그러뜨리며, 쇼핑을 못하게 돼 뿔난 거리 시민들의 호응을 이끌어내기도 한다. 그렇지만 이 광대들은 무기라고는 발상의 전환이 전부인 평화의 전사들이다.

시간을 두고 천천히 메시지를 소화해온 사람들은 그 차분하고 초연한 태도가 남다르다. 특히 상상력이 뛰어난 이들은 이 모든 혼란을 놀이로 승화한다. 이것이 2년째 '붕괴 주간Collapse Week'을 개최해온 한 그룹의 경우다. 붕괴 주간의 원칙은 간단하다. 화석에너지 없이 한 주 동안 지내보자는 것. "불안한 보도나 근거 없는 판타지를 넘어서서 실질적인 행동에 나서보자는 게 취지였어요. 채굴주의extractivisme에서 벗어난 사회를 만들려면 우리 삶에 실제로 어떤 변화가 필요할지 진단해 보는 것도 중요하고요." 뱅상 노크타Vincent Nokta가 설명한다. 그는 2020년 4월에 다시 붕괴 주간을 개최한다.* "이 행사는 지역 네트워크를 강화하고 사람들의 의식을 일깨워줍니다. 콘퍼런스나 대단한 연설 없이도 매우 구체적이고 경험적인 방식으로, 그리고 우리의 심각한 석유 의존도를 보여주는 방식으로 진행되죠."

가상 놀이는 2026년 2월 26일을 기점으로 시작된

---

* 2021년에는 7월 말에 열렸다. 일종의 상황극처럼 문명이 붕괴된 상황을 미리 가정하고 자립생활에 필요한 자원과 환경을 같이 상상해가는 방식이다. 석유 이후 시대의 풍경을 예측하는 토론식 워크숍부터 19세기식 손잡이 풍금 만들기, 태양열 오븐 만들기처럼 예술적이고 실용적인 워크숍들도 있다.

다. 2019년의 대위기가 전 세계를 뒤흔들고, 그에 따라 화석에너지 생산이 급감한다. 가뭄이 기승을 부리고, 인광석*도 고갈되기에 이른다. 한마디로, 우리는 더 이상 이전처럼 살 수 없게 된다. 이 외에도 붕괴를 둘러싼 더욱 다양하고 구체적인 요소들이 인터넷에서 내려받을 수 있는 소책자에 간략히 설명돼 있으니, 취향대로 참조하면 좋겠다.** 붕괴 주간의 규칙은 서글플 정도로 웃기다. 한 명당 하루에 물 3리터, 장작 최대 2개, 가스는 고갈됐으므로 부싯돌과 반딧불이 사용, 탄소를 배출하는 교통수단도 더는 없으므로 이동을 위해서는 말을 타거나, 걷거나, 킥보드, 또는 자전거를 이용한다. 카풀도 안 되고 히치하이킹도 안 된다(휘발유 가격이 리터당 7유로인데 누가 차를 타겠나?). 입에 들어가는 모든 것은 사방 20킬로미터 이내에서 조달해야 하며, 사전에 쟁여놓는 꼼수는 금지다. (쓰게 된다면) 지역화폐를 써야 하고, 유선 전화를 오후 5시부터 8시까지 이용 가능하다. 이 기간 동안에는 손수 만들고 처리하는 방식에 새롭게 적응하기 위한 단순기술 워크숍들도 제공된다. "참가자들은

---

*　'인phosphorus'은 식물을 포함한 모든 유기생명체의 필수 원소로, 현재까지 세계의 식량 증산이 가능했던 것이 바로 인 비료 덕분이다. 과학자들은 인의 주원료인 인광석 생산이 2030년과 2040년 사이에 정점에 이르러 수요가 공급을 추월하게 되며, 그 결과 세계가 식량부족 사태에 들어서게 될 것으로 내다보고 있다. 더욱 심각한 것은 석유와는 달리 인광석은 대체가 불가능하다는 점이다.

**　가상 놀이의 콘텍스트와 규칙은 여기서 내려받을 수 있다. https://www.fichier-pdf.fr/2018/01/28/livret-effondrement-web/?

이런 체험을 통해 스스로 얼마나 준비가 됐는지 평가해 볼 수 있습니다." 뱅상이 결론 내렸다. 자신의 지역에서, 가족 안에서, 회사에서, 또는 고등학교 교사나 친구들 사이에서 제대로 반박할 준비가 됐는지 가늠해보는 것이다. "우리는 계속 불평만 하고 있지는 않을 거예요. 그건 아무 의미가 없으니까요." 그리고 그건 이중고가 될 테니까.

명상

> 원하기만 한다면 당신은 언제든 자기 자신에게
> 로 물러날 수 있다. 자신의 영혼보다 더 평온하
> 고 고요한 은신처는 없다.
> ― 마르쿠스 아우렐리우스

나는 참선과는 상극이다. 너무 정신없고 너무 극단적인데다 너무 웃기고 너무 슬프고 너무 짜증이 많다. 한마디로, 완전 제멋대로인 셈. 하지만 나도 내 감정의 열린 책에 새로운 페이지를 써나가기 시작했다. 그중에 하나가 바로 명상이다. 화창한 어느 날 아침, 보리수나무 그늘 아래. 9시 10분. 생각 하나가 순식간에 내 정신을 공격한다.

… 빵을 잊어버렸네, 엠마한테 전화해야 되는데, 제길, 아무개한테 답장 안 했잖아, 참, 제모를 언제 했더라?

그만, 생각하면 안 돼. … 세상에, 세금신고서 쓰는 걸 까맣게 잊어버렸잖아, 망할, 후무스나 먹어야겠다, 후무스는 동예루살렘이 최곤데, 어쩔 수 없지, 거기까지 가려면 이산화탄소가 2.5톤이니까! 흐음, 아무도 그딴 거 신경 안 쓰는데 왜 나 혼자 참고 사는 거야? 담배 두 갑 살 돈이면 오늘 바로 포르투갈 도시 파루로 날아갈 수도 있는데, 파로는 어떻게 생긴 도시인지 모르겠네, 어쨌거나 무슨 상관이야, 난 절대로 안 갈 건데. 기차타고 갈 수 있는데는 어디가 있지? 낭트, 마르세유, 캉브레. 아, 가고 싶다. 참, 절대 아무 생각도 하면 안 돼. 젠장, 가렵잖아. 긁어, 말어? 안 돼! 가렵지 않다고 생각해야 돼. 가렵지 않아. … 세상에, 꿀벌이잖아! 용케 여태 살아남았네. 무릎이 아파. 그래도 무시해야 돼. 나는 무시한다… 하지만 숲에서 달리기하는 건 이제 좀 어려울지도 몰라. 나도 늙는구나. 내 리비도조차 노인 보행기가 필요한 지경이니까. 하지만 뭐 어때. 솔직히 난 별로 신경 안 써. 제기랄, 얘가 언제부터 딴생각을 한 거야? 프로이트식 어둠의 대륙에 완전히 빠져버렸잖아, 아, 프로이트! 정신분석을 받는 게 나을까, 북을 치는 게 나을까? 나무를 끌어안아야 하나, 아니면 아버지 얘기를 해야 하나? 부녀 지간이 그렇게 애틋하지도 않은데. 어쨌거나 나는 샤먼은 아니야, 그건 확실해. 번번이 내 동물 토템은 황야의 이리가 아니라 지렁이였어. 아니면 어떤 느림보 종류거나. 아, 아,

아, 달에 떨어져도 살아남는 그 미세 동물* 말이야! 좋아, 그만해, 난 집중할 거야, 명상해야 돼, 제기랄! 절대로 아무 생각도 하지 마.

이거 웃기네. 감고 있는 눈꺼풀 안에서 어떤 보라색이랑 주황색 형태가 꼬물거려. 뇌세포가 이렇게 하는 건가?

… 후유, 시간이 얼마나 지났을라나?

가득 채우는 텅 빔

정신은 혼잡하다. 하루에 대략 4만 개의 생각이 지나가는데, 이따금 지구를 걱정하는 슈퍼마리오가 지휘봉을 잡으면 그보다 훨씬 많아진다. 우리의 생각은 그야말로 생각이고, 과거 시제를 쓴다. 생각은 정신적 구조물이자 (과거나 미래에 대한 열망에서 시작되는) 허구에 지나지 않아서, 이것이 우리와 세계의 관계를 완전히 지배하지만 않는다면 그렇게 심각할 것은 없다. 명상의 큰 장점은, 우리가 가끔 작고 용맹한 풍뎅이가 될 때 이 생각들을 사라지게 한다는 점이다. 명상을 하는 동안 다 느끼고 듣는 데도 생각이 텅 비는 것을 경험하는 것이다. 그런데 사람은 자신의 생각과 99퍼센트 일치하니까, 반갑다, 텅 빔! 텅 빈 이 느낌은 정말 끝내주게 좋다. 물론 아무도 명

---

*   tardigrade. 느림보 동물의 하나인 '물곰'을 말한다. 물곰은 달 표면이나 핵전쟁을 비롯한 대부분의 극한 환경에서 살아남을 수 있을 만큼 막강한 생명력을 자랑한다. 일부 과학자들은 물곰이 지구에서 마지막까지 생존할 것으로 예측한다.

상 세 번 만에(300번 만에도) 텅 빔에 도달하지는 못하지만, 그래서 인내심이 필요하다. 목적도, 목표도, 점수도 없으니, 아무 부담도 없다. 아마추어 달리기와 마찬가지로 명상도 단계적으로 수준이 올라간다. 초기 단계에서는 고생스럽고 조금 우습기까지 하지만, 그다음에는 진짜 수행이 시작된다. 처음에 자리를 잡고 앉으면 좀이 쑤시고 온갖 사념이 정신을 공격한다. 이때는 객주가 손님을 맞아들이듯이 생각을 받아들이되, 너무 오래 잡아두지는 말고 그냥 들렀다 가게 두면 된다. 그런 다음 호흡에 집중한다. 마치 뒤숭숭한 하늘에 구름이 지나가듯이, 생각들이 우리를 지나가게 놔둔다. 며칠, 몇 주, 몇 달 동안 연습을 반복하다 보면 이 정신의 자정 작업에 중독 증세가 나타난다. 아니, 중독 정도가 아니라, 명상이 생활의 다림줄이 된다.

파스칼 카노비오는 20년이 넘도록 명상을 성실하게 실천해오고 있다. 애초에 그녀를 이 길로 이끈 것은 생태계 붕괴가 아니라 실존적 고민이었다. "당시에 저는 38살이었는데, 그때까지도 어떻게 해야 온전히 저 자신으로 살 수 있는지 몰랐어요. 정체성 문제들 때문에 위태로웠고 금이 간 항아리처럼 무력했죠. 하지만 제 내면의 질문에 대한 끊임없는 갈증과 허기가 있었어요." 파스칼은 닥치는 대로 읽고, 찾고, 더듬거리고, 때로는 뭔가 시동을 걸어주는 문장들도 만났다. "노르망디 언덕 위를 걸으면서 시어머니께 『선심초심』*을 읽어드리고 있었어요. 물론 어머니는 하나도 이해하지 못하셨지만요! 그런데 그때, 부르릉! 한 문장이 가슴을 울렸어요. '진정한 수행은 어떻게 빵이 되는지 방법을 찾을 때까지 쉼 없이 다시 시작하는 데 있다. 우리의 길에는 비밀이 없다. 그저 좌선을 실천하면서 자신을 오븐 안에 넣기만 하면 그뿐.' 나를 오븐 안에 넣으라는 이 가르침이 제 인생을 송두리째 바꿨답니다." 그때부터 그녀는 매일 노르망디에서 파리 13구에 있는 선원까지 달려가 19시간씩 참선 수행을 했다. 수행은 그녀 삶의 중심이 되었고, 이후 장드로니에르Gendronnière 선사에 합류해 1년에 여섯 차례씩 은둔 수행을 하다가, 2011년, 마침내 선불교 비구니로 정식 임명되었다.

누구나 그렇듯이 그녀도 쳇바퀴 도는 일상 속에서 분주하게 살아가지만, 그녀는 거기에만 매몰되지 않는다. 그러나 그녀가 보기에 생태불안증자도, 보통 사람들도 생존 충동 속에서 뭔가를 정신없이 쫓고 있다. "다들 줄 끝에 간당간당 매달린 채 온갖 사회·경제·문화적 의무와 속박에 짓눌려 있는 것 같아요. 그 짐들이 계속 자기를 옥죄고 숨 막히게 하는데도 말이죠. 명상을 한다는 건 더 이상 갈구하지 않는다는 뜻이에요. 이 수행은 뭔가를 얻기 위해서가 아니라 잃으려고 하는 거니까요. 물려

받은 짐, 스스로 꾸린 짐, 외부에서 떠넘긴 짐까지 수많은 짐들을 내려놓는 거죠. 그리고 전심을 다하는 명상은 아무것도 하지 않는 거예요. 자기가 아닌 것을 더 이상 물화物化하지 않는 거죠. 그건 황무지로 내버려두고, 자신은 그냥 있는 거예요. 그럼 아무것도 안 하면, 내가 아무것도 아니면 뭐가 남는 걸까? 이것이 제 인생의 대모험이었답니다!" 우리가 현재 직면한 문제들은 인간이 자연 세계와 맺고 있는 모든 차원의 관계에 대해 의문을 제기하는데, 파스칼은 이성으로만 접근하는 생태운동으로는 아무런 미래가 없을 거라고 확신한다. "들이마시는 공기와의 관계, 먹을거리와의 관계, 쓰다듬는 아이 살갗과의 관계, 마시는 물과의 관계… 생명과 맺는 이 모든 관계를 날마다 다시 고민하지 않으면 미래는 없습니다." 수행을 하다 보면 모든 확실성과 경제적, 문화적, 사회적 조건화가 한순간에 부서져버린다고 그녀는 말한다. "이런 것들이 점차 녹아 없어지고, 그 자리를 생명의 법칙들이 대신하게 되는 거죠." 유한성과 상호의존성, 이 두 가지는 우리가 평생 잊어버리고 사는 두 법칙이다. 그러나 생명은 유한성의 법칙을 따른다. 쉼 없이 변화하고 결코 고정되거나 굳어지거나 확정적인 상태가 되지 않기 때문이다. 또한 상호의존성을 따른다. 존재하는 모든 것이 서로 연결되어 있기 때문이다.

호흡은 명상 수행으로 들어가는 문이다. 우리가 현재 순간에 닻을 내리는 것도 호흡에 의해서, 호흡 덕분에 가능한 일이고, 2분 안에 큰 전체에 연결될 수 있는 것도 몸의 유일한 자동운동인 호흡을 통해서다. 공기를 생각해보라. 이 분자들이 우주 끝에서부터 우리에게로 날아와 마침내 8만 킬로미터에 달하는 몸의 모세혈관을 샅샅이 휘돌아 나간다. 맞다, 8만 킬로미터다. 당신은 기적 자체다! "흩어지고, 다시 모이고, 서로 알아보고, 아, 기적이여, 그렇게 우리 존재는 살갗의 경계 안에만 머물지 않습니다. 우리를 한 가지 문화나 몇몇 질문에 종속시키는 기억의 외피가 더는 존재하지 않아요. 명상에 들어갈 때, 이 내적 공간에 다시 집중하는 훈련을 할 때, 우리는 생명의 정수와 다시 접촉하게 됩니다." 중요한 것은 지금 이 순간뿐이다. "매 순간은 새롭게 태어난 순간이고, 모든 차원에서 속속들이 경험하라고 우리에게 주어진 순간이죠. 그렇다고 해서 아무것도 바꾸지 말고 일어나는 모든 것을 받아들여야 한다는 뜻이 아니라, 저는 순간순간 쉼 없이 새로워지는 창조성을 믿는 겁니다." 그리고 아무리 하찮든 어떻든 매사에, 매순간에 감사하는 마음을 믿는 것일 테다. "사람들은 우리 안에 얼마나 많은 거부가 들어차 있는지 상상도 못합니다. 수천 가지 작은 거부들이 우리 뼛속까지 스며 있는데 말이죠. '안 돼'라고 말하는 순간 이 흐름은, 이 사태는 장애물이 되고 단단하게 응고됩니다. 세상은 우리의 거부가 모여서 이룬 하나의 응고물이에요. '너는 좀 조용히 해!' 가능한 한 자주 이렇게 말해야 합니다." 거부에게 '안 돼'라고 말하기.

명상 수행은 코로나 바이러스발 봉쇄 기간 동안 그 긍정적 효과를 유감없이 발휘했다. 나는 이 기간에 온갖 일거리와 '억지' 화합의 분위기 속에 파묻혀 지낸 부류 중 한 명이다. 회자되는 온갖 이야기와 그 반대되는 이야기를 모두 들었고, 순진한 확신과 유치한 희망의 글들을 산더미처럼 읽었다. 요는 이랬다. "이후 세상은 결코 이전과 같지 않을 것이다." 너도나도 내놓는 더 일리 있고, 더 믿을 만하고, 더 바람직한 의견들이 물리도록 쏟아졌다. 하지만 내가 바란 것은 한 가지였다. 다들 조용히 좀 했으면, 그리고 잠자코 봉쇄나 했으면. 그러다가 문장 하나가 가슴에 와닿았다. 콜레주 드 프랑스Collège de France 역사학 교수인 파트리크 부셰롱Patrick Boucheron이 《파리 마치Paris Match》와의 인터뷰에서 한 말이었다. "역사는 경험의 보물입니다. 현재에게 훈계를 늘어놓지 않아요. 저는 과거와 현재 시제를 합치시키는, 대개 기회주의적인 그런 시도를 신뢰하지 않습니다." 간단히 말해, 입을 다물고 당신 안으로 들어가라는 것. 잠잠하라. 바라보라. 당신 안에 머무르라. 미래를 끌어들이지 말고 지금 움트는 것을 관찰하라. 하지만 잠잠하라. 새로 태어난 아기처럼 모든 것에 귀를 기울여야 하니까. 이것이 봉쇄 속에서 수행이 내게 가져다준 것이었다. 고요와 그보다 더한 침묵. 나는 주어지는 매 순간을 깊이 음미했다. 세상의 침묵 속에 잠겨들었고, 그 침묵이 조금은 내 안으로 들어왔다.

그러니 생각해보기 바란다. 감사처럼 명상도 공짜고 거의 언제 어디서든 가능하다. 활력을 주고, 항우울 효과를 내며, 생각의 되새김질도 끊어준다. 물론 경제 성장을 다시 활성화시키지도 않는다!

항우울제에 관한 임상 연구가 매년 4500건 가량 되는 데 반해 명상 관련 연구는 지난 20년 동안 1300건에 불과했지만, 그럼에도 많은 연구들이 점점 희소식을 보태주고 있다. 명상의 긍정적 효과가 과학적으로 측정 가능하고 눈으로 확인이 된다는 것이다. 자, 뇌만 들여다봐도 충분하다. 이 신체 부위는 근육과 비슷하다. 웨이트를 더 많이 들어 올릴수록 더 많이 발달한다. 따라서 모든 학습 활동은 뇌에 구조적이고 기능적인 변화를 일으키는데, 이는 구구단을 배우는 어린아이나 영어 동사의 불규칙 변화를 암기하는 청소년들에게서 광범위하게 관찰되는 현상이다. 그리고 최근에는 초보 명상가에게서도. 코마와 변성의식 상태 전문가인 벨기에 스티븐 로리스Steven Laureys 박사는 10여 년 전에 수행계 거물인 불교 승려 마티외 리카르Mattieu Ricard의 동의를 얻어 그가 명상하는 동안 첨단 장비로 그의 뇌 활동을 관찰했다[구조 및 기능 MRI, 양전자 방출 단층 촬영(펫 스캔), 뇌파검사 등]. 수차례에 걸친 실험 결과, 전극을 머리에 꽂고 깊은 명상에 들었던 승려의 뇌는 놀라운 비밀을 드러냈다. 뇌 안에서 주의력을 관장하는 영역들(대상피질과 전전두엽피질), 감정을 조절하는 영역들(뇌섬엽과 편도체), 그리고 기억을 관장하는 영역(해마)의 회백질이 두터워진 것이다. 뿐만 아니라 회백질과 회백질 사이를 연결하는 축삭 다발인 백실 역시 강화되어 있었다. 70내 노인인 마티외리카르는 매우 이례적인 백질을 보유하고 있었던 것이다! 심지어 뇌의 두 반구도 그의 연령대 대다수 남자들에 비해 더 긴밀하게 연결돼 있었고, 뇌 활동은 최고 수준이었다. 이런 현상은 일요일에만 수련하는 사람들에게서도 똑같이 나타난다. 겨우 8주가 경과한 뒤에 이 초보 수련생들의 뇌를 검사한 결과, 리카르와 같은 부위에서 같은 현상이 관찰되었다. 다시 말해, 자기조절 능력에 관여하는 후방대상피질, 학습과 기억과 감정관리 능력을 통제하는 왼쪽 해마, 공감과 연민을 관장하는 측두정엽 접합 부위, 그리고 두려움과 불안과 같은 감정들을 제어하는 편도체가 더 강화되었다. 그러니까 명상을 통해 느끼는 안녕감은 단지 마음의 문제가 아니었던 것이다. 이제 명상가들은 두터워지는 회백질이 두개골 안에 잘 담겨 있을지나 고민해볼 일이다! 더 근사한 것은 나이가 들수록 뇌의 부피가 줄어드는데, 명상을 하면 이 속도를 늦출 수 있다는 사실이다. 자연이 얼마나 오묘한가 말이다. 주의력이 향상되고, 스트레스에 더 강해지고, 감정을 더 잘 다스리고, 창의력이 높아지고, 남에게 더 관대해지고, 기억력과 심지어 리비도까지 활성화된다는 점에서 명상은 우리의 가장 든든한 아군 중 하나다. 감사와 나무 포옹과 함께 명상은 가장 단순하고 값이 들지 않는 실천이지만, 우리의 고통을 완화해주고 평정심을 높여주며 판단을 조절해주는 등 보상이 어마어마하다. 이제 다 같이 명상 수행을? 그럴 리가!

누구나 자기만의 스타일이 있다

모든 사람이 나무 아래서 참선을 하거나 북소리를 듣고

검은 유르트 안에서 뜨거운 눈물을 흘려야 하는 것은 아니다. 델핀 바토는 이렇게 말한다. "스스로 살아 있다고 느끼게 해주는 어떤 것, 기분 좋은 어떤 것을 찾는 게 중요하죠. 그리고 자연에 연결시켜주고, 그 연결을 자신의 몸과 생각 속에서 절감하게 해주는 뭔가를 찾아야 해요." 알렉상드라 알레베크Alexandra Alévèque는 명상은 정말로 자기 스타일이 아니라고 고백한다. 대신 그녀는 자연요법 전문가의 자문을 통해 스스로를 "정화"한다. "제가 지구를 오염시키는 동시에 저 자신도 오염되는 기분이 들어요. 그래서 더 건강하게 먹고 기회만 되면 도시를 빠져나가요." 그런가 하면 코린은 자기계발을 경계한다. 그 "돈벌이를 위한 신흥종교"는 "시스템을 의심하지 못하게 차단하는 데 기여할 뿐이다. 자, 여러분, 마음챙김 좀 해보세요, 프라나야마pranayama 엄청 좋아요, 태양을 두 번 경배해야 합니다, 당신도 해보면 알아요, 인생이 달라지거든요." 대신 코린은 트랙터 위에 올라앉아 이탈리아어로 된 오디오북을 즐겨 듣는다. "오디오북이 제가 여기와 다른 어딘가에 존재하는 방식이에요. 그게 여기에만 매몰돼 있는 것보다 낫죠." 그녀는 나무를 심고, 채소가 자라는 걸 지켜보고, 식량 자립을 목표로 일하면서 시스템 없이 살아갈 수 있는 자신의 능력을 시험 중이다. "하지만 여전히 인터넷도 쓰고, 전기, 신용카드, 자동차도 써요." 그녀는 다양한 방식으로 충족감을 얻는다. "요리도 하고, 식물도 심고, 집도 꾸미죠. 담배도 피우고 책도 읽고요. 클래식 음악도 원래는 제 취향이 아니었는데 지금은 많이 듣는답니다. 라흐마니노프, 림스키코르사코프 등의 곡을 들으면 기분이 정말 좋아져요." 맞다. 바로 이런 거다. 세계의 종말은 아직 오지 않았다. 생태불안을 덜어주는 치료법은 여기 여전히 존재하는 것들 안에, 우리가 항상 사랑했던 것들 안에 들어 있다. 못 말리는 펑크 조경사 에리크 르누아르는 이렇게 열렬하게 조언한다. "샌드백에 마크롱이나 트럼프, 보우소나루의 얼굴을 붙여놓는 거예요. 그리고 격투 스포츠나 드럼 같은 걸 연습하는 거죠. 물론 자연 속에서 오래 걷거나 숲에서 낮잠을 자는 것도 좋고, 강이나 바다에서 물놀이를 하는 것도 모두 마음에 평화를 주지만 샌드백만은 못할 걸요!" 심리적으로 무너지지 않기 위해서 그가 쓰는 제일 효과적인 방법은 자신의 원칙과 가치, 염원 들이 삶과 괴리되지 않게 하는 것이다. "매일 활동가들을 만나고, 좋은 사람들, 공정한 사람들, 관대한 사람들을 만나는 게 제게는 무척 중요해요. 구체적이고 객관적인 현실 속에서 연대를 형성하고 현장에서 해결책들을 찾아나가는 게 엄청나게 도움이 되죠." 아름다움을 탐닉하고 사색과 행동을 두루 섭렵하는 시릴 디옹은 문화와 자연과 사랑이 아직 인간에게 제공하는 숭고한 것들을 남김없이 향유하려 노력한다. "저는 저의 다양한 면을 표현할 수 있는 일들을 해요. 이를테면 책도 읽고, 연극도 보러 가고, 극장에도 가고, 음악도 듣고, 시도 쓰고, 좋은 와인도 마시고, 친구들과 같이 웃고, 사랑도 나누고, 자연 속에서 걷기도 하죠." 최소한의 즐거운 일탈에도 스스로를 가혹하게 매

질할 필요는 없다. 자, 그 식물성 가죽 채찍일랑 멀리 치워버리자! "지구에 민폐를 덜 끼치려고 노력하는 중이라 해도 스스로가 좋아하는 일들을 하라고 권하고 싶어요. 희생적인 운동은 이제 그만둬야죠!"

공생

한 체로키 아이가 있었다. 모든 아이가 그렇듯이, 그도 잘 뛰어놀고 멋진 꿈도 꾸고 궁금한 게 아주 많았다. 어느 날, 아이는 마을의 현자로 통하는 자신의 할아버지를 보러 갔다.

"할아버지, 대답해주세요. 인간이 뭔가요?"

할아버지는 이 질문을 듣고 아이와 함께 여행을 떠났다. 그는 아이에게 거대한 땅에 대해, 알려진 땅과 알려지지 않은 땅에 대해, 그리고 거기 사는 늑대들에 대해서도 이야기했다. 그는 먼저 교활하고, 인색하고, 성마르고, 사납고, 위협적인 검은 늑대에 대해 들려주었다. 검은 늑대는 밤마다 울부짖고, 몸을 숨기고, 다른 늑대들과 싸우고, 잡아먹고, 겁주고, 공포로 다스리고, 죽이는 늑대였다. 그다음에 할아버지는 하얀 늑대에 대해 말했다. 하얀 늑대는 친절하고, 공정하고, 유쾌하고, 연대하고, 우애 깊은 늑대였다. 평화를 사랑하고 현명한 이 하얀 늑대는 자기 무리를 보호하고 남들을 도왔으며 세심하고 너그러웠다.

"애야, 인간 안에는 이 두 늑대가 모두 들어 있단다. 모든 사람이 내면에 검은 늑대와 하얀 늑대를 하나씩 품고 있는데, 그 둘은 항상 싸우지."

"그럼 어느 늑대가 이겨요?"

"네가 먹이를 주는 늑대가 이긴단다."

그야 당연하지! 이런 식으로 풀어냄으로써 이 이야기는 고귀한 가치를 지닌, 너그럽고 연대 잘하고 우애 깊은 이 훌륭한 하얀 늑대에게만 먹이를 주도록 유도한다. 마치 우연인 것처럼! 하지만 이것은 인간의 이중성, 즉 우리가 호모 망나니투스이기도 하다는 사실을 너무 빨리 망각해버리는 처사다. 감사하는 마음이니, 삶에 감사를 표하니 하는 것들, 다 좋지만 나는 매일 그렇게 하지는 못한다. 그렇게 하는 건 내가 상태가 좋을 때, 날씨가 좋을 때, 주말에 친구들이 놀러왔을 때, 통장 잔고가 봄날 우리 집 텃밭만큼 활기가 넘칠 때뿐이다. 한마디로, 내 삶이 대체로 형통해야 세상에 고마운 마음도 들고 좀 너그러운 관점에서 볼 여유도 생기는 것이다. 나는 부처가 될 생각이 없다. 그 자리는 이미 누가 차지한데다가, 나는 소질도 전혀 없다. 다만 진심으로 내 늑대들과 나란히 걷고 싶다. 친절한 늑대는 자애로운 마음을 발휘해서 다른 늑대, 그러니까 어둡고, 성마르고, 짜증 잘 내고, 지배하려 들고, 전투적인 늑대와 공생할 것이다. 나는 둘 모두에게 키스를 하고, 똑같이 먹이를 주고, 어느 쪽도 속상하지 않도록 힘을 균등하게 유지해줄 것이다. 적어도 내 늑대들은 둘의 고요하고 평화로운 공생 속에서 내가 차분하게 선택할 수 있게 지켜봐준다.

자연

자연은 어머니도 아니고 못된 계모도 아니지만,
또한 어머니이자 못된 계모이며, 먹이는 자이자
죽이는 자이다. 자연은 생명과 죽음을 준다. 자
연은 그 장엄함으로 우리를 황홀케 하지만 그
잔혹함으로 우리를 두려움에 떨게 한다.
— 에드가 모랭Edgar Morin, 《리베라시옹》, 2020년
2월 2일자

지금까지 우리는 내면세계를 자세히 둘러보았다. 그
런데 만일 열쇠가 우리 코앞에, 그러니까 그렇게 멀지 않
은 곳에도 있다면 어떨까? 이를테면 엽록소 안에, 흙덩
어리나 모래알 안에도 있다면? DNA 말고도 우리를 연
결하는 것을 찾는다면, 그것은 자연에 대한 경험이다.
누구나 이 경험이 있다. 공원을 산책하고, 바닷가 공기
를 마시고, 숲에서 눈을 뽀드득거리고, 데이지 꽃잎을 따
고…. 지구 걱정에 잠 못 이루는 사람이 안정을 얻는 방
법은 여러 가지지만, 그중에서 자연 체험도 우리의 빽빽
한 다이어리에 추가하지 않으면 안 된다.

각자만의 자연이 있다

내 인생에서 자연은 오랫동안 인간의 도구에 지나지 않았다. 중상류층 가정에서 태어난 나는 산에서 자랐다. 베르코르Vercors 고원과 알프스 벨돈Belledonne 산맥, 그리고 샤르트뢰즈Chartreuse 산악지대. 맑디맑은 공기를 마시며 산을 누볐고, 오후마다 크로스컨트리 스키를 즐겼다. 직선 활강으로 내리닫던 눈 덮인 언덕들이란. 여름이면 부르제 호수 푸른 물에서 세일링을 배웠다. 물론 바다도 좋아했다. 주앙레팡Juan-les-pins 해변의 이글거리는 태양과 선크림의 기억. 의례처럼 찾아오는 여름방학이면 우리는 바다에서 읽고?, 놀고, 수영했고, 또 라켓 놀이, 공놀이, 죠스 놀이로 잊을 수 없는 시간을 보냈다. 바다, 이미 지쳐있던 바다에서. 그 시절에는 자연 속에서 산보를 즐기는 게 할아버지만의 특권이 아니었고, 채소밭을 가꾸는 것도 할머니만의 여가가 아니었다. 하지만 현대 서구인으로서 나는 문화-자연 사이 간극에서 태어난 순수하고 슬픈 산물이다. 자연은 내 바깥에 존재하고, 나는 자연의 바깥에, 아니, 사실 그 위에 존재하면서 워커부츠로 내리밟거나, 순전히 내 즐거움을 위해 경표를 세워놓은 그 얼굴 위를 스키로 뭉갠다.

다행하게도 어떤 이들은 단지 자연이 거기 있기 때문에 자연을 사랑할 줄 안다. 아녜스 시나이Agnès Sinaï는 인류세의 정책들을 고민하는 싱크탱크인 모멘텀 연구소의 창립자다. 그녀가 이 일을 하는 이유는 그야말로 지구를 사랑해서다. "내가 생태주의자가 된 건 지구의 아름다움 때문이에요. 근대성은 자연에 그토록 무심할 수 있다는 점에서 늘 놀라울 따름이죠. 나는 관조적인 사람이고, 거의 낭만주의에 가까운 자연적 감성을 가지고 있어요. 그런데도 뭔가 행동에 나서야겠다고 생각한 건 사람들이 자연에게 한 짓에 너무 화가 나고 가만히 보고만 있을 수 없었기 때문이에요." 부르고뉴 지방의 딸 아멜리 세네공은 생명을 먹여 살리는 지구의 역할에 매료되었다. "저는 우리 증조할머니를 알았어요. 103세가 되기 사흘 전에 돌아가셨죠. 봄날에 태어난 마르게리트라는 이름의 여인이었어요. 그녀의 조그만 텃밭에는 글라디올러스와 달리아가 가득했고, 물론 채소도 있었죠. 무성한 반야생 초목 한가운데 초록으로 칠해진 쪽문을 밀고 들어가면 그녀를 먹여 살린 손바닥만 한 땅이 나오는 거예요." 그런가 하면 아릿한 파 향내가 지금도 줄리앙 도시에Julien Dossier의 기억에 선연하다. 줄리앙은 칼레에 사는 할아버지네 정원에서 고단한 주말을 보내곤 했다. 그곳에는 열네 종의 사과나무와 열세 종의 배나무, 까막까치밥, 까치밥, 산딸기가 가득했다. "주말이면 온 가족이 일손을 보태러 모여 들던 작은 에덴동산이었어요. 하루 종일 일한 뒤에 사과 바구니를 자동차 천정에 닿도록 싣고서 그 향기에 파묻혀 파리로 돌아오면 주말이 끝이 났죠." 그다음으로는 우리가 더 잘 이해하기 위해 배우고 관찰해야 하는 야생의 자연이 있다. 지금 우리 아이들 중에는 자연을 사랑하는 부모 손에 이끌려 가시양골담초의 향기를 맡아 보고 앵초의 아름다움에 감탄하거나 맹금의 종류를 익히는 아이들이 몇 명이나 될까? 나무 위에 지은 오두막에 대해 자랑하는 이들은 얼마나 될까? 또 약간 원숭이처럼, 약간 톰 소여처럼, 약간 모글리처럼 아주 희미한 개미집 냄새나 작디작은 새둥지를 향해서도 코를 킁킁거리며 쫓아가는 아이들은? 자연은 그게 놀이터든 명상적인 풍경이든 간에 우리에게 활력을 불어넣어 준다. 지치고 울적할 때마다 니콜라 월로는 카이트서핑 보트를 타고 바다로 나간다. 그렇게 하늘과 바다 사이를 누비다 보면 세계 질서의 경이로운 광경에 경탄하지 않을 수가 없다. "저는 바다를 마주보고 사는 게 큰 행운이에요. 하루에도 몇 번씩 의자에 앉아 아름다운 것들을 바라보면서 시간을 보내요. 폭풍, 꽃 한 송이, 번데기, 파도 소리의 느닷없는 변화, 무지개…. 이 모든 게 도파민이죠."

어떤 자연?

하지만 자연이라는 게 대체 뭘까? 루크레티우스Lucretius가 『사물의 본성에 대하여De natura rerum』에서 묘사하듯이, 무한한 허공 속에서 영속적으로 이동하는 사물의 움직임, 즉 원자들의 쉼 없는 운동일까? 1000억 개의 은하, 수소 구름, 냉각되었거나 용해된 별들일까? 그중 대다수는 어떤 형태의 생명도 살기에 부적합한 환경인데도? 오랫동안 나는 숲에서 자연욕을 한다고 생각해왔다. 이 무슨 맹랑한 착각인가! 우리 지역에 있는 오트 숲*으로 깊이 들어가면서 나는 자연 그 자체가 아니라, 자연적인 환경 속으로 들어가는 것이다. 이 미묘한 차이란! 프랑스의 모든 숲이 그렇듯이 오트 숲도 인간의 손에 의해, 인간의 필요에 따라 조성된 숲이다. 카망베르 포장 상자를 만들거나 (그래서 포플러 나무가 엄청 많다) 선반 따위를 만들기 위해서 말이다. "자연nature이란 무엇인가? 어원에 따르면 자연은 태어나는 것naître이고, 태어난natal 것, 타고난natif 것, 태어날 것à naître**이다. 그런데 인간은 태어나고, 자라고, 성숙하고, 변화한다. 따라서 인간은 자연이다." 슈마허 칼리지 창립자 사티시 쿠마르는 정의한다. "물론 모든 자연적 존재는 고유한 형태와 외적 발현, 그리고 고유한 기능을 지닌다. 나는 배가 고프면 사과나무에게 갈 것이다. 말을 하고 싶으면 인간에게 갈 것이다. 하지만 다양하다고 해서 서로 분리돼 있다는 뜻은 아니다. 우리는 모두 자연이라는 유일한 실재에서 나왔기 때문이다. 이것이 우리가 자연에게 폭력을 가하지 않으면서 집착도 하지 말아야 하는 이유다. 존재하는 그대로 두기 위해서 말이다." '진짜' 자연은 인간이 만들지 않은 것, 인간의

---

*   프랑스 중북부 욘Yonne 주의 허파 중 하나라고 불리는 거대한 숲.

**   자연nature은 라틴어 나투라natura에서 유래한다. 나투라는 '출생naissance', '태어나다naître', '타고난 본성' 등을 의미한다. 또한 '태어나다'는 '존재하기 시작하다'는 기본 의미에서 '생겨나다', '발원하다' 등의 비유적 의미로 확장된다.

힘이 거의 또는 전혀 작용하지 않은 환경과 생물종이다. 이를테면 습지, 원생림, 높은 산, 사막, 그리고 바다도. "자연은 인간의 모든 활동 바깥에 존재하는 것이다. 그저 이 동물, 저 동물을 보호하는 차원을 넘어서서 자연을 보존한다는 것은 인간으로부터 유래하지 않은 것을 마주할 때면 우리가 경험하는 그 강렬한 인상을 지켜낸다는 의미다." 프랑수아 테라송François Terrasson은 그의 훌륭한 책 『자연에 대한 두려움Peur de la Nature』에서 이렇게 썼다. '진짜' 자연은 나의 333번째 조상이 1만 년 전에 등에 짐승 가죽을 두르고 등나무 바구니마다 장과류 열매를 그득 채운 채 맨발로 누비던 그것이었다. 그의 자연 경험은 나에게까지 전해내려 오는데, 오늘 나는 발에는 운동화를 신고 등에는 방수 재킷을 걸쳐 입은 채 무엇을 해야 할까? 내가 매일 경험하는 자연이라고는 우리집 마당에 서서 내게 메트로놈 역할을 해주는 100년 된 보리수가 전부다. 가을이 되면 나는 낙엽을 줍고, 봄이 되면 수액이 차오르기를 기다리고, 여름에는 시원한 그늘을 만끽하며, 또 겨울에는 겨울대로 헐벗은 그의 존재를 즐긴다. 보리수와 함께 나는 계절이 가고 오는 것을 느낀다. 자연이라… 그게 무엇인지 정말로 내가 알기나 하는 걸까? 그럼 나처럼 버릇없는 인간을 나은, 자연과 문화 사이의 거의 화해 불가능한 이 어긋남은 대체 어디서 오는 걸까? 철학 수업에서 오지!

그 누구보다도 바로 르네 데카르트 덕분에 나는 내가 생각하는 고로 존재한다는 것을 배웠다. 웃기시네!

"나는 파괴하는 고로 존재한다"가 더 맞을 것이다. 데카르트의 이원론적 사고는 생명 파괴를 허락하는 지적 재가였다. 그는 우리는 자연과는 전혀 다른 존재라고 선언했다. 그러니 자연의 주인이자 소유자가 될 수 있다고. 우리는 자연을 착취해도 되고, 앞다투어 가져다 써도 괜찮다고. 왜냐하면 자연은 우리가 아니니까. 인간과 자연 사이의 대립을 끝내기 위해 싸우는 사람들은 콜레주 드 프랑스의 자연인류학 정교수였다가 현재 명예교수가 된 필리프 데스콜라Philippe Descola에게 크게 감사해야 한다. 데스콜라는 수 년 간 아마존 북서쪽 페루와 에콰도르 사이 지역에서 이곳의 원주민인 아추아인들을 관찰하며 지냈다. 아추아인들에 따르면, "인간과 대다수 식물, 동물, 별똥별은 영혼과 자율적 삶을 부여받은 인격체들"이다. 자연이라는 개념이 우리 현대 인류에게는 인식 대상이자 자원이며 정복하고 지배할 영역인데 반해, 이들에게는 자연이라는 개념이 없다. 필리프 데스콜라는 17세기 후반부터 유럽에서 어떻게 철학과 정치학, 법률 이론들이 자연을 바라보는 우리의 인식을 완전히 뒤바꾸어 놓았는지 보여준다. 그러면서 자연과 문화 사이의 신성불가침한 구분이 사실은 다양한 관점들 중 하나에 불과하다고, 생태주의 사상에 깊은 영향을 미친 그의 저서 『자연과 문화를 넘어서Par-delà nature et culture』에서 설명한다. "우리는 인간이 도덕적 주관성을 지닌 유일한 종이라고 장담해 왔지만, 인간 역시 물리적, 물질적 제약을 지닌 거대한 시스템에 속한 하나의 구성요소일 뿐이다." 마침내 겸손해졌도다! "생태위기와 새롭게 세워진 기후체제 앞에서 자연에 대한 인식은 지극히 본질적인 문제가 된다." 데스콜라가 강조한다. "그렇지만 자연을 인간 활동 바깥에 놓인 비인간의 총체로서 인식하고 실질적이든 상징적이든 하나의 자원으로만 여기면서 인간세계와 분리해내는 사고방식은 이미 사라지는 중이다. 이것이 현재의 위기 상황이 가져온 결과다." 실제로, 시위와 저항 현장에서는 이미 인간과 자연을 구분하는 태도가 흐려지고 있다. 노트르담 데 랑드의 자드ZAD*에서부터 기후를 위한 행진에 등장하는 플래카드들, 이를테면 "우리는 자연을 보호하지 않는다, 우리는 스스로를 지키는 자연이다"와 같은 슬로건에 이르기까지 어디서나 생각의 틀이 역전되고 있는 것이 목격된다. "한편으로 우리는 우주의 일부다." 미셸 막심 에거가 쓴다. "또 한편으로는 자연이 우리 안에 있다. 그 절대적 지배력으로, 그 계절 변화와 밤과 낮의 순환을 통해 우리 몸과 영혼의 가장 깊숙한 곳에 새겨져 있다. 하지만 자연의 정신, 즉 세계의 혼을 통해서

---

* 노트르담 데 랑드Notre-Dame-des-Landes(프랑스 서부, 낭트 인근) 신공항 건설 계획이 착수된 것은 1963년이었다. 해당 지역의 습지 생태계 보호를 위해 공항 건설 반대운동이 시작됐고, 이는 1972년, 습지 보호만이 아니라 탈자본주의를 위한 다양한 사회적 실험들을 실천하는 자드(ZAD, 무단 점거) 운동으로 확대되었다. 지난한 싸움 끝에 노트르담 데 랑드 신공항 건설 계획은 2018년 마크롱 정부에 의해 영구 폐기되었으나, 이와 동시에 최루탄 1만 1000발을 포함한 대대적인 공권력 투입으로 자드 강제 철거가 시행되었다. 2021년, 생명 보호와 자연유산 보호 등을 표방한 트리통 대학Université des Tritons이 크라우드 펀딩을 통해 이 옛 자드 터전에 문을 열었다.

도 새겨져 있다. 우리의 정신 안으로 더 깊숙이 내려갈수록 우리는 세계의 혼과 만나게 되고, 동물, 나무, 꽃 역시 우리의 혼과 크게 다르지 않은 혼을 통해 살아 움직인다는 것을 알게 된다. 생명 그물과의 이 존재론적 일체성은 (물리적, 정신적, 그리고 에너지 차원의) 근원적 상호의존성으로 이어지고, 여기서 연대의 책무가 나온다. 궁극적으로, 지구를 파괴하는 것은 우리의 존재를 파괴하는 것이고, 그 반대도 마찬가지다."

2020년 봄, 세계를 강타한 동물 질환(코로나 19)은 이러한 이치를 완벽하게 보여주었다. 우리가 동식물 서식지를 유린할 때, 건강에 좋다거나 정력에 좋다는 이유로 생물 보호종을 일부 또는 모두 잡아먹어버릴 때 뭔가 이상이 생기는 것은 지극히 당연한 이치다.

자연은 아름답지도, 착하지도, 못되지도, 잔인하지도 않다. 자연은, 적어도 지금껏 알려진 한에서는, 아무런 의도도 없다. 코로나 바이러스가 짚더미에 옮겨 붙은 불길처럼 인간 사회에서 번져갈 때 이것은 우리를 향한 '경고'가 아니었다. 자연은 인간의 광기를 쓸어내버릴 생각이 없다. 우리에게 거울을 내밀지도 않는다. 하지만 그 법칙들이 우리에게 스스로를 상기시킨다. 그냥 이토록 단순할 뿐이다. 우리는 너무나 오랫동안 자연 법칙에서 벗어날 수 있으리라고 생각해왔다. 하지만 진화, 다윈사상, 적응, 돌연변이 등과 같은 법칙들은 이롭다. 우리의 근원적인 미약함을 계속해서 폭로하기 때문이다. 자연은 우리에게 아무 말도 하지 않지만 우리는 모든 것을 해석한다. 그리고 아주 빨리 알아차린다. 죽음 곡선만이 상승하고 있다는 것을.

우리의 정신이 자연과 끈끈하게 연결돼 있는 와중에 자연으로부터 떨어져 나감으로써 스스로를 온전히 실현하리라고 여기는 것은 터무니없는 자살 행위에 가깝다. 사티시 쿠마르는 자연과 다른 생물종에 대한 우리의 전적인 의존성을 깨달을 때에만 지속가능한 미래를 열어갈 수 있다고 말한다. 쿠마르는 슈마허 칼리지를 세우면서 제임스 러브록James Lovelock에게 대학에 와서 그의 가이아 가설을 강의해달라고 했다. 가이아 가설은 지구를 '살아 숨쉬는' 하나의 유기체로 보고, 이 유기체 안에서 쉼 없는 상호의존성이 피드백과 순환 작용을 통해 모든 생명을 하나로 연결한다고 보는 이론이다. 가이아는 자연이 아니고, 어머니 지구도 아니며, 여신도 아니다. 가이아는 우리 인간을 포함해 지구상의 모든 생명과 상호작용하는 하나의 총체지만, 우리가 균형을 깨뜨린 총체다. "예전의 자연은 사라지고, 그 자리에 그 특성을 예측하기 어려운 어떤 존재가 들어섰다. 이 존재는 안정적이거나 신뢰를 주는 것과는 거리가 멀고, 영원한 격변을 증폭시키는 피드백 고리들의 총체인 듯 보인다. 가이아는 이 새로운 존재에게 가장 어울리는 이름이다." 철학자 브뤼노 라투르가 『가이아에 직면하여Face à Gaïa』에서 이같이 썼다. 노르웨이 철학자 아르네 네스도 슈마허 칼리지에서 심층생태학을 강의했다. 그에 따르면 식물, 동물, 강과 산은 각자의 삶을 살아갈 내재적 권리를 지닌다. "주체인 '인간'

과 대상인 '자연' 같은 건 없습니다. 오직 주체들만 있을 뿐이죠. 그리고 이 주체들은 서로 의존합니다. 인간도 관찰하는 동시에 관찰됩니다. 러브록과 네스 덕분에 우리는 영성과 분리되지 않을 과학에 겨우 접근하기 시작했습니다." 쿠마르가 설명한다. 그런가 하면 에코페미니스트 스타호크는 자연 영성과 그 마법 같은 질서에 대해 말하면서 이것이야말로 우리가 가장 깊이 존중하고 따라야 하는 것이라고 강조한다. "영성은 어떤 신앙 체계만을 말하는 게 아닙니다. 자연에 다시 연결되거나 결합되는 것을 뜻하죠. 그러니까 눈에 보이지 않는 어떤 것을 믿으라고 요구하는 게 아니라, 눈에 보이는 것을 새로운 관점으로 보라는 것이고, 모든 것이 서로 연결돼 있음을 직시하라는 것입니다. 저는 동정녀 마리아가 필요하지 않아요. 대신 제 앞에는 땅의 여신이, 기적이 나타나죠. 이 기적의 이름은 나무입니다." 스타호크가 활짝 웃으면서 말했다. 진짜 신성은 우리 눈앞에 있다고 덧붙이면서. 파블로 세르비뉴는 한술 더 뜬다. "서구 근대사회는 비인간 존재들을 가리키는 단어를 발명한 유일한 문화권이죠. 이 '자연'이라는 단어를 더 이상 쓰지 말아야 합니다. 개념적으로 해로우니까요."* 다큐멘터리 〈동물Animal〉을 한창 준비 중인 시릴 디옹은 기본적으로 살아 있는 세계에 대해 이야기하고 싶다고 말한다. "절망의 단계를 거

---

*   《르포르테르》와의 대담. 2018년 11월 21일. https://reporterre.net/Pablo-Servigne-Il-faut-elaborer-une-politique-de-l-effondrement 〔원주〕

친 뒤에 생명, 기쁨, 창조에 연결되는 것보다 더 나은 건 없죠. 생명을 더 잘 이해하는 것은 경탄을 재발견하는 것이고, 삶의 충동을 강화하는 동시에 세계의 다른 구성원들에게 접근하는 일이기도 하니까요."

이제는 더욱 명확하게 보기 위해서 정말로 사고의 틀을 역전시켜야 할 때다. 정신분석가 뤼크 마뉴나가 마음의 위안을 얻은 것은 한 가지 단순한 깨달음을 통해서였다. "다들 잘 인정하지 않지만 우리는 엄연히 환경의 아이들입니다. 공기와 물과 생명을 창조하는 이 모든 생물종에게 의존하는 존재예요. 부모에게 전적으로 의지하는 젖먹이처럼 말이죠. 물론 생태불안은 재앙의 가능성을 인식하는 데서 기인하지만, 정말로 이 불안이 시작되는 것은 바로 자연이 우리에게 종속된 것이 아니라, 우리가 자연에게 '철저하게' 의존하고 있음을 자각하는 순간입니다. … 사회라는 것은 인간 공동체에 국한되지 않고 동식물의 세계까지 아우르는 개념이죠. 하지만 그중에서 생물계는 자원 개발의 한 영역에 불과한 것이 아니라, 우리가 의존하는 동시에 멋대로 파괴하는 생명의 근원입니다." 그러니까 정신분석을 깊이 파고 들어가면, 프로이트 씨, 지금 우리는 부모를 죽이고 있는 게 아닌가요? 아버지를 살해하고 어머니를 범하고…. 프로이트 학파 정신분석가의 눈에는 모든 것이 정확히 맞아떨어진다. 우리는 완전히 실존적 오이디푸스의 삶을 살고 있는 중이다! 에리크 라블랑슈와 함께 2009년에 창조한 내 아바타 브릿젯 교토라면 이렇게 말했겠다. "뭐, 상관없잖아요,

그렇죠? 우주에 널린 게 행성인데. 정말 대단한 물질주의자세요, 지구까지 쓰고 버리려는 당신!"

자연 처방전

자연을 대하는 우리의 태도는 자연이 얼마나 유익한지를 감안할 때 더욱 터무니없다. 바다를 바라볼 때, 산을 오를 때, 야생 꽃이 만개한 들판을 달릴 때 이것이 유익하다는 것을 우리는 잘 알고 있고 또 몸으로도 느낀다. 조금 울적했더라도 숲속을 걸으면 마치 와이퍼로 밀 듯이 머릿속이 깨끗해진다. 고사리가 우거지거나 솔잎이 카펫처럼 깔린 오솔길을 걷노라면, 말로 표현하기 어려운 느낌이기는 하지만 어쨌든 여지없이 머리가 맑아지곤 한다. 모든 감각을 일깨워 주변을 느낄 때, 아주 미세한 소리나 나뭇잎을 때리는 빗방울 소리에 귀 기울일 때, 봄날 다채로운 초록의 향연을 감상할 때, 온 의식을 모아 자연 속을 거닐 때 우리는 아무 부작용도 없고 비용도 들지 않으면서 다만 사크라만 활짝 열어주는 강렬한 경험을 하게 된다. 불법 약물 따위도 하지 않고서!

자연은 우리에게 이롭다. 이보다 자명한 사실은 없다. 아이로니컬한 것은 이 이로움을 인간들에게, 의사들에게, 의사결정자들에게 증명해야 했다는 점이다. 마치 물에게 물이 축축하다는 사실을 입증하라고 요구하듯이 말이다. 결국 자연이 우리의 몸과 정신에 이롭다는 것을 증명하고자 했던 일부 과학자들이 연구 보조금을 따내기까지는 40여 년이 걸렸고, 그렇게 해서 1990년대에는 이 주제에 관한 과학 저술이 세 편에 불과했지만 지금은 400편 이상으로 늘어났다*. 이제 자연에 대한 경험은 스캐너와 MRI, 그 외 혈액 검사 등을 통해 정량화와 측정이 가능해졌다. 호르몬이나 알파 뇌파 같은 지표들만 들여다보아도 우리 몸이 자연환경 속에 둘러싸여 있는지 여부를 판단할 수 있는 것이다. 그리고 이 모든 연구들이 증명하는 것은 명확하다. 자연은 약초를 달인 탕약이나 고약의 형태인데다 그 자체로 이미 공짜이면서 닳아 없어지지도 않는 훌륭한 처방전이라는 사실이다. 자연은 감정적 스트레스를 진정시키고 우울증을 완화하며 자전거 페달처럼 끊임없이 돌아가는 생각의 되새김질을 감속시키는 한편 치유의 속도는 높인다. 뿐만 아니라 자연은 사회통합의 한 요소로도 작용하고 폭력도 줄여준다. 또한 숲은 나무에서 나오는 피톤치드, 음이온, 흙, 활력을 주는 풍경 등등 좋은 점이 너무 많아서 이곳을 산책하기만 해도 스트레스 호르몬 수치가 떨어지고 심박수가 10퍼센트 감소하며 교감신경계의 활동은 20퍼센트 이상 줄여주면서 부교감신경계 활동은 16퍼센트 가량 높

---

* 오랫동안 이 주제는 관심 영역 바깥에 머물렀다. "1990년에는 각종 학회지에 '자연과 과학'이라는 제목으로 발표된 연구 자료가 세 편에 불과한 것으로 파악되지만, 2015년에는 45편, 2018년에는 350편이 넘는다." Pascal d'Erm, *Natura; pourquoi la nature nous soigne... et nous rend plus heureux*, éditions Les liens qui libèrent. 〔원주〕

여준다. 한마디로, 숲은 부정적 감정은 약화하고 긍정적 감정은 강화한다. 그리고 단순한 자연욕 한 번이 뇌와 혈압, 암 억제 세포에도 좋은 영향을 미친다. "과학 연구들은 자연을 '복용'하라고 진지하게 권하는 처방전들의 근거를 뒷받침해준다. 가령, 스트레스를 이겨내려면 40분간 느리게 걸으면서 차분하게 숨을 쉬어 숲 공기를 충분히 들이마시기만 해도 안정과 이완에 관여하는 생리 요소들의 균형이 회복된다." 파스칼 데름이 그녀의 책 〈나튀라〉에 적었다. "산림욕은 이박삼일 동안 숲에서 지내는 경우 자연 면역체계, 특히 보호세포들을 강화할 수 있다. 자연의 우울증 억제 효과를 누리려면 적어도 90분은 걸어야 어두운 생각들이 사라지는 것을 경험할 수 있다. 하지만 공원에서 10분만 산책해도 몸이 직업적 스트레스에 저항하는 데 도움이 된다." 극단적으로는 엽록소가 함유된 껌만 씹어도 효과가 난다! 하지만 솔직히, 반박하기 어려운 이 증거들을 가지고 우리는 무엇을 할까? 우스운 것이 바로 이 지점이다. 특별히 하는 건 없고, 그딴 정보들을 잊어버리려고 헬스장에서 열심히 달리니까!

파스칼 데름은 그녀의 책과 동명의 다큐멘터리 영화를 들고 프랑스 방방곡곡을 누빈다. 다큐멘터리 〈나튀라〉는 자연과 인간의 상호작용에 관한 수십 년간의 연구들을 조명한 작품이다. 상영회가 열릴 때마다 그녀는 영화 내용에 적잖이 충격을 받는 의사들 앞에서 열변을 토하곤 한다. "프랑스는 이 분야에서 25년이나 뒤처졌습니다. 전문가들은 하루 빨리 이 주제에 매달려야 해요. 어린이 과잉행동장애가 됐든 우울증이 됐든 이제는 약을 먹일 게 아니라 자연을 처방해야죠. 다른 나라들이 어떻게 하고 있는지도 들여다봐야 합니다. 가령, 아일랜드에서는 '환경을 생각하는 아일랜드 의사들Irish doctors for the environment'이 자연 속에서 걸으라고 처방합니다. 독일 함부르크나 스코틀랜드도 마찬가지고요. 핀란드에서는 치유 산책로들이 조성된 지 6년이나 됐어요." 파스칼은 로비 네트워크 안에 병원과 의료기관, 원예치료사(건강 관련 시설에 정원을 조성하는 사람), 산림욕 가이드 들의 연합체를 구성하고자 하며 이를 통해 자연치유법을 처방전에 포함하고 싶어 한다. 또한 연구와 보고 들이 계속 축적되고 있기 때문에 정부 차원에서 학교와 병원, 감옥, 상업지구나 그 외 도심 지역 등에 대규모 자연 체험공간을 설치하도록 추진할 수도 있을 것이다. 녹색 식물은 이미 효과가 입증된 진통제이고 엔도르핀 분비도 촉진하는데 어째서 병원 내 반입이 금지돼 있을까? 왜 우울증 완화를 위해 자연 속에서 휴양하라는 처방을 내리지 못하는 것일까? 자연은 심지어 그 이미지만 보아도 스트레스 완화와 기억력 증진 효과를 가져오는데 왜 지하철 통로를 울창한 숲이나 절경 사진들로 채우지 않는 것일까? 왜 그 유용한 공간을 음식 배달이나 만남의 장소 따위 광고지로 도배하는 것일까? 왜 모든 요양원에 치유정원을 조성하게 하지 않을까? 도대체 어째서 우리는 도심에 남아 있는 녹지들을 지켜내기 위해 싸워야 하는 것일까? "상황이 달라지고 있어요. 의식들이 깨어나고 있죠."

파스칼이 말한다. "이제 도시들은 이 주제를 선점하고 싶어 합니다. 자연을 전위적이라고 여기고, 또 자연이 아름다움이나 시, 공상과 같은 다른 영역들도 활성화한다고 보고 있어요." 분명한 것은 도심 속 녹지 공간조차 우리에게 이롭다는 사실이다. 이를테면 공원에서 책을 읽거나 강변에 나와 소풍만 해도, 또는 침실 창가에서 녹색 풍경을 바라보기만 해도 면역체계가 강화되고 스트레스가 감소하며 기분에 활력이 생긴다. 그러나 이 주제는 우리 몸의 차원을 뛰어넘는다. 녹지 공간은 그저 기분을 좋게 해주는 차원이 아니라 인간의 신체와 정신 건강을 위해 없어서는 안 될 기본 요소이고, 나아가 사회 폭력을 감소시킬 뿐 아니라 공동체적 소속감도 증진시킨다. 수십 년 간 철저한 정치적 무관심 속에서 이 분야를 연구해온 캐나다 심리학자 스테판 카플란과 레이첼 카플란Stephen et Rachel Kaplan에 따르면, 자연환경은 심지어 인공으로 조성된 경우에도 우리에게 매혹과 탈출, 연결, 감각적 즐거움을 경험하게 해주는 중요한 회복의 장소다. "사람들은 흔히 자연을 좋아한다고 말하죠. 하지만 자연이 꼭 필요하다는 것을 깨닫는 사람은 많지 않아요. 자연은 단순히 기분 좋은 어떤 것이 아니라 인간이 건강하게 기능하기 위한 필수 요소인데 말이죠." 다들 건강한 게 좋다고 말하면서도 실제로 건강을 잘 돌보는 사람이 많지 않은 것과 같은 이치다.

자연을 공중 보건 정책의 토대 중 하나로 삼고 있는 유일한 나라는 한국이다. 한국은 2015년에 '산림복지법'

을 제정하고 산림청을 통해 전국 35곳을 '치유의 숲'*으로 지정하는가 하면 두 곳의 국립 연구개발센터도 세웠다. 신원섭은 이 분야의 오래된 신념가다. 이 숲 치유 전문가는 일찍이 2011년에 청년 우울증 환자나 알코올중독자 집단을 대상으로 숲 체험 치료 효과를 연구했다.** 당시 이 피연구 집단은 며칠 동안 숲속에 머물면서 나눔의 시간과 스포츠, 고독의 시간, 침묵, 명상 등 다양한 실험적 활동에 참가했다. 결과는 놀라웠다. 숲 치유는 우울 증세 치료에서 약물(50%)보다 탁월한 64퍼센트의 성공률을 보였다. 이는 한국 정부가 신원섭에게 2013년부터 2017년까지 산림청 청장 자리를 맡기기에 충분한 결과였고, 이 기간 동안 그는 숲을 토대로 한 공중 보건 프로그램을 개발했다. 한국은 인구 문제가 시급한 나라다. 2020년 올해만도 한국인 6명 중 1명이 65세 이상의 고령이다. 10년 뒤면 인구의 절반이 50세가 넘을 것으로 예상된다. 정부 당국은 천문학적 보건 비용을 피하기 위해서 예방에 모든 것을 걸고 있고, 따라서 전 세계 곳곳에서 점차 드러나고 있듯이 자연의 이로움을, 아니, 치료 효과를 입증하는 과학 연구에 크게 투자하고 있다. 그

---

* 한국산림복지진흥원 홈페이지 자료에 따르면, 현재 치유의 숲은 운영 중인 곳이 23개소, 조성 중인 곳이 30곳, 신규 지명된 곳이 총 5곳인 것으로 파악된다.

** 신원섭 충북대 교수는 전 산림청장이자, 현 유엔식량농업기구 산림위원회 의장이다. 그는 이미 2006년에 '숲 치유 캠프'를 열어 '숲 체험이 우울증, 불안감, 자존감 향상에 긍정적 영향을 미친다'는 연구 결과를 냈다(《한겨레》 2009년 8월 10일자 침조).

런데 그 수준이 장난이 아니다. 한국 정부는 자연을 아예 요람에서 무덤까지 평생 복용하는 "약"으로 정착시키는 프로그램을 개발했다! 산은 현재 이 나라 영토의 3분의 2를 차지하는데, 전 국민 4명 중 3명 이상(2015년 기준 1300백만 명)이 1년에 최소 1회 이상 등산이나 산행을 즐긴다. 따라서 한국의 산은 끝내주는 명상 장소와 유치원, 가벼운 체육 프로그램, 쉼터, 울창한 나무 사이 올레길들을 갖춘 훌륭한 야외 치유 공간으로 자리매김하고 있다. 충북국립대학교는 산림치유학과를 운영 중이다. 매년 200명 가량의 학생들이 이곳에서 명상을 익히고 나무의 비밀도 배운다. 소백산국립공원에는 최근 산림청에서 1억 유로* 규모의 예산을 풀어 치유와 연구를 위한 복지단지인 국립 산림치유원을 개원했다. 여기에는 중독 치료센터, 맨발치유정원, 현수교, 50킬로미터 길이의 '치유하고 호흡하는' 숲길, 휴양숙박시설 등이 갖춰져 있다. 현재 제2의 산림치유원도 건설 중이다.** 그런가 하면 일부 치유의 숲에는 철도공사의 '행복열차'가 연계돼 초등 및 중·고등학생을 1박 2일간의 숲 체험 프로그램에 실어다 준다. 이 기간 동안 학생들은 '더 잘 지내는 법', 다시 말해 더 고요하고 더 행복하게 지내는 법을 배운다. 이밖에도 다양한 프로그램들이 많다. 가령, 임신부들은 푸른 숲 한 가운데서 녹색 기운을 마시며 출산을 준비하러 오

---

*   한화로 대략 1400억 원.

**   2024년 개원을 목표로 전북 진안군에 추진 중인 '국립 지덕권 산림치유원'
       을 가리키는 것으로 보인다.

고, 암 환자들은 나무의 치유 효과에 기대 면역 능력을 높이기 위해 찾아온다. 산음 치유의 숲에서는 국내외 화재 현장에서 불길과 싸우다가 외상 후 스트레스 장애를 입은 소방관들이 자연 속에서 명상과 요가 등을 통해 건강을 회복한다. 이들은 사흘 동안 나무 아래 설치된 개인 평상에서 시간을 보내면서 매일 산책하고 창의적 활동에도 참가한다. 한마디로, 자연의 품에서 위로를 얻는 셈이다. 화룡정점은 그 품에서 영원히 쉴 수도 있다는 점이다! 대부분 비탈진 야산에 조성되는 한국의 묘지(국토의 1퍼센트)는 때때로 산사태를 겪거나 또는 그 원인이 되기도 한다. 따라서 산림청은 수목장을 허가했고, 화장된 고인의 재는 본인과 가족이 미리 골라둔 나무 아래 묻힌다.

자연은 무슨 색깔일까?

숲, 숲, 숲. 연구자들이 오랜 탐구 끝에 도달하는 해법은 오직 이 비오톱*뿐이다. 나무는 정말로 특별한 대접을 받을 만하고도 남는다. 지구상에서 가장 오래된 생물이자 가장 거대한 유기체이기 때문이다. 이를테면 하나의 나무로 이루어진 미국 유타 주의 사시나무 숲 판도Pando처

---

* biotope. 도심에 존재하는 숲이나 가로수, 습지, 하천 등 인공물이나 자연물로 이루어진 작은 생물서식공간을 말한다. 최근에는 도심 곳곳에 비오톱을 설치해 자연과 공존하는 도시로 전환해가려는 시도들이 늘고 있다.

럼. 수만 그루로 퍼져 있지만 한 뿌리에서 솟아난 이 하나의 군락은 지구상에서 가장 무겁고(6000톤) 가장 나이 많은(8만 살) 유기체일 것이다. 거의 10억 년 전부터 식물들은 우리 생물계의 작은 연금술에 참여해왔다. 그들은 우리가 세상에 오는 것도 목격했다. 우리가 불도 지필 수 없었을 때 그들은 인류의 요람을 굽어보고 있었다. 수천 년 동안 식물은 우리와 다른 동물들을 먹여 살렸고, 우리에게 도구와 과일과 안식처를 주었다. 이들의 역사는 점점 더 면밀히 고증되고 있다. 식물들이 없었다면 세상은 지금과는 전혀 달랐을 것이다. 따라서 우리가 진 빚은 그저 기회가 생길 때마다 오줌을 갈기거나 파티에서 돌아오는 길에 마구 들이받아도 되는 정도보다는 더 크다고 하겠다. 물론 자연은 녹색만 있는 게 아니다. 파랑, 노랑, 또는 흰색도 있다. 그렇지만 맑은 물이나 사막, 또는 하얗게 눈 덮인 평원이 우리 몸에 미치는 영향을 과학적으로 면밀하게 입증한 연구는 거의 찾아볼 수 없다. 파스칼 데름은 이렇게 말한다. "자연 연구에는 당연히 바다와 호수, 강, 습지 등이 들어가죠. 하지만 이 파란색 요소만 별도로 다루는 연구는 어디에도 없습니다. 예외라면 아일랜드, 스코틀랜드, 영국 같은 나라들이 생활 터전과 삶의 질 사이의 상관관계를 따질 때 해안 근접성이 제일 중요한 요소로 꼽히는 정도죠. 독일인들도 호수를 무척 좋아해서 어디나 물을 끼고 있는 도시들이 제일 인기가 높고요." 사막이나 고산지대에 관한 연구도 없다. "과학자들은 자연이 인간의 건강에 미치는 영향에 대해

271

서는 연구를 하지만 자연 그 자체를 위한 연구는 하지 않아요. 사막이나 해발고도 4000미터도 넘는 산 정상에는 사람이 많이 살지 않으니까요."

바다. 육지나 범선에서 그 무한한 광경을 바라보노라면 지구 걱정에 짓눌렸던 가슴도 금세 평온을 찾는다. 보름달 아래, 아무것도 없는 망망대해 한 가운데서 범선을 타고 밤을 보내는 것은 눈꺼풀의 박동에 맞춰 일렁이는 기원의 춤이다. 배는 칠흑처럼 캄캄한 물속에 이랑을 내고, 이따금 플랑크톤이 그 어둠 속에서 빛을 발한다. 아래서는 형광색 점들이 촘촘이 반짝이고, 위에서는 은하수 별들이 아득하게 빛난다. 바다는 하늘을 향해 말을 걸고, 그사이에 꼽사리 낀 우리의 존재는 겨우 묵인될 뿐이다. 바다와의 이 일체감에는 마법이 있고, 이사벨 오티시에도 내 의견에 반대하지 않을 것이다. 그녀는 지금도 1년에 두 달씩 항해를 다닌다. "내 인생에서 절대로 양보할 수 없는 한 가지가 바로 이거예요. 나는 이 날부터 이 날까지 바다에 있겠다, 그러면 끝이죠. 배 안에 있으면 모태 안에 든 태아 같아져요. 훨씬 평온하고 잠도 더 잘 자고요. 파도의 리듬, 일렁이는 물결, 바람… 이런 것들이 일종의 최면처럼 마음을 다독여주거든요. 밤바다 위에 있다는 것, 우주를, 이 광대무변을 바라보면서 한없이 작은 나 자신을 느끼고, 자연과 인간의 파란만장한 이야기를 생각한다는 것, 이게 얼마나 경이로운지 몰라요." 배를 조종한다는 것은 키를 잡고 철학적 명상에 잠기는 것과 같다. 항해는 돌발 상황과 가변성, 그리고 겸허함으로 이루어지기 때문이다. "항해를 하자면 본질에 집중할 수밖에 없어요. 배, 바다, 바람, 선원. 나머지는 다 잊어버리죠. 일상에서는 온갖 잡다한 일을 신경써야 하잖아요. 시간도 관리해야 하고, 모임이나 약속도 많고요. 바다에 있을 때 무엇보다 좋은 건 게임의 규칙을 내가 정하지 않는다는 점이에요. 나는 주위에서 벌어지는 상황을 있는 그대로 이용하고, 있는 그대로 받아들일 뿐 선택의 여지가 없어요. 한창 순항하는데 바람이 잠잠해지면 선원들이 불안해합니다. '배가 앞으로 나가질 않아요!', '엔진을 켤까요?' 아니, 당신이 이 상황에 적응해야 돼. 그냥 받아들여. 저는 이게 정말 중요한 것 같아요. 바다에서 죽을 뻔한 적이 두 번 있었는데 그때 깨달았어요. 바꿀 수 없는 일에 맞서 싸우는 부질없는 짓을 그만둬야 하고, 세상의 순리와 삶의 의미에 재연결돼야 한다는 것을요. 인생을 살면서 우리는 죽음이나 질병을 질색합니다. 그래서 수없이 맞서 싸우죠. 하지만 죽음이나 질병은 우리 안에 남아 있는 호모 사피엔스의 본성에 다시 깊이 연결되라는 신호예요. 우리를 원래 자리로 돌려보내는 겁니다."

자연의 결핍

맞다. 자연은 우리에게 이롭다. 만내로 지연과 멀어지면 해롭다. 2005년에 출간된 『자연에서 멀어진 아이들

Last Child in the Woods』*에서 저널리스트인 저자 리처드 루브Richard Louv는 미국 아이들에게 나타나는 자연결핍장애nature deficit disorder를 찾아낸다. 책에 따르면 청소년들 중 겨우 10퍼센트만이 매일 야외에서 약간의 시간을 보내는데, 그나마 하루에 두 시간씩 산책하는 죄수보다도 더 짧은 시간이다. "지난 30년 동안 부모가 바로 옆에서 지켜보지 않아도 아이들끼리 돌아다닐 수 있는 땅의 면적이 90퍼센트 감소했다. 또한 미국 도시인구의 3분의 1만이 근방에 공원이 있는 곳에 거주한다. 따라서 아이들이 녹색 자연 속으로 들어가는 경우가 점점 드물어진다는 것은 짐작하기 어려운 일이 아니다. 30년이라는 기간 동안 자연과 아이들의 관계는 근본적으로 변해왔고, 이런 추세는 더욱 빠른 속도로 계속되고 있다." 자연과의 이 괴리는 과학자나 일반 시민만이 아니라 교육자들에게도 큰 근심거리다. 그 결과가 신체적, 심리적 차원은 물론이고, 생태적, 정치적, 사회적, 문화적 차원까지 전 방위로 나타나기 때문이다. 도시에 산다는 것은 문화 및 경제 혜택의 기회가 많다는 뜻이고, 직장이나 다양한 필요에 접근하기도 쉽다는 뜻이지만, 한편으로는 운동도 못하면서 내내 달린다는 뜻이고, 극심한 스트레스에 시달리면서 자연환경으로부터도 뿌리째 뽑혀 나오는 것을 의미한다. 이는 땅과 괴리된 채 콘크리트와 철강 속에서, 변회와 유혹의 중심에서, 소음공해, 후각·시각 공해, 화

* 한국어판은 『자연에서 멀어진 아이들』(즐거운상상, 2017).

274

학물질 공해의 한복판에서 사는 것을 뜻한다. 도시에서 산다는 것은 전염병들을 능가하는, 이른바 '문명'이라는 신종 질병들의 각축 속에서 사는 것을 뜻한다. 이 질병들은 우리의 생활환경이 악화된 데 따른 직접적 결과다. 고혈압, 심혈관 질환, 천식, 당뇨, 알레르기, 암, 비만은 주로 앉아서 지내는 생활방식과 정크푸드, 환경오염 등이 주원인이다. 도시 환경은 이제 그 자체로 하나의 위험 요인으로 여겨진다. "도시 건강"은 이미 새로운 연구 분야가 되어 도시의 구성과 기능이 우리의 건강에 영향을 미치는 그 메커니즘과 원인을 탐구하고 있으며 또한 (도시적) 해법들도 모색하고 있다. 이 어처구니없는 상황을 보라. 자연의 결핍으로 문명병病이 생겼는데, 이 병은 자연에 다시 연결되기만 하면 나을 것이다. 자연보다 더 접근하기 쉽고, 더 저렴하고, 하지만 역설적이게도 더 위기에 처한 치료제가 또 있을까?

　자연과 단절된 이 세대를 위해 우리는 어떻게 이 위기의 치료제를 구해낼 수 있을까? 하지만 알지 못하는 대상을 어떻게 보호하지? 아니, 두려워하는 대상을 과연 보존할 수 있는 것일까? 프랑수아 테라송이 1988년에 발간한 저서에서 이론화했듯이, 인간은 자연을 파괴하고 지배하고 무시해온 결과로 자연을 두려워하게 되었다.[*] 개발 전문가들은 자연을 통제 아래 두고 싶어 하고, 도시 거주자들은 자연이 한결같이 상냥하기만을 바란다. 모기

***

[*]　François Terrasson, *La peur de la nature*.

를, 진흙 구덩이를, 불온한 숲을, 늪 아래 도사린 괴물을 경계하라. 자연을 옹호하든 적대하든 간에 우리는 핵심을 비껴나 항상 자연 '바깥'에서 겉도는 셈이다. 하지만 어머니 자연은 그런 게 아니다. 자연은 우리 내면에서 우러나오는 자발성, 감정, 무의식과 꿈, 몽환적이고 상징적인 생각 등이 이루고 있는 부분이다. 외부의 자연을 우리 내면의 자연과 연결하는 것, 이것이 본질이다. 사실은 인간들의 도시 정글만이 진짜 정글인 게 아닐까? 자연 속에서는 모든 것이 조화를 이루고 모든 불균형이 무한한 역동 속에서 끊임없이 균형을 찾는다. "인간이 변형하지 않은 자연, 개발하지 않은 자연, '원시' 자연이야 말로 '인간적' 자연, 다시 말해 인간에게 말을 거는 자연이며, … 인간에게 완전히 정복된 자연은 한마디로 '비인간적' 자연이다."* 인간이 모든 것을 자기 자신에게로 수렴하는 방식은 정말이지 미쳤다. "지구는 인간들의 행성이 아니다. 수억 년에 달하는 시간 동안 다른 생명들이 지금 우리의 집과 침대와 의자 들이 차지하고 있는 장소들을 먼저 쓰고 있었다."** 자연은 우리에게 이롭다. 맞다. 반대로, 자연이 결핍되면 심각하게 해롭다!

*   Hans Jonas, *Le principe responsabilité; une éthique pour la civilisation technologique*. 한국어판은 『책임의 원칙』(서광사, 1994).

**   프랑수아 테라송, 위의 책.

부메랑 효과를 조심하라

한편에는 아름다움이, 다른 한편에는 문제들이 있나니. 우리를 괴롭히는 것과 어느 정도 거리를 두지 않으면 자연 속으로 들어가는 것이 오히려 큰 상심을 불러일으킬 수도 있다는 얘기다. 몇 주 만에 처음으로 해가 반짝 나던 날 아침, 하얀 서리와 새파란 하늘 덕분에 기운을 되찾은 나는 질척거리는 길을 따라 가을에 벌거숭이가 된 임야를 향해 걸었다. 벌목회사들은 이곳저곳, 총 40만 제곱미터에 이르는 땅에서 나무들을 베어냈다. 그들은 주로 가문비나무를 베어냈다. 한여름 폭염이나 나무좀에 해를 당하는 곧고 건조한 나무들이다. 벌목회사들은 부러진 가지들과 동그마니 고개를 쳐든 그루터기들만 남긴 채 거의 인도네시아 숲처럼 나무들을 바싹바싹 밀어버렸다. 이런 식의 벌목은 황량하고 처량한 숲, 아니, 생기 없고 적막한 나무 사막을 의미한다. 땅은 헐벗었고, 탄소 배출이 치솟는다. 그늘은 사라지고, 재생은 기약이 없다. 프랑스 산림청은 내일 여기에 어떤 수종을 심을까? 대체 어떤 나무들이 건조하다가 습하고, 춥다가 폭염이 기승을 부리는 변덕스러운 날씨를 버텨낼까?

바다를 보러 가도 마찬가지다. 거기에 있어야 할 아무런 이유가 없는 쓰레기들을 마주쳐야 한다. 텅 비고 적막한 심해를 상상해야 하고, 수천 개의 컨테이너를 실은 화물선들이 끝도 없는 항로를 따라 지나가는 것을 세야 하고, 자칫하면 플라스틱 대륙까지 만나게 될지도 모른다. 도망가자! "자연을 만나야만 안정을 얻을 수 있지만, 자연을 바라본다는 것은 우리가 성공적으로 파괴한 것, 또는 곧 파괴하게 될 것을 바라보는 일입니다. 쉽지가 않죠." 칼륀Kalune이 말한다.

자연과 다시 연결되는 것이 고통을 정화해주는 반면, 오히려 더 들쑤시기도 한다. 어쩌면 내가 그린피스 환경감시선 '북극의 일출Arctic Sunrise' 호를 탔을 때 새하얀 북극에 그토록 충격을 받았던 것도 그래서일 것이다. 그때 나는 설원이 끝없이 펼쳐진 곳, 털외투 없이는 여우와 북극곰만이 겨우 생존하는 세계 최대 규모의 이 그린란드 자연 공원에 발을 들이지 말았어야 했다. 어쩌면 사방의 흰색과 하늘의 감청색 탓이었을 것이다. 어쩌면 얼음 대성당들의 장엄함이나 크레바스의 청록빛 탓이었을 것이다. 어쩌면 움직이는 빙하들이 내는 쩍쩍 갈라지는 소리나, 이 얼어붙은 풍경의 먹먹한 고요 탓이었을 수도 있다. 어쩌면. 그곳에서 어떤 응어리가 생겼는지, 아니면 풀렸는지, 나는 잘 모르겠다. 알고 싶기나 한지도 모르겠다. 나는 흰색에 세뇌되어 있었다. 흰색은 평화를 주고, 흰색은 위안이 되고, 흰색은 모든 것을 정화하고. 그런데 두둥! 인간사에서 멀리 떨어진 이 하얀 자연이 갑자기 잔류성오염물질과 전 세계가 뿜어대는 이산화탄소, 오래전에 축적된 방사성원소로 검게 변해 있었다. 나는 아침에 뱃머리에서, 또는 해질녘 황금빛에 물든 갑판 위에 앉아 몇 번이나 울었다. 빙하 위에서도 울었다. 그렇게 짠물 몇 방울을 민물 얼음산 위로 떨어뜨렸고, 이 방울들은 빙하를 떠나 세차게 바다로 흘러들었다. 그리고 이 모든 흰색은 내 생각을 검게 물들였다. 나는 원 없이 울었는데, 지금도 잘 모르겠다. 빙상 위로 떨어진 눈물들은 무슨 색깔이었을까.

이것이 호모 모데르니쿠스의 지독한 역설이다. 자연은 우리에게 활력을 불어넣지만, 정작 자신은 우리 눈앞에서 죽어간다. 마치 스톡홀름 증후군에라도 걸린 듯이 여전히 우리 몸을 이롭게 하고 정신과 눈을 즐겁게 해주는 데도 우리는 광란의 파괴에서 자연을 봐주는 법이 거의 없다. 하지만 아름다움을 문득 맞닥뜨렸을 때 그것을 포착하는 것 말고, 멈춰 서서 알록달록한 초록 잎과 감청색 하늘과 바다와 개미집과 봄꽃들의 황홀한 매력을 깊이 들이시며 경외를 표하는 것 말고, 달리 무슨 선택이 있을까? 자연의 아름다움은 최악의 상황에서도 살아남을 것이다. 2020년 1월, 영국 BBC는 호주 사진작가 머레이 로우Marray Lowe의 사진들을 소개했다. 뉴사우스웨일스에서 산불로 까맣게 그을린 나무 몸통에 강렬한 색깔의 꽃들이 돋아난 사진이었다. 아름다움은 화마가 지나간 뒤에도 살아남는다. 이 변함없을 사실이 든든하지 않은가?

발명하기

눈을 감아보기 바란다

딜란은 이제 막 법정 앞에 도착했다. 흩날린 머리카락을 겨우 정돈하자마자 곧바로 판사 앞으로 불려나갔다. 그는 어느 고풍스러운 도시의 한 초등학교 앞에서 SUV를 한참 동안 공회전시킨 혐의로 기소됐다.

– 학부모들이 수차례 요청했는데도 귀하는 자동차 시동을 끄지 않았습니다. 인정하십니까?

판사가 심문했다.

– 제 차는 아침에 시동이 잘 걸리지 않습니다. 그래서 또 고생하게 될까 봐 걱정이 됐거든요.

딜란이 겸연쩍은 목소리로 인정했다.

– 하지만 선생님, 경유 차잖아요. 더구나 초등학교 앞이었고요!

그는 면허 취소 처분을 받고, 전환교육 사흘을 명령받았다.

이느 짜증스러운 아침, 딜란이 오랫동안 내 뇌리를 떠나지 않았다. 나는 하루에 네 번씩 부모들이 학교 앞에 와서 아이들을 내려주고 실어가고 내려주고 실어가는 기막힌 광경을 목격한다. 광장이 자동차 전시장으로 바뀌는 꼴은 정말 눈 뜨고 보기 어려운데, 그러다 보니 짜증이 아이디어로, 투덜거림이 문장이 되어 이산화탄소를 아주 조금이라도 불필요하게 배출할 경우 '탄소감축법'에 의해 처벌되는 디스토피아 프랑스를 상상하게 되었다. 이 법에 따르면 우리는 1인당 연간 2톤의 할당량을 받게 될 것이다(기온 상승을 2도 아래로 억제하려면 2050년까지 실제로 충족해야 하는 기준이다)*. 그리고 이런 프랑스에서는 환경오염을 가중시키는 운전자 부모들은 재판에 회부될 것이다. 흐음. 그런 눈으로 보지 마시라. 맞다, 내 안에 작은 에코 김정은이 있다.

이제 당신은 2029년, 법 제정 5주년이 되는 해에 살고 있다. 법정은 낡은 습관을 도무지 고칠 줄 모르는 사람들로 연일 북적인다. 나는 《사슬 풀린 오리》** 신문의 '법정에서' 코너를 담당하고, 법규 위반자들은, 마침내 사슬에서 풀려난 내 펜 아래로 줄줄이 지나간다. 가령 똑같

---

* 2018년 기준 한국의 1인당 탄소배출량은 12.4톤으로, 세계 평균(4.8톤)을 훌쩍 뛰어 넘어 세계 4위를 기록했다(글로벌 카본 프로젝트 자료). 한편, 기후변화행동연구소의 조사에 따르면 2020년 이산화탄소 최대배출 25개국 중에서 한국은 8위를 차지했는데, 해당 연구소는 2030년에 한국이 1인당 이산화탄소 배출량에서 세계 1위를 기록할 수 있다는 전망을 내놓았다.

** Carnard déchaîné. 《사슬에 묶인 오리Carnard enchaîné》라는 정치 풍자 신문의 패러디.

은 위법 행위로 세 번째 불려 나온 바네사처럼.
바네사는 남부 프랑스에서 와병 중인 어머니를
문병하기 위해 이미 한도를 훌쩍 뛰어넘은 탄
소 신용카드를 위조해 비행기를 탔다. 이미 그
녀는 이산화탄소 적자가 44톤에 이른다.

– 환자 한 명을 문병하기 위해서 미래 세대 전
체를 위험에 빠뜨렸다는 걸 알고 계십니까? 전
혀 사려 깊지 못하군요!

– 알아요, 하지만 어머니에게는 저밖에 없는
걸요.

바네사가 훌쩍거렸다.

– 여기에 오신 게 벌써 세 번째입니다. 어머니
를 선생님 집 근처로 옮기거나, 아니면 아예 선
생님 집에서 모시세요!

바네사는 초과 배출한 탄소량을 보상하기 위해
정드로니에르의 퍼머컬처 농장에서 양배추를
심어야 한다. 밭일 총 70일.

그다음에는 멜라니 차례. 그녀는 금방이라도 출
산할 것 같은 만삭의 몸을 통해 죄목을 그대로
드러내고 있었다.

– 벌써 여섯째 아이네요. 선생님의 소득 구간에
서는 세 명까지만 허용되는 거 아시잖아요. 대
체 어쩌자는 겁니까?

– 재판장님, 아이들은 인생 그 자체예요. 더 이

283

상 낳지 말라는 건 저희에게 너무 큰 형벌이에
요. 인생을 포기하라는 말과 똑같다고요.

— 하지만 선생님은 지금 침몰 중이에요. 탄소발
자국이 선생님의 인생을 가라앉히고 있다고요.
멜라니와 그의 남편 비켄은 아기를 어느 무자
녀 가족에게 보내야 할 처지다. 가정법률 전문
변호사가 조언하는 대로 15만 유로라는 어마어
마한 벌금을 내지 않는다면 말이다. 맞다, 누구
나 하고 싶은 대로 할 권리가 있다. 돈을 왕창
물기만 한다면!

라벨을 속이는 것도 더는 통하지 않는다. 레오
는 니에브르 지역에 사는 농업인으로, 농식품
분야에서 인기가 높은 메밀을 30만 평 규모로
재배한다. 그는 채소만 생산하는 '식물재배 농
업인' 계약에 서명했기 때문에 선택하는 작물과
재배 방법에 따라 이산화탄소 할당량을 보상받
는다.

— 하지만 선생님은 농장에 수퇘지 다섯, 암퇘지
하나, 숫양 여덟, 암양 셋이 있는 걸 신고에서
누락하셨네요.
재판장이 조심스럽게 지적했다.

— 동물들이 어찌나 빠르게 번식하는지 미처 신
고할 새가 없었답니다.
레오가 너스레를 떨었다.

– 정말 뻔뻔하시군요! 그럼 댁 지하실에서 나온 우유랑 치즈, 소시지는 어떻게 된 거죠? 그것들도 그렇게나 빨리 번식하던가요?

레오는 허위 신고로 벌금 5000유로를 선고받았다. 또한 가축들을 한 동물복지 단체가 운영하는 인도적 도축 방식의 교육농장으로 보내게 되었다.

욘 지방에 사는 로르는 근사한 임대주택의 소유주다. 이 주택에서 각각 45제곱미터와 70제곱미터의 공간을 임대해 살고 있는 두 세입자 미르카와 파스칼은 난방 시스템이 규정에 어긋난다며 로르를 고소했다.

– 이 집은 1869년에 지어졌어요. 기름보일러이긴 하지만 지난 30년 동안 한 번도 말썽을 일으킨 적이 없고요. 저는 이 멀쩡한 보일러를 교체할 형편이 안 됐답니다.

임대인이 규정 위반을 시인했다.

– 그렇군요. 하지만 선생님은 기름을 1년에 2000리터나 태웠다는 걸, 아니, 세입자들에게 태우게 했다는 걸 알고 계세요? 세입자들은 그저 에너지 전환에 동참하고 싶어 할 뿐입니다.

재판장이 지적했다.

로르는 해가 바뀌기 전에 보일러를 교체할 법적 의무를 지게 됐고, 그 전까지 세입자들은 난방에 드는 화석연료 비용을 지불할 필요가 없게 됐다.

헤어 디자이너 디아바테는 2008년에 붙임머리 전문 헤어숍을 열어 고객들에게 큰 인기를 끌었다. 그녀는 영업허가증을 갱신하고 세금 공제도 받으려고 이곳에 왔다.

- 유감입니다만, 선생님의 영업 활동은 이제 "부수적이고 환경오염을 유발하는" 활동 범주에 들어갑니다. 특히 석유로 만든 인조모나 인도 수입 모발을 쓴다는 점에서 문제가 심각하군요. 따라서 선생님의 영업을 더 이상 허가해 드릴 수 없습니다. 영업을 계속하시려면 부가가치세를 45퍼센트 납부하셔야 되고요.

실의에 빠진 젊은 헤어 디자이너는 재판장에게 한 번만 봐달라고 애원했다.

- 프랑스산 재료를 쓰시지 않는 한 제가 도와 드릴 방법이 없군요.

다가오는 시간이 혼돈의 시간이자 모든 것이 재창조되는 시간이라면 어떨까? 그래서 우리가 두려움과 분노, 슬픔을 발효시켜 이야기의 밑거름으로 삼는다면 어떨까? 다행히 멋진 세상을 상상하는 데는 이산화탄소가 단 1그램도 들지 않는다. 낸시 휴스턴Nancy Houston이 말하듯이 우리는 픽션의 존재고, 그렇게 이야기를 짓고 들려주는 것이 우리가 세상에 존재하는 방식이다. "인간 집단 가운데 다른 동물들처럼 종교 없이, 터부 없이, 의례 없이, 혈통 없이, 설화 없이, 마술 없이, 이야기 없이, 상상력을 이용하지 않고, 다시 말해 픽션 없이 실제 속에서 가만히 살아가는 집단은 어디에서도 발견된 적이 없다."* 그러니 협력과 상부상조, 로테크**와 되살아난 자연 등을 소재로 아름다운 이야기를 지어서 이런 일들이 (붕괴 이후에) 실제로 일어나게 하자. 『작은 행성을 위한 몇 가지 혁명』***에서 저자 시릴 디옹은 가장 중요한 질문 한 가지를 제기한다. "우리의 행동이 아무리 사소할지라도 과연 어떤 총체적 관점 속에, 어떤 집단적 이야기 속에 기반을 두고 있는가?" 그의 친구 낸시 휴스턴처럼, 그리고 『타조 증후군Syndrome de l'autruche』의 조지 마셜Jeorge Marshall과 베스트셀러 『사피엔스Sapiens』의 노아 유발 하라리Noah Yuval Harrari 교수처럼, 시릴 역시 흥미진진한 이야기의 길을 택한다. "시대를 막론하고 일련의 이야기와 믿음은 사회가 공동의 서사를 중심으로 단결하게 해주었다. 그 서사가 신에 관한 것이든, 왕국이나 상대적으로 약한 존재들, 절대 권력을 지닌 상징이나 함께 맞서 씨위야 할 공동의 적에 관한 것이든 말이다. 이 상호주관적 현실들

---

*   *L'Espèce fabulatrice*, Actes sud. 〔원주〕
**   low-tech. 하이테크로 불리는 첨단 기술이 아닌 단순 기술, 또는 기계에 크게 의존하지 않는 활동을 가리키다.
*** *Petit Manuel de résistance contemporaine*. 한국어판은 『작은 행성을 위한 몇 가지 혁명』(갈라파고스, 2019).

은 이런 식으로 수많은 개인들이 협력의 과정에 동참하게 함으로써 국가, 정치체계, 기술, 경제와 화폐, 그리고 종교를 탄생시켰다." 시릴은 미래가 죽었다는 메시지로는 대중을 움직일 수 없다고 믿는다. 그래서 우리에게 새로운 서사를 창조하고 미래를 새롭게 채색하라고, 불안한 뇌를 쉬게 하고 우리의 창의적 정신 속에 싹트는, 그 무엇도 막지 못할 꿈과 상상과 가정법으로 두려움을 몰아내라고 주문한다. 그의 책에서 시릴은 스스로 '설계들'이라고 부르는 것을 다시 환기한다. "이 구조적 요소들은 우리가 꼭 의식하지 못하는 사이에도 우리 삶을 지배하고, 우리의 선택과 행동의 방향을 결정하며, 우리의 시간과 에너지를 독점한다." 설계들 중에는 먼저 돈을 벌기 위한 노동의 필요성이 있다. 돈을 벌어야 광고가 우리에게 욕망하고 즐기라고 조건화한 것을 소비할 수 있기 때문이다. 또한 법도 있고, (온갖 형태의) 스크린을 통한 재미도 있다. 스크린은 하루에 꼬박 여덟 시간 동안 우리 뇌를 그야말로 납치해버린다. 누구나 잘 알 듯이, 미래에 관한 서사는 모두 "현재의 담론 안에서 현재의 지식을 기반으로 현재에 관한 관점을 제시하는 픽션이다. 그러니 미래학자의 얘기를 듣느니 소설을 읽거나 영화를 보는 게 더 낫지 않겠는가?" 비교문학자 장폴 앙젤리베르는 묻는다. "종말의 시대를 산다는 것은 세상이 내일 멸망할 것처럼 사는 것을 의미한다. 그러나 초월적 의미에서 이것은 (천년왕국론자들과 근본주의자들이 바라는 것처럼) 종말의 실현을 앞당기기 위해서가 아니라, 현재를 더욱 분명하게 규명하기 위해서다. … 따라서 종말을 상상하는 것은 최고 의미에서의 정치를 실천하는, 다시 말해 살 만한 세상을 만들기 위해 싸우는 조건이 된다. 우리는 한 발 앞서서 싸울 수밖에 없다. 인간은 여기 이 땅 위에서만 저 너머 세상을 실현할 수 있기 때문이다. 하지만 저 너머 세상을 상상하지 못한다면 이 땅 위에서는 아무 일도 일어나지 않을 것이다."

2020년 2월, 만석을 이룬 롱푸앙Rond-Point 극장에서 연출가 장미셸 리브Jean-Michel Ribes가 잘라 말했다. "우리는 바로 픽션에서부터 세상을 상상할 수가 있습니다. 여러분이 신문에서 읽는 것, 그건 세상이 아닙니다." 미안하지만 신문에 나오는 것도 세상이 맞다. 하지만 좋다, 세상을 지어내자. 다가올 세상은 아직 존재하지 않으니까. 그의 파트너 장 다니엘 마니앙이 웃으며 바통을 이어받는다. "세상을 상상합시다. 다 같이 불안에 떨지 않기 위해서, 기쁨 속에서 살기 위해서, 그리고 인류세를 넘어서기 위해서 말이죠. 우리가 생명과 연합하기 위해서는 인류세에서 탈피해야 합니다." 이들이 마이크를 내려놓자마자 우리 앞에는 지구의 평균 기온이 다시 내려가기 시작한 역사적 순간, 그러니까 '변곡점' 10주년을 맞이하는 2120년이 펼쳐졌다.

유크로니아* 소설가 알랑스 고마지오(알랭 다

마지오Alain Damasio 份)와 저명한 지구역사가 파블로카피 세르발(파블로 세르비뉴Pablo Servigne 份)은 2120년 현재를 살아가는 키메라와 하이브리드, 호모애니멀* 들의 합동회의를 힘차게 개회한다. 먼저 두 진행자는 우리에게 21세기가 서서히 치유의 길로 들어서서 회복과 상생의 시대를 열어왔음을 강조하지만, 물론 21세기가 좋기만 한 것은 아니었다. 세상이 어두워지고 인공위성들이 사라졌으며, 그 뒤로 여기저기 몸을 숨기고 은신하는 인간들이 늘어났다. 그뿐이 아니었다. 트럼프와 시진핑에 대한 트랜스휴머니즘적 ** 복제가 성공을 거뒀고, 지구 인구의 20퍼센트가 여전히 '사피엔스 퍼스트!'라는 이단 종파를 추종한다. 그런데다 낡은 가부장적 위계질서가 사유화된 도시들을 지배하고, 그곳에서는 일부 특권화된 시민들만이 모든 것을 누리고 산다. 하지만 이 합동회의의 존재는 우리가 여전히 건재함을 증명한다. 우리는 회복력 탁월한 에코지역들 안에서 파격적 발상의 전환을 통해

으로, 기존의 역사를 다르게 기술한다는 점에서 '대체 역사altanative history'와도 유사하다. 소설가 알랭 다마지오는 공상과학 소설가이자 생태운동가다.

*   Homanimaux. 인간homo과 동물animaux 종의 결합을 가정한 신조어.

**   transhumanisme. 과학기술을 이용해 인간의 신체적, 정신적 능력을 개선할 수 있다고 믿는 사상. 인간의 질병, 장애, 죽음마저도 과학으로 극복할 수 있다고 주장한다.

그 유례를 찾아볼 수 없는 자치 공동체들을 세운 것이다. 또한 지구세gaïacène가 출현한 이래로 상황이 매우 호전되었다는 사실도 인정해야 한다. 2047년, 유엔총회가 상호의존 조약에 서명함으로써 오늘날의 우리로 이어지는 많은 생명들을 구해낸 사건은 얼마나 감격스러운 일이던가? 그렇게 해서 지금 우리는 지구 곳곳에서 여섯 번째 '종의 발생'을 목격하고 있다!* 이제 초대 손님은 비인간노동조합의 나누락(철학자 바티스트 모리조Batiste Morizot 扮) 대표다. 이전까지는 지구를 생존 가능한 땅으로 만드는 노동자들, 이를테면 벌이나 나무, 지렁이 등이 발언권을 얻은 적이 한 번도 없었지만 지금은 나누락이 그들의 목소리를 대변한다. 그런가 하면 우주 전령 타만뒤아 자드(메디아파르Médiapart 기자 자드 랑가아르Jade Lingaart 扮)는 사유재산과 상속이 철폐된 자유 자치구 생드니를 소개한다.

---

* 두 저자 알랑스 고미지오와 피블로카피 세르빌은 이 유크로니아 소실을 위해 실제 저작들을 참조했다. 『지구의 상속자들les Héritiers de la Terre』에서 생물학자 크리스 토마스Chris Thomas는 멸종의 상황 속에서 '자연'이 번성하는 방식을 이론화했다. 마찬가지로, 퓰리처상을 두 번 수상한 생물학자, 전 하버드대학 교수 에드워드 윌슨Edward Wilson은 『지구의 절반Half First』에서 생물종 다양성이 회복되고 환경에 적응할 수 있도록 땅과 바다의 절반을 성역화해야 한다고 주장한다. 파블로카피는 또한 백 엘루앙Bec Hellouin에 퍼머컬처 농장을 세운 샤를 에리크 르 그뤼에Charles-Éric Le Gruyer도 인용하고, 아키라 미야와키Akira Miyawaki의 원시림 재생 연구도 참조했다. [원주]

무엇보다도 생드니는 필요에 맞춰 생산을 조절하는 '사용 의회' 개척자들의 땅이다.

생태정의와 에코페미니즘, 공동체주의에 관심이 높은 자드 랑가아르는 공연을 마치고 나오면서 그토록 탈 많던 자본주의가 사라진 세계를 상상으로 보여준 자신의 연기가 퍽 뿌듯했다. "현실의 제약을 받지 않는다는 점에서 평소보다 훨씬 즐거운 정치 작업이었어요. 저는 붕괴론자가 아니에요. 오히려 그런 식으로 현시대를 분석하는 관점을 비판하는 입장이죠. 하지만 오늘 공연은 문명 붕괴를 예견했다기보다는 생명의 권리를 요구하고 회복에 대한 확고한 비전을 보여줬다는 점에서 좋았어요." 세상을 발명한다고? 공연은 매력적이다. 우리가 보고 싶은 미래를 눈앞에 펼쳐 보여주고, 그것을 위해 싸우게 해주기 때문이다.

행동에 옮기기

당신이 할 수 있거나 할 수 있다고 믿는 일이라면 지금 당장 행동에 옮기라! 그 행동 안에 이미 마법과 재능, 그리고 힘이 숨어 있다.
— 괴테

지금까지 우리는 감정의 영역을 깊이 파고들었고,

단순함과 아름다움의 즐거움을 재발견했다. 미래의 엄혹한 현실과 예측 불가능성을 받아들였고, 지금 이 순간 살아 숨 쉬는 기쁨에 다시 연결되었다. 마침내 우리는 에베레스트 북쪽 능선에서 몸을 돌려, 우리가 오를 수 있는 만만한 산 앞에 섰다. 이 산은 굴곡이 둥글둥글한 것이 그렇게 수려하지는 않지만, 도무지 올라갈 수 없는 봉우리들보다 더 깊은 충족감을 준다. 어느 저녁, 어느 낮, 어느 아침에 모든 것이 뒤바뀐다. 이 산을 한 걸음 한 걸음 오르기 시작하는 것이다. 이 산의 비탈은 작은 보폭과 겸손, 끈기, 기쁨에 알맞다. 우리는 지구 불안을 잠재워줄 진짜 진정제, 바로 '행동' 앞에 당도했다. 이 지점에서 나는 특별히 앙투안 드 생텍쥐베리가 쓴 『야간비행Vol de nuit』의 주인공 리비에르를 기억하고 싶다. 리비에르는 우편배달 조종사들에게 스스로를 넘어서라고 격려한다. "목적은 아무것도 정당화하지 못할지도 모른다. 하지만 행동은 우리를 죽음에서 해방시켜준다."

행동이 우리를 인간으로 정의하지만, 또한 행동은 우리의 유일한 구원이 되기도 한다. 지구우울이 극심한 사람들은 큰 위로를 얻지 못하겠지만, 그들에게 분명히 알려주자. 행동이야말로 인생의 소금이라는 사실을. 행동에서는 또한 한겨울 원형 교차로에서 태워 올리는 팰릿의 냄새*도 나고, 거기서는 세상을 갈아엎는 것이 옛것을 그리워하는 것보다 훨씬 매력적인 일이 된다. 하지만

---

* 2018년 11월에 시작됐던 질레죤 시위를 암시한다.

행동은 그저 도덕적 요구나 단순한 의무만이 아니다. 행동은 인간 존재와 관계, 그리고 사랑에도 형태와 의미를 부여해준다. 더구나 우리가 곧 다가올 재난과 그 모든 결과를 받아들이는 법을 배웠다고 해서 맞서 싸우지도 못하는 것은 아니다. 행동은 우리를 삶과 연결해주는 매개이고, 역설적이게도 개인으로서의 자신을 잊게 함으로써 스스로의 진가를 온전히 발휘하게 해준다. 이것이 괴테가 말하는 그 재능이다. 이자벨 오티시에가 위기의 순간에 겪었듯이, 행동이 생태우울증자에게 소리치는 것이다. "닥치고 물이나 퍼내!" 그러니까 나 역시 암울한 예상과 두려움, 슬픔을 물리치기 위해서 행동에 나서야 한다. 맞다, 먼저 현관 앞에 비질부터 하기.

생활환경의 전환

2013년 어느 날, 나는 내 골칫거리들을 쑤셔넣은 여행 가방을 끌고 파리에서 130킬로미터 떨어진, 잘 알지도 못하던 주아니Joigny라는 도시에 떨어졌다. 수도에 다시는 발도 들이지 않으리라 굳게 다짐하고서. 당시 주아니는 너무 크지도 너무 작지도 않은, 인구 1만 명의 조용한 도시였고, 세상에, 독자들은 짐작도 못하겠지만, 막 붕괴를 겪은 참이었다! 그러니 나는 한눈에 반할 수밖에. 2008년 일반 공공정책 개혁의 피해로 법원과 군청, 산부인과 병원까지 폐쇄되고 군부대가 오랭Haut-Rhin으로 이주하면서 도시는 완전히 아수라장이 되었다. 그 결과로 400가구가 도시를 떠나갔고, 이를 구매력으로 환산하면 지역

경제에 수혈되던 월 60만 유로가 사라진 셈이었다. 하지만 그 뒤로 도시는 사부작사부작 한 걸음씩 다시 올라왔고, 2015년에는 도시 재건 프로그램에 합류해 2300만 유로를 따냈다. 그렇게 해서 폐허처럼 버려진 건물들을 다시 거주 가능한 공간으로 단장해 교육센터와 극장 들을 들였고, 곧 더 많은 시설들이 개장할 예정이다! 이 도시를 보면서 나는 어떤 전환의, 내적 변화의 조짐을 직감했지만, 아직은 무의식적인 수준이었다. 그런 뒤에 결과적으로 내 존재에 가장 큰 위로가 되어준 아주 특별하고 예기치 못한 어떤 것을 만났다. 바로 집이었다. 그곳을 정말 우연히 발견한 나는 터무니없이 낮은 임대료에 완전히 반해버렸는데, 얼마나 쌌는지 내 안의 파리지엔느는 그 집이 사악한 결함들을 숨기고 있을 거라고 의심했을 정도였다. 처음 방문하던 날, 나는 집을 단숨에 가로지른 뒤에 인디언서머의 눈부신 햇살에 인상을 찡그리며 마당에 들어섰다. 수탉이 울기 시작했고, 성요한 성당에서 오전 11시를 알리는 종이 울렸다. 성당과 수탉의 노래, 햇살, 그리고 새빨간 장미들이 주도권을 쥐었다. 나는 내가 그곳에서 살게 될 것임을 알았다. 그곳에는 내가 찾던 것이 있는 것 같았다. 그러나 계약서에 서명을 하고 나서 사흘 뒤, 집주인이 세상을 떠났다. 나는 예를 갖춰 애도를 표했다. 1년 뒤, 파리 같으면 하녀방* 하나 얻

---

*   19세기 전반, 하인들이 귀족들과 같은 공간에 거주하는 것을 허용하지 않기 위해 고안한 주거 형태로, 보통 대저택 맨 위층 다락에 폐쇄적으로 위치한다. 평균 시세보다 훨씬 저렴해서 현재까지도 젊은 1인 가구들이 주로

을 가격에 이 마당 있는 집에서 살게 되었다. 내가 그곳에 터를 잡은 지 7년이 지났지만 현관에 들어서는 기쁨은 전혀 줄어들지 않았고, 나는 이전과 비교할 수 없이 좋아졌다. 집도 마찬가지다! 나는 집을 환기하고, 집은 나를 보호한다. 나는 집에 온기를 불어넣고 집은 내게 온기를 준다. 나는 집을 아름답게 가꾸고, 집은 내게 안정감을 준다. 나는 내 집을 사랑하고, 집이 말을 할 수 있다면 아마 집도 우리를, 그러니까 나와 내 고양이들, 내 시끄러운 친구들, 그리고 내 괴벽들도 사랑한다고 말할 것이다. 처음에는 밤마다 집이 내게 무너져 내리는 것 같았고, 나는 철봉에 관통당한 프리다 칼로처럼 온갖 나쁜 뉴스들의 꼬챙이에 여기저기 찔리고 뚫린 채 살았다. 주아니 토박이 주민들의 눈에 나는 집세 가격을 올려놓는 파리지엔느일 뿐이었고, 인심은 후해도 살림은 빠듯한 지역 주민들을 불쾌하게 하는 그런 부류 중 하나였다.

이것은 단순한 이사처럼 보이겠지만, 실제로는 여러 행성이 한 줄로 정렬하듯 희귀하고 신비로운 사건이었고, 점점 더 많은 프랑스인들이 염원하는 삶의 통풍구였다. 새로운 방향으로 다시 출발하기 위해 생활환경을 바꾸는 것은 모든 변화의 첫 발을 정확하게 떼는 것과 같다. "집안 분위기를 바꾼 뒤에 다시 살맛이 나기 시작했어요!" 컴퓨터 과학자로서 금융계에 종사하던 삶을 걷어치우고 협력게임 업계의 노마드가 된 세바스티앙Sébastien

세 들어 산다.

이 내게 말했다. 오랫동안 생태 전문기자로 일해온 크리스텔 레카Christel Leca는 리옹Lyon을 떠나려고 준비 중이다. "대도시를 빠져나간다는 건 소비 사회를 떠난다는 거죠. 상점과 거리에 즐비한 술집 들과 결별하고, 쇼핑몰에서 인생을 보내는 사람들과도 멀어지는 거고요. 한마디로, 인류가 변할 수 있다는 희망을 앗아가는 모든 것으로부터 멀어지는 거예요!" 유심히 관찰하는 사람들은 도시 탈출이 이미 시작됐음을 알아차렸다. 통계를 보자. 프랑스인의 44퍼센트가 시골에서 살고 싶어 한다.* 해마다 거의 10만 명에 이르는 인구가 도시를 떠나 시골로 향한다. 중산층은 대도시, 특히 더는 범접할 수 없게 된 파리 바깥으로 밀려난다. 국립통계경제연구소INSEE의 조사에 따르면, 파리는 해마다 인구가 0.5퍼센트씩 줄어드는데, 심지어 2011년부터 2016년까지, 그러니까 5년 사이 일드프랑스**의 인구 감소는 파리 5구가 아예 사라진 것과 맞먹을 정도다. 반면, 마시프상트랄***(알리에Allier, 로제르Lozère, 코레즈Corrèze, 로Lot, 캉탈Cantal, 크뢰즈Creuse)은 전입자 수가 전출자 수보다 많다. 물론 인구 피라미드의 형태 때문에 전체 인구는 분명 감소 추세지만. "지방 인구의 확연한 증가는 특히 대서양 연안 지역, 옥시타니

---

*   http://www.myrhline.com/actualite-rh/style-de-vie-des-francais-le-bonheur-est- dans-le-pre-en-compagnie-de-famille-et-amis.html "프랑스인들의 라이프 스타일"에 관한 닐슨컴퍼니société Nielsen의 2016년 연구. 〔위주〕

**   Île-de-France. 파리와 그 근교를 포함한 수도권 지역.

***   Massif Central. 프랑스 중남부 산악지대.

*, 오베르뉴 론 알프** 등에 위치한 도시들에 도움이 된다." INSEE가 분석했다. 파리 사람들은 낭트Nantes, 보르도Bordeaux, 리옹Lyon으로 이주하고, 더 과감한 부류들은 인구가 1만 명이 안 되는 인간적 규모의 소도시들(이런 작은 도시에 프랑스인 전체의 50퍼센트가 산다)로 옮겨 간다. 도시 전체가 한눈에 들어오고 걸어서 30분이면 한 바퀴 돌아볼 수 있는 그런 곳 말이다. 이렇게 작은 도시들은 대개 극장도 하나밖에 없고 식당들은 밤 10시면 문을 닫지만, 초·중·고등학교, 병원 하나, 금융기관 하나 정도의 필수 공공시설만 있으면 여전히 매력적이다. 과도한 소비문화에 절어 있는 느낌 없이, 법무사 사무소, 보험설계사무소, 안경점, 약국, 외곽에 위치한 쇼핑센터 하나 정도의 편의시설만 있으면 충분하다는 얘기다. "세상이 바뀌지 않으면 우리가 재밌게 바꿔 가면 되죠." 크리스텔 레카가 말한다.

짐을 싸서 다른 곳으로 떠나는 것 자체가 혁명은 아니지만, 작은 첫걸음인 것은 맞다.*** 그렇게 떠남으로써 마을 축제, 작은 전시회, 만남의 장, 마당 양봉 등을 비롯해 수많은 형태의 실천이 따를 수 있기 때문이다. "우리는 모든 전선에서 행동에 나서야 하고, 각자의 자리에서 각자가 가진 모든 수단을 동원해야 합니다." 탄소제로 전략 전문가이자 『생태적 르네상스』 저자이기도 한 줄

*   Occitanie. 프랑스 남부 레지옹.

**   Auvergne-Rhône-Alpes. 프랑스 남동부 레지옹.

***   Julien Dossier, *Renaissance écologique*, Actes Sud. 〔원주〕

리앙 도시에가 밝힌다. "제가 보기에, 목표는 우리 삶의 모든 영역을 현재의 기후위기에 바치는 겁니다. 각자가 할 수 있는 선택들이 개인적 차원이라면 우선 개인적 차원에서 행동해야죠. 무엇을 먹을지, 시간을 어떻게 보낼지…. 인터넷에서 고양이 동영상을 쳐다보기보다는 유용한 정보를 찾아보려 애쓰고요. 그다음에 학부모, 유권자, 고용주, 투자자 등으로서 관여할 수 있는 행동들도 있습니다. 이건 많은 사람이 동참하고 힘을 모아야 하는 영역이고, 우리 각자의 역할과 능력에 의미를 부여해주는 행동이에요. 또 동네 차원에서, 이를테면 아파트 단지, 학교 축제, 공연장 등에서 할 수 있는 일들도 있고요."* 시적 감성이 끝내주는 에세이 『품위 없이 떠다닐 바에야 아름다움 속에 가라앉을래Plutôt couler en beauté que flotter sans grâce』에서 저자 코린 모렐다를루Corinne Morel-Darleux는 불어난 물을 건널 때 세 개의 징검돌을 밟고 건너라고 제안하는데, 이 징검돌 세 개는 깊은 통찰, 싸움의 열정, 행동의 미학이다. 그리고 그녀는 괴테가 말한 '재능, 마법, 힘'을 두루 겸비한 새로운 윤리가 곧 '현재의 존엄dignité du présent'이 될 기라고 말힌다. "현재의 존엄은 우리에게 남은 가장 확실한 카드다. 문명이 붕괴해감에 따라 미래 승리의 가능성이 갈수록 묘연해지기 때문이다." 세상을 바꾸고 싶은가? 글쎄, 조금 공허하다. 벌써 천 번도 더 시

---

*   '체인지나우 서밋ChangeNOW Summit'(2020년 1월) 행사 때 진행된 인터뷰. 〔원주〕

도해봤고. 맞서 싸우는 건? 힘을 아무리 지혜롭게 배분해도 너무 지친다. 그럼 무엇을 해야 할까? 앞으로 몇 개월, 몇 년, 수십 년의 시간을 어떻게 보내야 할까? 현재 남아 있는, 여전히 우리에게 속한 자유의 영역들 속에서 행동하고, 이를 통해 우리에게 남아 있는 시간 속에서 의미들을 발견해야 한다고 코린 모렐다블루는 말한다. 그녀는 이를테면 꽃이 흐드러진 자두나무 가지처럼 "현존하는 아름다움의 틈바구니"에 닻을 내리라고 조언한다. 우리는 진실과 공포를 그대로 짊어진 채 앞으로 나아갈 것이고, 변화에 대한 공포와 반감을 극복하면서 우리가 할 수 있는 일을 해나갈 것이다. 그러니까, 주아니의 한 과수원에서 과일 조림을 만들면서 살면 안 될 게 뭐가 있나?

지역에서 저항하기

우리가 커다란 참나무 밑에 얌전히 앉아 명상을 했다고 해서 도토리를 흔들어 털지 말란 법은 없다. GP2I, 이게 무슨 약자일까? 이건 바로 "쓸데없고 독단적인 대규모 사업Grands Projets Inutiles Imposés"이라는 뜻이다. 콘크리트, 교통, 공업, 상업, 폐기물 등의 대규모 사업들이 마른 화장실에서 박테리아 퍼지듯 융성한다. 현재까지 인터넷 사이트 reporterre.fr*는 프랑스에서 진행 중인 이런 사업을 200개 이상 파악했는데, 우리 집에서 20킬로미터 떨

---

* 환경 전문 인터넷 독립신문.

어진 곳에서 벌어지는 사업도 목록에 들지 않은 것을 보면 실제로는 훨씬 더 많을 것이다. "이 사업들은 해당 지역에는 환경적, 사회경제적, 인적 재앙이다." 2013년도 세계사회포럼World Social Forum에서 채택된 튀니지 헌장은 이렇게 밝히고 있다. 또한 "이 사업들은 결정 과정에서 주민들의 실질적인 참여를 전혀 허용하지 않으며, … 지역 간 과도한 경쟁 논리 속에서 항상 '더 크게, 더 빠르게, 더 비싸게, 더 중앙에 가깝게' 하는 방향으로만 치닫게 한다." 벡생*에서는 70만 톤의 바위를 채취해서 일드프랑스를 콘크리트로 바르기 위해 150만 제곱미터의 땅이 희생될 것으로 예상된다. 브르타뉴에서는 바다에서 몇 킬로미터 떨어진 곳에 들어설 대규모 서핑 공원이 동네 바보들을 기쁘게 할 것이다. 세계 최대 규모 인터넷 쇼핑몰 아마존은 행정 당국의 이중성을 이용해 노르망디 수도인 루앙Rouen에 수십만 제곱미터에 달하는 물류창고를 짓게 됐는데, 이 기업은 늘 '일자리 창출'을 호언하지만 실제로는 창출하는 일자리보다 2.5배 많은 일자리를 파괴하고 있다. 그런가 하면 비엔**에서는 1200개체에 이르는 어린 황소를 수용할 수 있는 축산 공장 사업이 당국의 허가를 따냈다. 만일 '레지스탕스'라는 말이 어느 암울했던 시대에나 쓰이던 말이라고 생각하는 독자가 있다면, 아니, 당신은 완전히 틀렸다. 장담하는데, 오늘 당

---

* Vexin. 프랑스 북서쪽에 위치한 레지옹으로, 일드프랑스 주와 오드프랑스 Hauts-de-France 주 사이에 걸쳐 있는 고원지대다.

** Vienne. 프랑스 남동부에 위치한 코뮌.

신의 집 가까이에서도 벌어지고 있다.

쓸데없는 대규모 사업으로 가장 유명세를 떨친 것은 1970년대에 등장한, 낭트Nantes 부근 노트르담 데 랑드Notre-Dame des Landes에 예정됐던 신공항 건설이다. 당시 개발업자와 의원들, 국무총리와 건설토목 업계 공룡들은 메밀밭과 초원, 작은 숲 들이 어우러지고 여기저기 아름다운 슬레이트 가옥들이 길게 늘어선 1600만 제곱미터의 전원과 마을들의 터가 비행기를 뜨고 내리게 할 최적의 부지라고 입을 모았다. 40년에 걸친 치열한 투쟁 끝에 자디스트zadiste*가 승리를 거뒀고, 이 신공항사업의 백지화는 아마 생태전환부 장관 니콜라 윌로의 가장 큰 업적으로 평가될 것이다. 노트르담 데 랑드는 왼쪽으로 세를 넓힌 생태운동 분야의 가장 아름다운 승리 중 하나로, 결연하고 평화로운 시민운동이 온갖 정치 공작을 물리치고 승리에 이를 수 있음을 보여준 대표적 사건이다. 사진작가와 외부 지원자 등 복수의 자드 거주자로 구성된 그룹 콜렉티프 코망collectif Comm'un은 지난한 싸움의 과정을 되짚는 책을 공동 집필했는데, 여기서 그룹은 서로의 이상이 충돌했던 일들, 함께 나눴던 꿈과 해방 공간, 시위, 시스템 밖에서의 자유로운 삶 등 모든 것에 대해 이야기한다. 책에 따르면 수십 명의 자디스트가 마치 한 국가를 운영하듯 보호구역을 운영했다. 이들은 폐가에 들어가 살고 땅을 점거했지만, 또한 퇴거 위기에 처한 집주인

---

* 자드(보호구역) 거주자들.

들을 물심양면 돕기도 했다. 다 같이 힘을 모아 임시 판잣집에서부터 도서관, 감시탑, 창고에 이르기까지 가능한 모든 것을 직접 만들었다. 자드를 지키러 떠나는 것은 개인적 삶을 괄호 안에 넣는 것이었고, 일주일이 됐든 여러 해가 됐든 그곳에서 지내는 시간은 타인을, 거주자들을, 정치인과 농민 들을 만나기 위해 자신의 안락한 영역을 벗어나는 일이었다. 모든 것이 다른 식의 사회적 삶을 구성하기 위해 추진되었다. "점거 농장과 새로 지은 판잣집 들에서는 거주방식, 노동방식, 사고방식이 모두 자유롭게 발명되었다. 다양한 교환 방식, 그리고 물질과 자원의 항시적 공유를 통해 새로운 경제가 개발되었고, '비非시장non-marché'이라는 곳에서는 지역 생산물을 각자가 내고 싶은 값만 내고 얻어갈 수 있었다. 또한 도시계획 차원의 정책 관리도 생겨났고, 그와 함께 투표도 서열도 없이 수평적으로 의사를 결정하는 의회들도 탄생했다. 다양한 노하우가 전수됐고, 누구든 원하면 슈퍼마켓에서 판매되는 것들을 스스로 만들고 수리하거나 제작하는 법을 배울 수 있었다. 이곳 거주자들은 의식적으로 기존과는 다른, 더욱 책임 있는 방식으로 주변 환경과 관계를 맺고자 했고, 그에 따라 생울타리, 도로, 길, 숲 등을 가꾸고 보수하기 위한 공동 작업장도 운영했다." 이들의 나눔, 배움, 다양성, 공동체성은 투쟁의 한 모범사례였을 뿐 아니라 예기치 못한 힘으로 가득한 싸움이었고, 또한 모두가 염원하는 그 위 '비브르 앙상블'을 실현해낸 투쟁이었다.

노트르담 데 랑드 이후에 중단된 또 하나의 사업은 고네스* 삼각지대(7백만 제곱미터 규모)에 어마어마하게 건설될 예정이었다가 2019년 말에 엎어진 유로파 시티 Europa City다. 이번에 이 소비의 신전과 두바이식 레저를 혼합한 초대형 복합단지를 꺾은 것은 다름 아닌 '시대'였다. 마크롱 스스로 생태부 장관에게 백기를 들라고 요구했기 때문이다. 그러나 폐기된 이 두 가지 쓸데없는 사업 때문에 얼마나 많은 우회로가 깔리고 공항 확장 공사와 상업단지 건설 사업들이 진행 중인가? 얼마나 많은 휴양지와 잔디 덮인 슈퍼마켓 들이 전원 속으로 밀고 들어왔는가? 국토 개발은 머리를 쳐내도 또 자라고 또 자라는 메두사를 닮아서, 생뚱맞고 시대착오적인 데다 앞으로의 시대에도 맞지 않을 그런 사업들이 끊임없이 우글거린다. 이 사업들은 모두 인터넷 사이트 reporterre.fr에 지도로 표시돼 있고, 각각의 사업에는 반대운동 단체도 같이 소개돼 있다.

즐겁게 저항하기

최근 멸종반란 운동이 자기 엉덩이를 움직여 정치를 움직이게 하고 싶어 하는 보통 시민들을 규합하고 있다. 이 단체는 필사적인 불복종 의지로 무장한 채 흔들림 없는 비폭력 속에서 싸울 준비가 된 조직이다. 이들은 우리 안

---

*   Gonesse. 일드프랑스 발두와즈 주에 속한 코뮌으로, 파리 북쪽의 주거 밀집 지역과 경계를 이루는 농업지대다.

의 화약에 불을 당겨줄 불꽃일까? 기름칠한 톱니바퀴를 멈추게 하는 모래알일까? 또는 합법적으로 유통되는 일종의 흥분제일까? 그 실체가 뭐가 됐든 멸종반란은 프랑스에서만도 8000명이 넘는 사람들의 마음을 사로잡고 한 자리에 모이게 하는 저력을 지녔다. 이들 중에는 예전에 'GMO의 저승사자들'*에서 활동하다가 신이 나서 합류한 이들도 있지만, 학생, 법률가, 사진가, 엔지니어, 아이 엄마, 그래픽 디자이너 들도 있다. 이들은 (모두가) 활동을 시작한 지 10년이나 5년은커녕 2년도 되지 않은 이들이다. 고작 몇 달 경력의 초심자들인데, 바로 이점이 그 패기 넘치는 열정을 설명해준다. 물론 이들은 예전부터 무포장과 용기 재사용 방식으로 장을 보고, 비행기를 타지 않을 뿐더러 육류도 진작 끊었던 이들이지만, 마치 이 정도로는 성에 차지 않는다는 듯 자신들의 투쟁을 가시화하는 데 여유 시간과 몸과 생각을 기꺼이 동원한다. 다프(별명)는 멸종반란에서 활동하면서 이제야 자신을 넘어서는 어떤 대의에 열정을 쏟을 수 있겠다는 생각이 들었다. 즉 "'성난 벌새'로서 자기 역할을 다하"고 싶이진 것이다. 에코시스템은 모든 것을 쏟아 부어야 하는 긴 호흡의 활동들에 동참하면서 무거운 생태우울을 떨

---

* faucheurs d'OGM. 유전자변형농산물GMO과 강력한 제초제의 주성분인 글리포세이트 등을 들판과 식탁에서 몰아내기 위한 시민불복종 운동이다. GMO가 경작되는 프랑스 전역의 논밭으로 달려가 낫으로 농산물을 베는 상징적이고도 과격한 행위로 반대 의사를 표시하고, 유럽재판소에 기소하는 등 다양한 법적 싸움도 벌인다. 2003년에 출범해 현재까지 활동하고 있다.

친다. "제 신념이 천 배는 더 강해졌어요. 이 모든 문제에 대해 같이 얘기할 사람들이 있으니까 숨통도 트이고 열정도 더 생기죠." 오세안은 원래 고양이 사료를 정밀 분석해서 그 판매를 최적화하는 일을 했다. 그녀는 자신의 세계가 조금씩 금이 가고 있다고 느꼈다. 그녀는 "행동하고 싶어서, 희망을 놓고 싶지 않아서" 먼 길을 왔다. 에리크, 이자벨, 바네사, 주디트라는 이름은 잊어라. 가명은 필수다. 그래서 모임에 가면 캘러미티 제인, 사라 K, 뷔피, 로보, 빕빕, 프티욱스브랑을 만날 수 있다. 다만 이 활동가 그룹은 구성이 다채롭지 않다. 모두 출신 배경이 같은, 다시 말해 (화가 난) 백인 고학력자들이다. 영세지역 출신이나 이민자 집단, 또는 노동자 계급은 극히 드물다. 이것이 이 운동의 맹점이다. "제가 만난 이민자들은 매슬로의 피라미드*에서 반란보다는 생존 욕구 쪽에 자리 잡고 있었죠." 에코시스템이 고백한다. 그 역시 방리유** 지역을 의식화하고 싶어 하지만 벌써 여러 차례 비난을 들었다. "2005년에 우리가 싸울 때 당신은 어디 있었는데?"*** 오세안이 결론 내린다. "멸종반란은 다분

---

*   미국 심리학자 매슬로Maslow는 인간의 욕구를 피라미드형 5단계로 표현했다. 가장 아랫단인 1단계는 생존 욕구다. 따라서 생존 욕구가 충족되어야만 상위 욕구로 이동 가능해진다.

**   banlieue. 대도시를 둘러싼 교외지역을 뜻하지만, '영세지역'의 다른 이름이기도 하다. 특히 파리 북부 방리유의 경우 북아프리카계나 아랍계 이민자 인구가 많아 '가난한 이민자 지역'으로 통한다.

***   2005년 프랑스 폭동을 가리킨다. 아랍계 10대 소년 두 명이 경찰의 추격을 피하려다 감전사한 사건을 계기로 프랑스 전역에서 이민자 집단의 소요사태가 벌어졌다. 당시 사르코지 대통령은 국가 비상사태를 선포한 뒤

히 도시 중심이에요. 계속 세력을 확장하고 외곽으로 뻗어나가야 합니다." 삶의 변화를 시도하기 위해 브르타뉴 지방으로 떠나는 오세안은 그곳 주민들을 "멸종반란자들로 선동해내리라"고 다짐한다. 알짜들은 사실 지방에 존재하고, 그들은 더욱 가시적인 직접행동들의 세를 불리기 위해서라면 어디든 지체 없이 찾아간다. 사실, 가만히 들여다보면 프랑스는 전 국토가 반란 세력으로 가득하다.

멸종반란의 성공은 부분적으로는 그들의 솔직한 화법 덕분이다. 이는 기존의 NGO가 대부분 긍정적인 이야기만 하고 인류의 생존위기에 관해서는 금기시하는 것과 확연히 구분되는 태도다. 이들이 그렇게 터놓고 얘기하는 이유는 사기를 꺾기 위해서다. 초심자를 위한 입문 강연회로 악명 높은 '멸종을 향하여heading for extinction' 모임에 가보면 분위기가 장난이 아니다. 겨우 한 시간이면 기후 문제부터 생물종 다양성, 지구에서의 생존 조건 등 반박할 수 없는 사실들 앞에서 방청객들의 사기가 가차 없이 내동댕이쳐진다. 조직의 창립자들은 충격요법에 희망을 건다. 그들에 따르면, 결국 죽을 운명임을 깨달은 생태주의자는 정신적 격동 속에서 그럼에도 불구하고 행동에 나서야만 하는 한 가지 진짜 이유를 찾게 될 것이다. 다시 말해, 죽을 때 죽더라도 최소한 한 가지, 우

초강경 진압으로 일관했고, 3명의 인명피해와 대규모 재산피해가 발생했다. 이 사건은 이민자 사회가 겪는 골 깊은 불평등 문제를 사회 전면에 드러내는 계기가 됐다.

리의 품위만은 지키고 싶어지는 것이다. 조직에서 표어처럼 자주 하는 말이 이것이다. "희망이 거의 남아 있지 않으니까 행동에 나서자." 말도 안 된다고? 아니다. 어떤 이들에게는 정곡을 찌르는 말이다. "아무 행동도 하지 않으면서 가만히 출근만 하는 생활을 더 이상 참을 수가 없었어요." 레오니가 말한다. "회사 분리수거 쓰레기통 앞에서 제 스스로가 너무 무력하게 느껴졌죠." 멸종반란에서 법률 업무를 맡아서 하는 에포나는 이렇게 말한다. "어느 날 저 혼자 깜짝 놀랐어요. 와, 이제 나는 직장에서도 모집 활동을 하네!" 이런 접근법은 환경단체나 정치권 생태주의자들의 오랜 관습에 종지부를 찍게 한다. 이들은 사람들을 계속 모집하고 소위 투쟁 의지라는 것을 꺾지 않기 위해 모든 것을 솔직히 말하기보다는 대강 비위를 맞춰주는 데 공을 들여왔기 때문이다. 그 결과, 공포심을 자극하지 않기 위해서 우리는 중요한 협상 테이블과 유엔 기후변화협약 및 기타 환경 관련 협의체에 백지 위임장을 내주면서 그토록 오랜 세월을 허비해 왔다.

그렇기는 하지만 멸종반란도 아직 갈 길이 멀다. 이들은 대중을 모아서 프랑스 전체 인구의 3.5퍼센트를 동참시키는 것이 목표인데, 이는 실제로 계산해 보면 2백만 명이고, 2백만 명은 거대한 변화를 일으킬 수 있는 숫자다! 니콜라 월로는 기후변화에 맞서서 적극적으로 행동하고 싶어 하는 사람들이 최소한 2백만 명은 된다고 확신한다. 하지만 그는 묻는다. "환경세 부과나 100퍼센트 유기농 급식을 요구하기 위해 거리를 행진할 2백만 명은 어디에 있는가?" 역사를 장식한 비폭력 시민불복종 운동들의 통계를 믿는다면, 2백만 명은 변화가 시작되는 최소한의 숫자다. "시민들의 대대적인 각성과 방해행동* 은 필연적으로 정치적 변화를 견인하게 돼 있어요. … 꼭 전 국민이 들고 일어날 필요도 없고, 우리 중에서 일정 비율의 사람들만 해도 되거든요." 에포나가 말했다. "비폭력은 대중의 지지를 얻게 되고, 그러다 보면 예의 임계치에 도달하게 될 거예요." 오세안이 확신했다. 그녀는 트로카데로 광장에 300리터의 가짜 피를 쏟아부었던 직접행동에도 참가했었다. 프랑스 멸종반란은 동조자가 아직 8000명밖에 되지 않지만, 앞으로 발전 가능성이 크게 열려 있다.

이들이 벌이는 직접행동은 미디어를 적극 활용하고, 불온하면서도 의미로 가득하고, 또한 비폭력적이다. 활동가들은 여론의 관심을 모으기 위해 상징적 장소를 고른 뒤에 그곳을 재미와 의미를 버무려 망신거리로 만들고, 그런 다음 미디어에서 소란을 피운다. 이런 예로는 버려진 옷들을 패스트패션fast fashion**의 신전인 H&M 앞

---

* 환경에 해악을 끼치는 공공기관이나 민간 기업 등의 특정 활동을 교란하고 방해하는 직접행동. 점거, 업무방해, 기습시위 등이 모두 이에 해당한다.

** 최신 트렌드를 즉각 반영해 패스트푸드처럼 빠르게 제작, 유통하는 패션을 말한다. 비교적 저렴한 가격으로 판매되는 까닭에 대부분 한 계절만에 쉽고 빠르게 버려진다. 이런 방식의 패션산업과 의류폐기물은 전 세계적으로 막대한 양의 쓰레기를 양산하는 등 심각한 환경 문제를 야기하고 있다.

에 대거 방출했던 사건에서부터 센강 쉴리 다리pont de Sully 점거, 멸종위기 생물종들에 대한 오마주로 국립자연사박물관에서 벌인 '다이 인die-in'* 퍼포먼스에 이르기까지 다양하다. 어떤 아이디어가 실제로 추진되는 데는 최소한 세 명만 찬성하면 된다. 나머지는 이슈를 급속도로 퍼뜨리는 소셜 네트워크가 알아서 한다. 국제 반란주간 행사가 프랑스에서 열렸던 지난 2019년 4월, 멸종반란은 그린피스와 '지구의 친구들Amis de la Terre', 비폭력 유엔기후협약 21ANV-COP 21 등의 환경단체들과 손을 잡고 다양한 활동을 펼쳤다. 소시에테 제네랄**과 토탈*** 본사, 라데팡스에 있는 환경부 사옥 등을 점거했고, 자전거로 외곽 순환도로를 달리는 자전거 시위도 벌였다. 브라질 대사관 앞에서 항의집회를 여는가 하면 대형 쇼핑몰 앞에서도 방해행동을 벌였다. "저는 탄원서에 서명하고 행진에 참가하고 후원금도 냈어요. 이런 게 저에게 잘 맞는 싸움 방식이더라고요." 오세안이 말했다. 어떤 단체들은 멸종반란 측에 자신들의 이슈를 조명해달라면서 솔직하게 협조를 구한다. 산림보호, 바이오매스****, 에너지…. "우

---

* 여러 사람이 바닥에 죽은 듯이 드러누워 항의를 표현하는 시위 방식. 환경운동, 동물권 옹호, 전쟁 반대, 인권운동 등 다양한 분야에서 활용된다.

** Société générale. 프랑스에서 가장 오래된 은행 중 하나.

*** Total. 프랑스 석유기업.

**** biomasse. 생물 유기체를 태워 얻는 열에너지를 말한다. 나뭇가지 등 사용되지 않는 나무 원료나 축산분뇨, 음식물 쓰레기 등 광범위한 폐기물 재료를 이용한다. 대한민국을 비롯해 많은 나라들이 바이오매스를 차세대 친환경 에너지로 홍보 및 지원하지만, 환경단체들은 이 연소 과정에서 대기오염이 심각하게 유발된다는 점에서 화석연료와 다를 바 없이 기후위기를

리한테 와서 문제를 대략 설명한 다음에 이렇게 말해요. '우린 회원 수가 충분하지 않아서 당신들처럼 할 수가 없어요. 이 주제를 좀 다뤄주실래요?'" 그러면 누군가가 받아서 어떤 직접행동을 제안하기도 한다. "만약에 다른 활동가 세 명이 그 제안을 수락하면 최초 제안자는 스스로 담당자가 되거나 아니면 의욕을 보이는 다른 사람에게 넘길 수도 있어요. 그리고 나면, 시작인 거죠." 2019년 10월, 국제 멸종반란은 전 세계 반란자들이 각기 다른 수도(런던, 파리, 뉴욕 등)에서 동시다발적으로 행동에 나서는 광경도 지켜보았다.

멸종반란의 투쟁은, 맞다, 비폭력적이다. 하지만 동시에 과격하기도 하다. 다리를 점거하고 외곽도로에서 자전거를 달리거나 쇼핑센터에 진입하지 못하게 막는 방해행동들은 그 대가로 최루가스 분사를 당하고, 말도 안 되게 구금이나 심지어 감옥살이를 당하기도 한다. 사실, 다들 아파르트헤이트 효과를 확신한다. 감옥을 무고한 사람들로 채우는 방식 말이다. "굉장히 효과적이에요. 사람들이 감옥에서 결집하고 거기서 중요한 주제들에 대해 논의하는 동안 시스템은 포화 상태가 돼버리는 거죠. 그들은 결국 두 손을 들 수밖에 없어요." 에코시스템이 말한다. "딸이나 아들이 다리 위에서 자기 자신과 인류의 미래를 위해서 평화시위를 벌이고 있는데 거기에 최루가스가 난사되는 광경을 목격한다고 생각해보세요.

가속화한다고 비판한다.

311

그 부모들은 부당하다고 느끼겠죠." 이 운동은 비폭력을 전제로 하면서 단순 시위 참가에서부터 구금, 그리고 후방 지원에 이르기까지 행동 방식의 다양한 선택지가 있다는 점에서 선뜻 용기를 내지 못하던 이들까지 매혹한다. "누구나 자신의 자리를 찾을 수 있고 본인에게 적합한 역할을 맡을 수 있어요. 점거나 시위 최전선에 서거나 아니면 뒤에서 지원을 담당하면서 '평화의 수호자'가 되기도 하고요." 최전선에 한 명이 설 때마다 후방 지원은 열 명이 필요하다. 따라서 역할은 모두에게 돌아가고도 남는다. "우리는 모든 사람에게 36℃까지 오르는 날씨에 얼굴에서 두 뼘 거리로부터 난사되는 최루가스를 맞으라고 요구하지 않아요. 언제든 일어나서 자리를 떠날 수도 있고요. 하지만 어떤 이들은 스스로 행동해야만 한다고 느낍니다." 중요한 것은 단 하나, 스스로의 결단이다. 오세안은 한 무리의 시민들이 쉴리 다리를 점거하겠다고 안시Annecy에서부터 올라온 것을 보고 깜짝 놀랐다. "그들은 목요일 저녁에 퇴근하고 나서 파리로 올라와 외곽에 있는 우리 집에서 자고 다섯 시간 뒤에 일어나 브리핑을 했어요. 다리 위에서는 그 폭염 속에서 최루가스를 뒤집어쓰고, 다시 저녁에 엘리제궁 앞으로 가서 청소년기후행동Youth4Climate에 합류하더라고요." 오세안은 확신한다. 이런 사람들이 엄청나게 많다는 것을.

우리는 실행한다!

2020년 초, 바이러스가 중국을, 그다음에 유럽과 미국을 삽시간에 강타하더니 다시 전 세계를 휩쓸어버렸다. 그러고는 도시들이 봉쇄를 겪은 지 불과 며칠 만에 다들 근본적인 변화가 필요하며 다시는 '예전처럼' 돌아가서는 안 된다고 목소리를 높였다. 모두가 세계적 유행병의 긍정적 결과를 두 눈으로 목격했다. 탄소 배출량이 감소했고(기본적으로 중국 공장들이 문을 닫은 덕분에), 하늘에서는 전염성 높은 바이러스를 전 세계로 실어 나르던 비행기들이 사라졌다. 고속도로가 한산해지고 도시에서도 숨을 쉴 만해졌다. 심지어 파리 거리에서도 새들의 노랫소리가 들렸다. 결국 자연이 제 권리를 되찾게 된 것이다. 코로나 바이러스는 우리에게 여러 질문을 던져주었다. "전염병이나 자연재해가 일어날 때마다 문화는 변화를 겪었습니다." 신경정신의학자 보리스 시륄니크Boris Cyrulnik가 강조한다. 《르몽드》 신문에서 한 코로나 환자는 이렇게 말한다. "코로나 이후는 코로나 이전과는 전혀 다를 겁니다. 어쨌거나 우리가 살아남는다면 말이죠." 얼마나 많은 친구들이 마침내 파리를 떠나 더 느리지만 더 절실하게 살기로 결정했을까? 다시 본질에 집중하고 마당 있는 집을 가꾸면서 그렇게 아이들이 자라는 모습을 보기로 마음먹었을까? 봉쇄를 계기로 얼마나 많은 프로젝트들이 가속이 붙었는지 모른다. 예전부터 붕괴 가능성을 고민하던 사람들은 대체로 남들보다 한발 앞서 움직였다. 그들은 준비가 돼 있었다. 최소한 마음의 준비라도. 이것이 늘 결정적 차이를 만드는 법이다.

주류 언론과 정치적으로 올바른 논객들은 격변론

catastrophisme이 사람들의 사기를 꺾는다고 비난하지만, 어쩌면 그 반대일지도 모른다. 30세 미만의 청년들에게는 두려움이 마치 뒤에서 등을 떠미는 것 같은 작용을 할 때가 많다. 생태주의 운동과 대중 결집 전문가인 뤼크 세말Luc Semal은 스스로 "재난의 그림자" 아래 있음을 느끼는 청년들이 거의 상상도 못할 위험이 다가오고 있음을 자각하자마자 바로 움직이기 시작하는 것을 자주 목격해 왔다. "두려움이 꼭 우리를 위축시키기만 하는 건 아니거든요. 이를테면 전 지구적 환경 재앙처럼 정신 바짝 차리고 들어야 할 그런 합리적인 경고들도 있는 거죠." 사실, 정말로 무시무시한 것은 이 파괴적이고 분주하고 자유분방한 기존의 시스템이 완전히 난공불락처럼 느껴질 때 아닐까? 뤼크가 보기에 격변설은 오히려 생태적 민주주의를 설계하는 데 도움이 될 수 있다. 실제로, 많은 이들이 전환의 길로 몰려든다. 어쨌거나 인생의 방향을 바꾸는 데 붕괴 예측만큼 좋은 기회가 또 있을까? 이 점에 대해 가수 칼륀은 이렇게 지당하게 말한다. "선택의 여지가 없다는 점에서 우린 정말로 운이 좋은 겁니다. 이제 외길밖에 없어요. 아무리 험하고 구불구불해도 웃으면서 가야죠! 인생은 충분히 그럴 만한 가치가 있으니까…." 에리크 르누아르는 이렇게 말한다. "행동은 목숨이 달린 문제다, 끝. 만약에 제가 현실을 개선하거나 세상을 더 긴강하게 하기 위한 행동에 나서지 않는다면 저는 이제 아침에 일어날 이유가 없는 겁니다. 내 아이들과 그리고 다른 아이들에게도 내가 물려받았던 것보다 더 나쁜 세상을 넘겨준다는 건 생각도 할 수 없으니까요. 그러니까 행동하지 않는다는 건 저에게는 어불성설로 보여요.” 2018년에 니콜라 윌로가 사퇴한 뒤로, 그리고 여름마다 폭염이 기승을 부리고 태풍과 홍수 들이 남부 프랑스를 강타하는가 하면 IPCC 보고서들이 기후변화 폭주에 대해 경고한 뒤로, 생태전환 운동들이 다시 활기를 띠고 있으며 개인적 삶의 방향 전환도 속도가 배가되고 있다. 인터넷 플랫폼 ‘우리는 실행한다On passe à l'acte’*에서 운영자 마티아스 라아니Mathias Lahani는 사람들 사이에서 실천에 대한 갈망이 폭발하는 것을 목격해왔다. 14년 동안 이 사이트는 이용자들이 공유하는 다양한 프로젝트와 그 실행에 필요한 노하우와 요령 들을 300페이지도 넘게 축적해왔다. “저는 붕괴론이 너무 좋아요.” 마티아스가 웃는다. “사람들이 우리 사이트에 엄청나게 몰려오거든요! 부정否定의 단계를 지나고 나니까 다들 유의미한 한 가지 질문을 던지게 된 거죠. ‘그래서 난 이제 뭘 하지?’ 평생 우울하게 지낼 수는 없으니까요!” 이제 구체적인 실행은 의식 있는 모든 이들의 화두가 되었다. “플라톤의 동굴에서 우리는 벽에 비친 그림자를 보면서 세계를 상상하죠. 대부분 엉터리 상상이지만요. 행동한다는 것은 이 동굴 밖으로 나오는 것을 의미합니다. 말이 안 되는 것들을 붙들고 좌절하는 게 아니라, 밝은 햇볕 아래로 나와서 거기서 진행되고 있는 일들을 더 개선해나가야 합니다.”

*   https://onpassealacte.fr

IPCC 공동의장 발레리 마송 델모트는 우리가 할 일을 다음과 같이 간단히 요약한다. "감정의 쳇바퀴에서 빠져나와 다음 단계를 계획하시기 바랍니다. 아주 단순한 질문들을 던져봐야 해요. 20년 후에 나는 어떤 모습일까, 무엇을 개선하고 싶을까, 내가 있는 자리에서 겸허하게 할 수 있는 일이 무엇일까?" 사람들은 '우리는 실행한다' 사이트에 와서 단순한 영감에서부터 단체나 인적 네트워크 설립에 필요한 노하우에 이르기까지 각자의 사정에 따라 다양한 정보를 얻는다. 1000개도 넘는 영상 자료는 프랑스 곳곳에서 추진 중인 가지각색의 프로젝트들을 보여준다. 한 정보과학 분야 덕후는 신기술들을 오픈소스로 제공하는 공간을 만들었다. 레로l'Hérault 강을 사랑하는 한 40대 남성은 카누를 타고 강에 버려진 쓰레기를 25톤이나 주웠다. "한 사람의 이 놀라운 힘을 상상해보세요! 그런 사람 50명이 모이면 정말 뭐가 되도 되겠죠." 마티아스 라아니가 감탄한다. 그는 이밖에도 수백 가지계획이 실행에 옮겨지는 과정을 본다. 기상천외한 프로젝트들, 180도 전환을 꾀하는 사업들이 있는가 하면, 컴퓨터를 버리고 삽을 잡은 컴퓨터 과학자들, 깊은 숲속에서 유르트 안에 머물기 위해 모든 것을 버린 고위 관리자들도 있다. 하지만 오해하면 안 된다고 그는 강조한다. 생태주의는 자신과 자신의 이전 경험을 버리라고 요구하지 않는다는 것이다. "우울감에 빠지지 않으려면 자신의색깔을 지켜야 됩니다." 그가 경고한다. "가령, 누구나 쓰레기 재활용을 위해 싸울 수도 있지만 만약에 친환경

이동주택 건축에 더 관심이 많은 사람이라면 그쪽으로 가는 게 낫겠죠. 어떤 이들은 생태주의자인 동시에 계속 영향력 막강한 기업가로서 일할 수도 있다는 것을 인정해야 합니다." 유일하게 중요한 것은 내가 무엇을 할 수 있고 무엇을 하고 싶은지 정확히 이해하는 것, 그리고 내 전문성과 능력이나 재능을 올바로 파악하는 것뿐이다. 실제로, 요즘에는 대다수 프로젝트가 퍼머컬처와 대안학교, 생태장소*, 생태마을, 제3의 장소**, 교육농장*** 등과 관련을 맺는다. 마치 모든 사람이 생태심리학자 조애나 메이시가 말한 현재의 "본질적 모험" 속으로 뛰어들고 있는 듯 보인다. 바꿔 말하면, 많은 이들이 자기파괴적 물질 성장 사회를 지구, 인간, 비인간 사이에 조화를 이루는 생명 존중 사회로 전환하기 위해 집단적, 개별적으로 힘을 보태고 있다는 얘기다. 행동에는 자기 자신을 위해 올바른 길을 선택하게 하는 창조적 힘이 들어 있다. 또한 행동은 해방적인 효과를 낸다. 행동을 통해 사람들은 자신이 추구하는 가치와 조화를 이루기 때문이다. 이제 이들은 한 사람의 주체일 뿐 아니라, 자기 존재의 창

---

*   éco-lieu. 여러 사람이 같이 모여 살면서 생태위기와 경제 위기에 공동 대응하는 일종의 생태공동체 운동.

**   tier-lieu. 영어로는 'the third place'. 미국 사회학자 레이 올든버그Ray Oldenburg의 이론에 뿌리를 둔다. 생태장소와 유사하지만, 생태장소가 특정 마을이나 터전에서 함께 거주하는 생활 공동체인 반면 제3의 장소는 일과 문화 공동체에 가깝고, 개인의 자유와 공동체성을 동시에 강조한다. 생태장소보다 쉽고 가볍게 접근할 수 있다는 점에서 각광받는다.

*** ferme pédagogique. 인도적 방식의 동물 사육이나 식물 재배를 하면서 교육 프로그램을 함께 운영하는 농장들을 말한다.

조자가 된다. "우리는 굉장한 시대를 살고 있는 거예요. 이제 철부지 같은 태도를 버리고 우리 스스로 뒷수습을 하지 않을 수 없게 됐잖아요." 동물권 옹호를 위해 전국을 걸어서 누비고 있는 샤를로트 아르날이 확신에 차서 말한다.

행동에도 각자만의 방식이 있다. 델핀 바토는 생태부 장관으로서 "셰일가스 로비를 좌절시킨 일이나 해충제 네오니코티노이드 사용을 금지시킨 일"*이 무척 자랑스럽다. 하지만 자신의 실패에 대해서도 공정하다. "예전에 제가 생태부 장관이 얼마나 권한이 없는 자리인지 지적한 적이 있는데, 그 말도 잘했다고 생각해요. 저는 후회가 없어요. 개인적으로 실패한 게 아니라 권력을 얻지 못한 거니까요. 그 둘은 서로 다르잖아요." 더구나 그녀는 권력에 대해 아무런 기대를 품지 않는다. "녹색 진영이 사회와 힘의 균형을 이루고 생태 문제가 정부 정책의 중심에 놓인다면 성공할 수 있겠죠. 그런 점에서 정치 프로젝트가 필요한 겁니다." 이것이 그녀가 도미니크 부르그와 함께 '생태비상행동Urgence Écologie'을 통해 풀어나가려 고심하는 과제다.

---

* néocotinoïdes. 전 세계에서 가장 널리 쓰이는 해충제지만 벌 멸종위기의 주범으로 지목된다. 프랑스에서 2016년에 사용이 금지됐으나, 이 책이 출간된 지 대략 5개월 뒤인 2020년 12월에 재도입돼 2023년까지 한시적으로 다시 사용되고 있다.

여럿이 함께!

붕괴론 생태주의자들은 세상에 모습을 드러낸 뒤부터 줄곧 숲속 터전이나 수원이 있는 땅, 낡은 농가, 투자할 작은 마을 등을 물색해왔다. 그러니까 자립의 꿈을 실현하기에 좋을 장소들을 말이다. 나이가 들었든 안 들었든 다들 대도시를 탈출하고 싶어 한다. 대도시는 식량과 생필품 공급에 문제가 발생할 경우 사흘을 견디기 어렵다. 한시적 파리지앵 모임 '르네상스Renaissance'가 결성된 것도 이런 맥락이었다. 양말 차림에 포트럭 방식으로 모이는 월 정기모임에서 회원들은 각자의 탈출 욕구를 털어놓았다. "어떤 지역에 정착할까?", "우리 생태장소에서는 무슨 활동들을 할까?", "파리에서는 뭘 할까?" 이런 주제들이 주로 오갔다. 그날 저녁, 뭐에 홀렸는지 모르겠지만 아무튼 나는 케이크 한 상자를 옆구리에 끼고 거주자 1만 명의 조용하고 아름다운 우리 동네를 홍보할 요량으로 이 양말 차림 모임에 나갔다. 어쨌든 '나 홀로 붕괴론자' 생활이 너무 외로웠으니까. 나는 그들에게 울창한 오트 숲과 강, 새 주인이 환기시켜줄 날만 기다리는 오래된 반⁴ 목재 주택들, 유기농산물 재배 농가의 부재, 아무 사업도 하지 않는 선출직 공직자들, 40퍼센트에 육박하는 극우 세력의 목소리, 변화라면 질색하는 고집불통 은퇴자들, 지역 우파와 그들의 안전(및 도시 환경미화)에 대한 놀라운 집착, 나면서부터 만족을 모르는 장사꾼들, 생태주의자들의 외로움, 기후위기를 믿지 않는 포도 농가 주인들 등에 대해 이야기했다. 그 후 르네상스는 1년 남짓 되는 기간 동안 우리 집 보리수 아래 모여 토의를 했는데, 결론을 간단히 말하자면 이렇다. 새로운 '전환파들transitionneurs'이 이미 새로운 터전으로 이주했거나 이주 중이고, 이들은 통조림 제조장과 물자 저장고, 그리고 약초를 재배하는 공동 텃밭을 만들고 싶어 한다는 것.

바스큘 운동mouvement La Bascule(정계와 제도권에 압력을 행사할 효과적 수단을 마련한다는 목적 아래 대학 휴학생들을 중심으로 조직된 시민 로비운동)의 지부 하나가 2008년 일반 공공정책 개혁 때 폐쇄된 군부대 병영시설에 들어올 예정이다. 시의원들은 이 새로운 프로젝트를 흔쾌히 떠맡았고, 이들의 정착을 돕기 위해 여러 혜택과 조치 들을 마련 중이다. 이를테면 지역보조금, 건물 재정비, 다양한 진단과 점검 등이 그것이다. 실제로 시는 발 빠른 진단을 통해 지역 전체에 흩어져 있는 시 소유 미개발 대지 60만 제곱미터를 찾아냈다. 여기에 과일나무를 심어야 할까? 지역 단체들에게 쓰라고 나눠줄까? 전문가들의 손에 맡겨야 하나? 시 농민위원회는 그들대로 아이디어를 발전시켜 나가고 있고, 다양한 프로젝트가 쇄도하는 가운데 시의원들은 곧 찾아올 잠정적 새 주민들에게 최선을 다해 호응하려 노력 중이다. 그런가 하면 2020년 1월에는 르네상스 협회l'association Renaissance가 설립되었다. 새로운 주와니 구성원들을 이미 활동 중인, 그러나 아무 연결망 없이 흩어져 있던 사람들과 연결해주기 위해서였다. 이렇게 해서 욘 지방의 퓌제Puisaye에서 주와니를 지나 오세루아Auxerrois를 아우르는 지역에 생태

전환을 매개로 한 인적 네트워크가 넓게 드리웠다. 이 지역 터줏대감인 녹지 예술가 에리크 르누아르가 보기에 사람들을 자꾸 모이게 하는 것은 다름 아닌 시대다. "요즘에는 다들 무리를 짓고 있어요. 이건 분명한 사실입니다. 마치 우리 유전자에 새겨진 어떤 원초적인 기능이 지금 최악의 적수가 다가오고 있으니까 어서 모이라고 종용하고 있는 것처럼 말이죠. 우리는 지금 최대한 상호보완적으로 판을 짜고 있는 겁니다. 미래에 대비하고 성벽을 쌓거나 다리도 놓으면서 같이 살아남을 수단을 마련하는 거예요. 꽤 낯선 풍경이지만 무척 즐거운 일이기도 합니다."

우리 주와니 공동체의 시초는 2020년 3월 14일, 워크숍과 다양한 교류 프로그램 들이 준비됐던 '주와니 만남의 날'이 될 예정이었다. 아르멜은 드럼통 두 개를 가져와 이 지역 언덕에서 자란 피노 누아르* 포도즙을 가미해 주와니 산産 맥주를 만들 계획이었다. 브뤼노는 자유 전자화폐, 일명 '쥔june'**에 대해 강연했을 것이다. 제시카는 자신이 상속받은 페이 성Château du Fey과 그 주변 40만 세곱미티의 숲, 2000제곱미터익 채소 경작지를 사

---

*　Pinot noir. 유명한 포도 품종의 한 계열로, 와인 자체를 가리키기도 한다. 부르고뉴·상파뉴 지방에서 주로 자란다.

**　2008년 금융위기 이후 프랑스 수학자 스테판 라보르드Stéphan Laborde가 고안한 화폐의 한 형태. 2017년부터 주로 프랑스에서 유통되어 현재 이용기가 3000명가량 된다. 이용자를 은행과 채무, 모든 중앙집중식 기관들로부터 자유롭게 하고 불평등을 완화한다는 취지다. 에너지 소비를 최소화하는 친환경 방식으로 제조, 유통된다.

람들과 같이 둘러보고, 원하는 사람들에게 투자하게 할 예정이었다. 그런데 코로나 바이러스로 인한 전국 봉쇄령이 행사일 이틀 뒤부터 시행될 예정이었고, 우리는 결국 일정을 모두 취소할 수밖에 없었다.* 그렇지만 곧이어 우리의 연대가 유례없는 결속력으로 이루어져 있음이 드러나게 되었다. 그러니까 유례없는 랜선 술자리를 얘기하는 게 아니다. 진짜 연대 속에서 서로의 근황과 진척 상황들을 수시로 공유하며 지냈다는 얘기다. 누군가는 다른 이들을 위해 씨앗을 심었고, 누군가는 마스크를 만들었으며, 또 누군가는 모두를 위해 묵묵히 밭을 가꿨다. 지켜야 할 존재의 진실과 정의와 평화 속에, 지켜야 할 사람들과 함께, 지켜야 할 방식대로 머물기. 왜냐하면 다가오는 위기가 우리에게 이렇게 질문을 던지니까. 누구와 함께, 무엇을 하고, 어떤 사람이 될 건데?

이 질문은 최근 몇 년 새, 그리고 코로나 바이러스 이후로는 더욱 비길 데 없는 변화를 이끌어내고 있다. 2018년 9월, 니콜라 윌로의 사임(이 사건이 얼마나 큰 변곡점이 됐는지 아무도 모른다) 직후, 그랑제콜** 학생들과 대학생들이 "생태적 각성을 위한 대학생 선언"을 발표했다. 지금까지 3만 2000명이 서명한 이 선언서는 "위기를 맞은 경제체제, 자원 고갈, 낭비, 과소비"를 지적하면서 "진정한 각성과 생태적 변화"를 촉구하고 있다. 그리고 학생들은 환경 정책이 없는 회사에는 이력서를 넣지 않겠다고 경고한다. "첫 취업이 다가옴에 따라 우리는 우리가 속한 시스템이 우리의 성찰과는 맞지 않는 일자리로 우리를 이끌고 있으며 매일의 갈등과 모순 속에 우리를 가두고 있음을 깨닫는다." 전 생태부 장관 델핀 바토는 이 새로운 정치 세대의 출현에 기쁨을 감추지 못한다. "2년 전만 해도 수백 만 명의 젊은이들이 같은 날 지구를 위해 거리로 쏟아져 나오리라고 예상한 사람은 없었어요. 이 새로운 세대는 현실을 분명하게 인식하고 있고, IPCC의 보고서들도 다 읽고 있죠. 이들은 부정 속에서 살지 않을뿐더러 이미 다른 가치 체계를 가지고 있습니다." 생태비상행동(유럽의회 선거에서 41만 1000표 득표)을 설립한 델핀은 이제 그들의 시작을 거들고 싶어 한다. "저는 이들이 권력을 잡게 도와주고 싶어요. 제가 일했던 경험도 같이 나누고요. 이들이야말로 진정한 변화를 일으킬 세대니까요." 실제로, 알테르나티바Alternatiba, 비폭력 유엔기후협약21, 멸종반란과 같은 저항운동에 동참하는 이들 중에는 20대가 무척 많다. 샤를린 슈메르베르는 설문 조사를 통해 수많은 학생들이 더 유익한 직업에 종사하고 싶어 한다는 사실을 발견했다. 그들은 자기계발을 하고, 자료를 모으고, 로테크 쪽으로 방향을 돌리고, 퍼머컬처 수련을 위해 경영학과를 포기한다. 어디나 비슷한 현상이 관찰된다. 기업들은 그 '존재이유'가 이윤의 극대화에 한정될 때는 사원 모집에 어려움을 겪는다. 젊은이들은 의미를 찾고 있다. 시민 로비

단체 바스퀼에서는 일례로 대학을 졸업한 서른 살 미만의 청년들이 진로를 잠시 미뤄두고 지역 생태전환 운동을 벌인다. 같이 일하자며 그들에게 탐나는 조건들을 제시할 기업들에게는 안타깝게도 기회가 없는 셈이다. 제일 나이가 많은 축도 서른 살이 채 되지 않은 이 청년들의 일부는 핵폐기물 엔지니어, 초등학교 교사, 심리운동사, 건축가, 엔지니어, 자산관리사, 상담사, 학생, 컴퓨터 과학자, 또는 재무나 보건, 커뮤니케이션 종사자 등 다양한 분야에서 활동하기도 했지만, 더 이상 가쁜 숨을 헐떡이는 세계 속에서 직장과 집만 오가는 의미 없는 생활을 하고 싶지 않아 방향을 틀고 있다. 회복탄력적인 미래와 퍼머컬처 농법의 당근 농사를 꿈꾸면서 직장을 떠나는 것이다. 이들은 1970년대처럼 키부츠나 히피 공동체로 들어가지 않고, 공생의 새로운 형태들을 실험하며 공동의 미래를 발명한다. 우리는 그들을 '콜랍소노트'*라고 부른다. 이는 신조어로, 명확한 의식을 가지고 전환의 길로 들어선 이들을 가리킨다. 이 망명자들은 어슬렁거리면서 이 길에 당도하지 않았다. 백방으로 찾아다니고, 고심하고, 더듬더듬 짚어가면서 다양하게 경험한 뒤에 뛰어들었다. 이들은 주말마다 친구들끼리, 수련생들끼리, 졸업생들이나 미래 룸메이트들끼리 생태장소들을 견학하러 다닌다. 이 청년들은 행동하고, 토론하고, 연합

---

* collapsonaute. '붕괴collapse'와 항해자, 탐험가 등을 가리키는 접미사 'naute'의 합성어.

하고, 결집한다. 공동체를 재편성하고 싶어 하고, 자신들의 시간을, 자원을, 지구 생명을 더 잘 돌보고 싶어 한다. 사실, 이제 잃을 것도 별로 남지 않았다! 이들은 화려한 대도시를 떠나 조그만 땅뙈기를 찾고, 고쳐 쓸 농장이나 되살릴 시골 마을, 새로 활력을 불어넣을 코뮌*을 물색한다. 이것이 이들이 원하는 전부다. 사회 구성원들의 이 새로운 흐름 속에는 비상사태라는 절박한 위기의식이 깔려 있다. 우리가 할 수 있는 것, 좋아하는 것을 지금 당장 하지 않으면 안 되는 것이다. "믿기 어려울 정도로 많은 사람들이 머릿속에서 폭탄이 터진 거죠!" '세상의 다음la Suite du Monde' 설립자 니콜라 부아쟁Nicolas Voisin이 빙긋 웃는다. "제가 보기에 사람들의 20에서 50퍼센트는 생태불안에 대해 말하는데, 이 불안이 행동에 나서게 하는 동기가 되는 거예요." 이런 거센 물결은 모두 2006년 롭 홉킨스Rob Hopkins가 영국 토트네스 마을에서 시작한 전환운동에 빚을 지고 있다. 이 운동을 기점으로 전 세계 50여 개국에 2000곳도 넘는 전환마을들이 생겨났기 때문이다. 프랑스의 경우, 전국 150개 이상의 도시에 전환그룹이 조직돼 있다. 목적은 동일하다. 생태위기와 기후재앙, 고갈돼가는 화석연료와 금속, 생물종 다양성 붕괴 등의 문제에 더욱 회복탄력적으로 대처하기 위해 각자의 지역에서 구체적으로 행동한다는 것이다. 그리고 희망사항을 조금 보태서, 이런 지역 운동을 통해 생태위기

*　　가장 작은 기초행정구역으로, 면이나 읍 정도 규모다.

를 막아내는 데도 기여하겠다는 것이다. 물론 어디부터 시작해야 할지, 어떤 사업이 제일 적합할지 아는 사람은 아무도 없다. 바로 그렇기 때문에 진지하게, 의지가 정말로 확고한 사람들과 함께, 에너지와 매뉴얼*도 가지고 시작해야 하는 것이다. 『생태전환 성공하기Réussir la transition écologique』에서 저자 그레고리 데르빌Grégory Derville은 롭 홉킨스의 기본 개념들을 가져와 프랑스 모델에 적용한다. 그는 지역의 작동 방식을 전환할 수 있는 아홉 가지 구조, 또는 아이디어를 설명한다. 농업 실험장, 생산자 매장, 통합텃밭**, 리페어 카페***, 재활용센터, 자전거 참여작업장****, 협동조합 매장, 공동 주거지, 지역화폐 등이다. "매번 나는 이러한 구조들이 왜 적절한지 알려주고, 기존 사례들, 방법과 절차, 범하지 말아야 할 실수들, 사업자 지원 네트워크, 재원 마련 방법 등에 대해 상세히 설명한다." 이 아홉 가지 구조에 나는 참여형 과수원을

---

* 매뉴얼은 www.entransition.fr(프랑스어), 또는 www.transitionnetwork. org(영어. 한국어 번역 기능도 있다)에서 볼 수 있다. 또한 한국에서는 '전환마을 은평'을 비롯해 서울 몇몇 지역과 일부 지방 도시에 전환마을들이 운영되고 있다.

** jardin d'insertion. 빈곤계층, 전과자, 장애인 등 배제와 소외를 겪는 사람들에게 텃밭 가꾸기를 통해 치유와 사회통합의 기회를 제공한다는 개념이다.

*** repair café. 세계적 재생 및 지역 운동의 하나. 수리에 필요한 연장과 장비는 카페에 준비돼 있고, 이용자들은 의류, 가구, 진자세품, 자전거 등 수리가 필요한 거의 모든 종류의 물건을 가져와 전문가들의 도움 아래 직접 고쳐갈 수 있다. 비용은 기본적으로 무료이며, 기부금을 받는다.

**** atelier vélo participatif. '자립적 자전거족vélonome'을 목표로 자전거의 기계적 원리와 수리 방법을 직접 배우는 작업장.

하나 더 추가하겠다.

마을 전환사업에 뛰어들기 전에 한 가지 유념해야 할 것은 그룹이 건강한 사람들로, 다시 말해 쉽게 지치지 않는 이들로 구성돼야 한다는 점이다. 모든 매뉴얼이 조언하듯이 이는 제일 중요한 요소 중 하나다. 공동 사업을 만들어 추진하다 보면 과로와 번아웃이 생기기 십상이고, 그 뒤를 이어 무능, 언쟁, 서로 간의 몰이해 등의 문제가 불거질 위험이 높기 때문이다. 다양한 인력과 실천이 요구되는 만큼 이 운동의 가장 약한 고리는 헌신할 준비가 돼 있는 구성원들과 그들의 정신 건강, 그리고 제한된 시간이다. 어떤 단체를 세워서 행사를 기획하거나 사업을 진행해본 적이 있는 사람들은 다 안다. 하루는 24시간밖에 되지 않고, 자원활동가들은 주로 퇴근 후저녁 시간이나 주말, 휴가 때만 넘쳐난다는 것을. 따라서 전환 그룹들은 피에르 라비Pierre Rabhi의 말마따나 "빌어먹을 인적 요소", 즉 에고, 권력, 돈, 숨은 알력과 저열한 감정까지 포함하는 그 골 아픈 사람 문제와 타협하지 않으면 안 된다. 얼마나 많은 조직이 내부 갈등과 다툼, 입밖에 내지 않는 말과 미묘한 김정 때문에 결국 와해됐던가? 얼마나 많은 활동가가 개인적인 자유시간을 지켜내지 못하거나 단순히 조직의 대의와 적정 거리를 두지 못한 까닭에 탈진의 위험 신호를 보내는가? 얼마나 많은 염려와 불안들이 실리 정책의 제단에서 무시당하고 마는가? 내 안에서 잠자는 작은 베니토 무솔리니는 걸핏하면 남들의 일처리 방식이나 사고방식에 대해, 그들이 잘 못하거나 미흡하게 하는 부분에 대해, 그들의 그릇된 인식이나 시각에 대해 모진 말들을 내뱉는다. 나도 집단지성이나 비폭력 대화법을 써보려 하지만, 그보다는 먼저 독단적이고 남의 말을 잘 들으려 하지 않는 내 마음 씀씀이부터 고쳐야 할 것이다. 그다음에 콜랍소노트들에게는 지역 텃세를 이겨내는 문제가 빠르게 제기된다. 저 사람들은 남의 동네에 와서 뭘 하는 거야? 여기에 무슨 보탬이 되겠다고? 누가 유기농 채소 농사꾼이 한 명 더 필요하대? 리페어 카페는? 재활용센터는? 보보스*들이 이 한물간 도시에 무엇 하러 왔을까? 알지도 못하는 지역에 와서 정치에 끼어든다고? 주민들이 뭐가 필요한지는 관심도 없으면서 자기네가 필요한 걸 얻겠다고? 부동산 가격만 잔뜩 올려놓는 거 아니야? "저 사람들이 집을 사니까 가격이 오를 테고, 나는 기회를 잃게 될 거야!" 내가 수차례 들었던 말이다. 다시 한 번 마르쿠스 아우렐리우스에게 도움을 청하자면, 우리 모두 바꿀 수 있는 것과 바꿀 수 없는 것의 차이를 분별할 만큼 현명해지자.

---

* bobos. 부르주아와 보헤미안의 합성어. 부유하고 학력이 높으며 온갖 문화적 혜택을 누리고 살면서 환경 문제에 관심이 높고 정치적으로는 대체로 좌파를 지지하는 사회계층을 가리킨다.

혁신

일상에 뿌리박은 완고하고 낡은 세계는 저절로 무너지지 않을 것이다. 지금은 모든 종류의 혁신이 가능한 시대다. 물론 여기서 말하는 혁신은 우리를 대체 가능하고도 멍청한 상품으로 전락시키는 그런 기술의 부수물들이 아니라, 우리의 상상의 한계 말고는 아무 한계가 없는 사회의 혁신, 지성의 혁신이다. 코로나 바이러스 이후 거의 모든 것이 엉망이 된 까닭에, 우리는 이전까지 한 번도 해본 적 없는 실험들을 해볼 수 있게 됐다. 비범한 노력을 쏟으면서 세상의 종말에 맞서 맹렬한 저항으로, 창의적이고 즐거운 태도로, 그리고 전복적 사고에 바탕을 둔 다양한 대안들로 싸울 것인가는 이제 우리의 선택에 달렸다. 법적, 정치적, 공동체적 발명들이 도처에서 활기를 띠고 있다. 15년 경력을 통틀어 나는 이런 경우를 한 번도 본적이 없다. 실제로, 실패할 운명일 때조차 발명은 우리의 상상과 가능성을 활짝 열어준다. 그러니까, 이것만으로도 이미 하나의 승리다.

넘쳐나는 사업들

기후시민의회에서 우리의 친구 시릴 디옹은 (무엇보다 이 의회를 설립하자고 대통령의 귀에 속삭거린 당사자로서) 작은 규모의 스토코크라시stochocratie 실험을 밀어붙였다. 스토코… 뭐라고? 그리스어 '스토카스티코스stokhastikos'는 '추측에 의한, 무작위의'라는 뜻이고, '크라토스kratos'는 '힘, 권력'을 가리킨다. 그래서 스토코크라시는 지역, 또는 전국 규모 선거에서 인민의 대표들을 제비뽑기로 선출하는 정치체계를 의미한다. 지금도 이 스토코크라시 방식이 남아 있는 경우는 형사재판에서 피고의 운명을 판가름할 배심원들을 뽑을 때뿐이다. 그런데 더욱 집단적인 현안을 다룰 때도 이 방식을 적용하지 못할 이유가 뭘까? 2019년 9월, 제비뽑기에 뽑힌 뒤 스스로 수락 의사를 밝힌 시민 150명이 기후시민의회 의원으로 임명됐고, 대부분 기후 문제 초보자였던 이들은 같은 해 10월부터 2020년 4월까지 중대한 임무를 수행했다. 2030년까지 이산화탄소 배출량을 40퍼센트 감축할 법안들을 만드는 것. 이들은 총 일곱 차례의 주말 회의를 열어 과학자들의 의견을 듣고, 자료들을 취합하고, 쟁점들을 공부해가며 마침내 해법들을, 조금 짜증나는 해법들을 찾아냈다. 자, 생각해보자. 이들은 몇 주 동안 세탁기 드럼 안에 들어갔다 나왔다(운이 좋게도). 에마뉘엘 마크롱은 이들의 제안을 국민투표 안건이나 법안으로 수용하겠다고 직접 약속했다. 승리일까? 천만에! 이 평범한 시민들은 아주 까다로운 규칙들을 지켜야했다. 먼저 법률 용어를 써가며 조항들도 만들고 진짜 법안처럼 도저히 이해 불가한 완벽한 문체로 작성해야 했다. 그런 다음 추적 시스템을 도입하고, 법안이 미칠 직간접적 영향(관련 직종들, GDP에서 해당 부문이 수행하는 경제적 역할 등)을 평가하는 것은 물론, 시행에 이르는 시간표도 짜고 자금 조달 방안까지 연구해야 했다. 추첨으로 뽑힌 일반 시민 150명이 이런 일쯤은 당연히 7주 만에 해낼 수 있다는 듯이 말이다! 더구나 집단지성을 활용할 수 있는 어떤 장치도 없었고, 그나마 도움이 있었다면 성공적으로 평가되는 대국민토론Grand Débat을 주최했던 정부기관의 담당자들 정도가 전부였을 것이다. 이는 기후시민의회가 날아오르기도 전에 날개를 잘라버린 것과 마찬가지였다. "악마는 디테일에 있죠." 전문가의 한 사람으로서 대통령이 경고했다. "6개월 뒤에 보니 특정 부문이 배제돼 있는 그런 결과가 나와서는 안 됩니다. … 저 자신이 그런 상황에 놓여봤으니까요."* 아듀, 급진성이여.** 탄

---

*   질레존 시위를 촉발했던 유류세 인상 정책을 암시한다. 유류세 인상은 탄소세 부과의 취지였지만 그 부담을 운수노동자와 도시 외곽에서 출퇴근하는 저소득층에게 떠넘긴다는 점에서 사회경제적 불평등 문제를 전면에 부각시켰다. 질레존 시위에 대한 대응 중 하나로 2019년 초에 대국민토론이 개최됐고, 이 자리에서 기후 문제를 공정하게 해결하기 위한 기후시민의회 결성이 제안되었다.

**   친경 저문 미디어 reporterre.fr의 보도(2021년 3월)에 따르면, 기후시민의회의 입법 제안 149개 가운데, 싱부기 입안 그대로 수용한 법안은 10퍼센트(15개)에 불과하다. 다만 37퍼센트(55개)는 수정을 거처 수용되었나.
https://reporterre.net/Convention-pour-le-climat-seules-10-des-

소배출량을 극적으로 감소시키려면 급진적인 정책이 필요하지만, 이런 식이라면 지구 온난화가 배꼽을 잡고 웃을 것이다. 왜냐하면 우리는 10년 안에 아무것도 낮추지 못할 테니까! 그럼에도 불구하고 기후시민의회는 프랑스 사회가 오랫동안 경험해보지 못한 참여 민주주의의 혁신이었다. 글쎄, 그 이전에 마지막으로 경험한 건… 여성 투표권 인정이려나?

사법 분야 역시 이제 다양한 혁신이 법원을 주도한다. '세기의 소송Affaire du siècle'은 네 개의 NGO, 즉 그린피스, 자연과 인간을 위한 재단Fondation pour la Nature et l'Home, 옥스팜Oxfam, 노트르아페르 아투스Notre affaire à tous가 국가를 상대로 제기하는 소송행동이다. 동기는? 국가가 지구 온도 상승을 1.5℃로 제한하기 위한 노력을 충분히 기울이지 않았기 때문에. 결국 인간 사회 전체에 만연한 이 방임주의가 모두를 위험에 빠뜨리고 있다는 문제의식이다. 정부의 직무유기에 대한 법원의 인정을 받아내기 위한 이 법적 행동은 불과 48시간 만에 시민 100만 명, 3주 만에 200만 명 이상의 지지 서명을 얻어냈다. 만일 판사가 국제법(기후변화에 관한 국제연합기본협약, 파리기후협약 등), 유럽법(기후 에너지 패키지, 재생에너지 사용 촉진에 관한 지침 2009/28/EC), 유럽평의회법 Conseil de l'Europe(유럽인권보호조약), 그리고 물론 프랑스 국내법(헌법, 에너지 전환에 관한 법률, 중장기 에너지

propositions-ont-ete-reprises-par-le-gouvernement

발전 프로그램)에 의거한다면 정부가 기후위기 악화를 막는 데 필요한 조처들을 취하도록 강제할 수 있을 것이다.* 프랑스에서 진행 중인 이 '세기의 소송'은 네덜란드에서 열린 한 소송에서 영감을 얻었다. 2015년 6월, 환경단체 우르헨다Urgenda와 공동 고소인 886명의 시민들이 기후변화 대응 책임을 소홀히 한 네덜란드 정부를 상대로 승소를 거둔 것이다. 당시 1심 판결에서 법원은 유럽인권보호조약 2조와 8조를 근거로 국가에 온실가스 배출량을 2020년 말까지 최소 25퍼센트 이상 감축할 것을 명령했다. 이 판결은 2019년 12월이 되어서야 대법원에서 확정되어 우르헨다와 886명의 시민들에게 최종 승리를 안겨주었다.

다른 사법적 혁신들도 다양하게 일어나고 있다. 이를테면 자연의 권리나 에코사이드écocide** 개념을 인정한 사례 등이 그것이다. 여기서 우리는 다시 사고의 틀을 전환해서 이번 세기가 환경법environnement에서 생태법écologie

---

* 2021년 2월 3일, 파리행정법원은 환경단체들로 구성된 원고 승소 판결을 내리고, 원고 측이 상징적으로 내걸었던 1유로 배상금을 지급하라고 정부에 명령했다. 또한 7월 1일에는 국가평의회(Conseil d'État, 프랑스 최고행정재판소)가 정부가 '2030년까지 온실가스 40퍼센트 감축'이라는 유럽연합의 합의를 이행할 정도로 충분한 노력을 기울이지 않고 있다고 판결하고, "필요한 모든 조치"를 취하라고 명령했다. 국가평의회는 9개월 뒤인 2022년 4월에 정부의 노력을 재평가해 부족할 경우 벌금을 부과하겠다고 엄포를 놓았다.

** écocide. 생태계를 고의로 생명위해게 꺼피하는 범죄 행위를 뜻한다. 특정 지역의 자원을 고갈시키거나 그곳의 생태계를 위험에 빠뜨리는 행위 등이 포함된다. 대량학살을 의미하는 '제노사이드genocide'에서 유래했다.

으로 넘어가는 전환의 세기가 되기를 바라야 한다. 환경법은 인간의 필요와 쓸모에 따라 자연을 보호하고자 하지만, 생태법은 법체계가 인간과 비인간이 같이 살아가는 생태계를 위해 작동하게 하려는 접근이다. 아직 갈 길이 멀지 않나? 맞다, 멀다. 자연과 여전히 강하게 연결돼 있는 곳을 제외하면. 2017년, 뉴질랜드는 황거누이 Whanganui강에 인간과 동등한 법적 권리를 부여했다. 판결문은 마오리족 이름으로 '테 아와 투푸아Te Awa Tupua'라고 불리는 이 강이 "산에서 바다까지, 그 지류들과 모든 물질적, 형이상학적 요소들을 포함하여" 살아 있는 하나의 독립체임을 인정했다. 이렇게 해서 황거누이 부족이 임명한 대리인 1명과 정부가 뽑은 대리인 1명이 그 강의 모든 권리와 권한을 대변하게 되었다. 이 두 대리인은 법정에서 마치 성인 후견인이 아이의 이름으로 의사를 표명하는 것과 똑같이 강의 이름으로 의사를 표명한다. 황거누이 부족은 강의 주인이 아니다. 현재와 미래 세대를 위해 강을 보호하는 임무를 맡은 관리자다. "부족은 보상금 명목으로 8000만 뉴질랜드 달러를 받았고, 또한 강의 상태 개선을 위해 3000만 뉴질랜드 달러를 수령했다."* 그나저나 내 발 아래까지 흐르는 욘강은 언제 살아 있는 독립체의 지위를 얻게 될까? 숲은? 산은?

단체들은 스스로 변화의 주체가 되어 국가의 방임을 대체할 때노 비상한 능력을 발휘한다. 야생동물보호협회

---

* 《르몽드》 2017년 3월 20일자. [원주]

ASPAS는 그 이름에서 알 수 있듯이 오소리에서부터 까마귀, 늑대, 양서류에 이르기까지 기억 속에 사라져가는 야생동물들의 목소리를 대변한다. 이들은 특히 무가치하다거나 성가신 존재로 취급받는 종들, 사냥에 시달리거나 콘크리트 포장으로 서식지를 빼앗기는 종들에 대해 애착을 갖는다. 1987년부터 이 협회는 야생동물 보호구역들을 설립해왔다. 이 구역들 안에서는 애정과 호기심을 가지고 조용히 산책하는 정도를 제외하고는 어떤 인간 활동도 허용되지 않는다. 이것은 프랑스에서 가장 강도 높은 보호 조치다. "야생생물에게 땅을 더 많이 돌려주어 그들의 원활하고 자유로운 생명 활동을 보장할수록 우리는 과도하지 않은, 우리에게 적합한 정도의 공간을 되찾게 된다." 심지어 이 협회는 막강한 세력들의 미움을 살 줄도 안다. 정부도 감히 어쩌지 못하는 사냥, 농업, 관광 분야 로비 단체들, 부동산 개발업자들의 비위를 거스르는 것이다. 2019년, 그래서 협회는 수표책을 꺼냈다. 한 상속자가 매물로 내놓은 베르코르 산맥의 490만 제곱미터에 달하는 땅을 사들이기로 한 것인데, 이 땅의 절반은 가두리 사냥터로 운영되고 있었나. 여러 재단과 개인 후원자, 크라우드펀딩(헬로아소HelloAsso에서 100만 유로 모금) 덕분에 협회는 토지 매입과 사냥터 임대계약, 공증 등에 필요한 총 비용 235만 유로를 모두 끌어모았다. 이제 이곳에서는 조용한 산책 이외에 어떤 활동도 허용되지 않는다. "관리하지 않는 게 관리입니다." ASPAS 회장 마들린 레이노Madline Reynaud의 말이다. "목표는 자연

보존구역, 동물 안전지대와 식물 야생지대 들을 복원하는 겁니다." 따라서 이 구역들 안에서는 식물채집도, 벌목도 없고, 무엇보다 소총도, 일요일 사냥 중에 즐기는 야외 점심식사도 없다. 똑같은 원리가 오트사부아 지역에서도 적용되고 있다. 숲 보호운동 단체 '살아 있는 숲 Forêt vivante'이 온건한 조림사업을 추진하고 사냥을 금지하기 위해 아라비스 산맥에 있는 10만 제곱미터의 숲을 사들인 것이다. 단체나 개인 들이 토지를 사들이는 이런 보호구역 운동은 모방 사례가 많이 나올 만하다. 그래서 말인데, 우리 집 근처에 275만 제곱미터에 이르는 삼림지대가 170만 유로에 나와 있다. 내 ZSH 프로젝트에 동참할 사람? ZSH는 '인간금지구역Zone Sans Humains'의 약자다. 일단 나는 30유로를 낼 용의가 있다. 그러니까 5만 7000명만 더 모이면 된다!

희망이 죽었다고? 행동이여, 영원하라! 다들 알다시피 몸을 움직이면 더워진다. 그리고 모든 것이 더워지더라도 우리가 열심히 움직이는 것이 필경 가장 영리한 대응일 것이다. 또 다른 혁신은 모험을 해보고 싶어 하는 이들에게 해방의 수단과 방법을 제공하고자 한다. 분노하는 사업가이자 조금 괴짜이기도 하고 불온하기 짝이 없는 니콜라 부아쟁은 입자가속기다. 1초에 아이디어 3000개를 떠올린 다음 기본적인 세 범주에 따라 분류한다. 즉, 싸우거나, 버리거나, 세우거나. "얘기도 그만하고 험담도 그만해야 해요. 이젠 행동을 해야죠. 나의 균형감과 우울을 모르는 정서는 반짝거리는 행동들에서 나온

답니다." 담배를 입에 문 채 그가 확신에 찬 눈빛으로 활짝 웃는다. 그는 장마르크 강실Jean-Marc Gancille과 파블로 세르비뉴를 비롯해 열두 명의 친구들과 뜻을 모아 '세상의 다음La suite du monde'을 공동 설립했다. 이 단체의 슬로건은 단순하다. "해방의 땅을 삽시다." 이들은 자치적으로 운영되는 지역협동조합인 '상상코뮌Communes imaginées'을 세우고 싶어 하는 이들의 출발을 돕는다. 코뮌들은 각각 10여 개의 작은 농지들로 이뤄진 '공유지'를 부여받을 수 있다. "이 농지들은 대개 농부들의 관심을 끌지 않는 땅이에요. 우리는 이 땅을 사들여서 평방미터당 30상팀*에 임대를 주죠. 당연히 밭은 공동으로 일구는 거고요." 니콜라 부아쟁이 설명한다. 그리고 (임대용) 여인숙들은 기꺼이 손에 흙을 묻힐 준비가 돼 있는 사람들에게 열려 있다. 물론 코뮌을 시작하는 데 필요한 금전적, 기술적, 법적 도움이나 의사소통과 조직화를 위한 토대들도 제공한다. '세상의 다음'은 참여형 출자를 통해 모인 15만 유로 이상의 자금으로 공동 토지구매도 돕는다(5만 유로 상당 지원). 가장 성공적으로 정착한 코뮌은 페리고르 리무쟁 지방자연공원 안에 위치한 도르도뉴 지방 방디아Bandiat다. 방디아 상상코뮌은 모인 자금의 일부를 털어 총 10여만 제곱미터에 이르는 여섯 구획의 토지를 마련했다. 그리고 '세상의 다음'은 마을에 있는 호스텔 두 곳을 운영하면서, 가까운 시일 내에 도시를 뜨고 싶지만 아

---

* 원화로 400원가량.

339

직 구체적인 사업 계획은 없는 이들에게 세를 준다. 호스 텔에서는 방값은 낼 수 있는 만큼 내면 되고, 관리는 거 주자 자치로 해나간다. 조합에서 운영하는 바bar와 공유 상점이 있고, 지역 공예가들의 공간도 있다. 그런가 하면 재활용센터, 양봉장, 이동식 도축장이나 조합 냉장실 설 치 등 다양한 사업을 둘러싼 회의도 수시로 열린다. "20 년 전에 이런 공동체를 했으면 유토피아 같았을 거예요. 하지만 지금은 이렇게 하는 게 당연해 보이고, 심지어 하 지 않으면 안 되는 것처럼 보이죠." 니콜라 부아쟁이 말 한다. 게다가, 이제는 이런 공동체를 둘러보러 가는 것도 지극히 자연스러워 보인다. (거의) 모든 사람에게 문이 열려 있기 때문이다. '세상의 다음'은 결연한 반파시스트 (다양성 지지자), 반가부장주의자(에코페미니스트), 반자 본주의자(정의와 공정 추구자) 등의 울트라 좌파와 친하 게 지내지만, 주류 흐름에서 밀려난 에코 럭셔리 부류들 도 받아준다. 이를테면 계파 통합운동을 추구하는 셈. 이 제 사람들은 모든 것을 버리고 떠나기 전에 자신의 변 화 역량을 진단해볼 수 있고, 다른 방식의 삶에 대한 꿈 을 시험해볼 수 있다. 이러한 이유로 방디아 상상코뮌에 는 설립 초기부터 자치를 경험해 보기로 마음먹은 결연 한 붕괴론자들이 몰려들었다. 이들은 "일단 한번 보려 고" 와서 이틀이든 두 달이든 머물며 직접 경험해본다. 생활공간은 분산돼 있고, 타인들과 공유하는 시간도 개 인의 선택에 달렸다. 누구도 꼭 다른 구성원들과 같이 지 내거나 공동체 생활을 감내해야 할 필요는 없다. "늘 제일 최근에 도착한 사람에게 우선권이 주어집니다. 그러니까 그곳에서 지낸 지 오래된 사람이나 이미 인맥을 형성한 사람들은 신참에게 방을 비워주는 거죠. 이제까지 추이를 봤을 때 방문자들 중에 15퍼센트는 눌러앉고, 50퍼센트는 떠났다가 다시 돌아옵니다. 여전히 도시에 거주하면서 하던 일을 계속 하더라도 이미 가슴에 어떤 씨앗이 싹튼 거예요. 이들은 결국 도시를 떠나기까지 6개월이 걸릴지 2년이 걸릴지 모르지만, 방디아가 됐든 제3의 장소가 됐든 이미 새로운 인생 프로젝트를 시작한 겁니다." 게다가 농촌이 고령화되고 시골의 공공 서비스(건강, 교통, 행정 등)가 무너지고 있기 때문에 '세상의 다음' 젊은이들은 특유의 기발한 아이디어들과 함께 지역에서도 환영을 받는 편이다. "관청에서 우리에게 미니밴을 한 대 사서 연대택시*를 해볼 생각이 없냐고 묻기도 해요." 하지만 이들은 여섯 구획의 드넓은 토지 위에 수십 개의 작업장과 퍼머컬처 경작지도 관리해야 하고, 나무 접목과 식목까지 합하면 할 일이 태산이다. 몇 개월 안에 '세상의 다음'은 다른 상상코뮌들을 더 열 예정이고, 버려진 섬들, 이를테면 르아브르**와 파리 사이에 센강을 따라 줄지어 있는 그런 섬들에 투자할 계획이다. 그리고 2020년이 가기 전에 스트라스부르나 메스 인근, 드롬, 오드프랑스, 브르타뉴 등지에 상상코뮌 최소 20곳을

---

*　　지방 소도시들에서 노인 취약계층을 대상으로 낮은 가격에 제공하는 택시 서비스.

**　　프랑스 북서부 노르망디 레지옹에 위치한 항구 도시.

세우는 것을 목표로 하고 있다. 이 모든 것은 조애나 메이시가 말한 "악천후 네트워크"*를 프랑스 전역에 촘촘히 연결해나가는 데 기여할 것이다.

소박하게

2020년 2월. 내 친구 패트릭과 함께 과일밭을 하나 샀다. 정확하게는 사과나무 다섯 그루, 벚나무 네 그루, 자두나무 세 그루, 배나무 두 그루, 그리고 아, 행복하게도 복숭아나무 한 그루까지 총 열다섯 그루의 과일나무를 사들인 것이다. 그리고 운명의 날이 오고야 말았으니, 우리끼리는 도대체 어떻게 해야 할지 몰라 음력 날짜를 확인한 뒤에 대형 주말 행사를 기획해버린 것이다. 그러니까, 전문가들의 노하우, 마냥 신이 난 파리지앵들의 열정, 한창 새 삶을 모색 중인 전환파들의 호기심, 이웃들의 호의, 그리고 일면식도 없는 이들의 친절까지 한데 버무려 참여형 작업장을 연 것이다. 그렇게 해서 우리는 2월 중순의 희미한 햇볕 아래 전지가위를 손에 들고 자두나무와 사과나무를 구분하는 법에서부터 곁가지와 열매가 주렁주렁 매달릴 가지를 구분하는 법, 심지어 튼실한 가지와 병약한 가지를 가려내는 법까지 배웠다. 과일밭

---

* réseau des tempêtes. 사회변혁을 위해 일하는 사람들이 정부나 기업, 우파 근본주의자들의 탄압 속에서 서로 공고히 연결되고 지원하는 시스템을 말한다.

에서 일하다 보니 어린 시절, 고향에서 시끌벅적하게 보내던 수확기가 떠올랐다. 설익은 자두를 너무 많이 먹는 바람에 배탈이 나서 고생하던 일, 겨울에 맛보던 칵테일 체리, 그리고 갓 수확한 열매들을 오후마다 구리 솥에 끓여 마침내 마을 축제에서 접시에 올리던 일까지. 어떤 이들은 여기서 단순히 과일 바구니 정도를 떠올리겠지만, 나는 여기서 식량 자립의 시초를, 주전부리의 정치화를, 그리고 상부상조와 협동의 시작을 본다. 물렀거라, 생태 불안! 이번 여름에 우리는 직접 과일을 따먹는다. 그것도 친구들과 함께! 나무 열다섯 그루는 대단하지 않지만, 사실 세상 모든 궁궐보다 값지다. 이 나무들을 '갖고', 돌보고, 이들에게 도움을 구하는 것은 분주한 활동 속에서의 고립을 깨뜨린다. 주말이라는 시간 동안 이 슬프도록 낭만적인(한겨울인데도 자두나무는 꽃이 피어 있었다) 과일밭은 또한 정치적 아고라가 되었고, 녹색을 지지하는 회합의 장소가 되었다. 그전까지 나는 나무를, 그 형태와 주변을, 그 애씀을, 태양을 향한 갈구와 거기에 돋아난 버섯들을, 그의 고단함과 그에게 찾아드는 손님들을 그토록 유심히 바라본 적이 없었다. 과연 내가 포도나무를 보면서 그 극성맞은 인동덩굴을 좀 걷어내주고 싶다고 생각한 적이 있던가? 층층나무가 무엇이고 그 새순들을 어느 정도나 억제해야 하는지 어디서 배워봤을까? 봉쇄 기간 동안 이 800평방미터 규모의 밭은 내가 오랫동안 경험해보지 못한 최고의 아름다움으로 다가왔다. 나는 벚나무의 작고 흰 꽃을, 그보다 섬세한 배나무 꽃과 사과나무의 붉은 꽃부리, 그리고 복숭아나무의 자홍색 꽃을 몇 시간이고 하염없이 바라보았다. 그곳에 아침마다 머물렀고, 오후나 저녁에도 또 나와 앉아 있었다. 그럴 때마다 자기 소유지를 둘러보는 땅주인의 유치한 기쁨을 만끽했다. 그곳에 조화롭게 존재하는 그 어떤 것도 실제로 소유하지 않는 '주인'의 기쁨이었다. 이 과일밭 때문에 나는 이제 일기예보를 꼬박꼬박 확인한다. 무엇보다 기온이 너무 낮아서 벌들이 고흐의 화폭에 담겨도 손색이 없을 이 꽃무리에서 꿀을 모으지 못할까 봐 걱정이 돼서다. 또 과일밭은 나름대로 인간의 바보짓을 상기시켜주기도 한다. 어떤 바보들이, 산딸기나무 20여 그루와 세이보리 식물 잔뜩, 그리고 카레에 넣어 먹으면 끝내주는 허브까지 몰래 뽑아가버린 것이다. 내가 볼 때 이런 유행병은 빠른 시일 내에 근절되기는 어려울 것 같다.

앞으로 사과 300킬로그램과 체리 150킬로그램, 거기다 자두까지 잔뜩 저장해야 할 텐데, 그게 어떻게 이토록 생각만 해도 가슴 뛰게 좋을까? 언젠가 '보관' 때문에 한걱정 할 날이 오리라고 상상이나 해봤던가? 건조장도 필요하고 항아리도 장만해야겠지. 과실주를 담글까? 아니면 마음의 평화를 위해 지금 이 순간에 닻을 내려야 하는 걸까? 과일 압착기, 솥, 유리병도 필요하지 않나? 지금 2020년, 과일 조림을 한다는 것은 곧 기쁨의 한 방식이고, 또한 성치의 한 방식이기도 하다. 내가 실천의 순진한 낙관주의에 빠진 걸까? 우리가 이 과일밭을 '처분해' 주겠다고 했을 때 원래 주인이 속 후련해하던 것을 떠올리면 웃음을 참기가 어렵다. 이 세상에서는 남의 무지가 곧 나의 행복이라는 사실!

이 과일밭은 생명의 신비와 상부상조의 놀라운 능력, 그리고 무지에서 되찾은 힘을 응축한다. 과일밭 덕분에 나는 확실하게 행복한 사람들 편에 들게 되었다.

품위 있는 마무리를 위하여

나이가 들면서, 죽을까 봐 두렵기보다는 '잘' 죽지 못할
까 봐 더 두렵다. 젊어서는 사는 것도 죽는 것도 별로 두
렵지 않았던 것 같다. 세상 어리석은 짓도 곧잘 저질렀
고, 마치 내일이 없는 사람처럼 놀고 마시고 놀고 마시고
또 마셔도 괜찮았다. 사실 내일이 없는 사람이어서가 아
니라, 내일이 없을 리 없다고 믿는 사람이어서 그랬을 것
이다. 나에게 내일이, 또 그다음 내일이 언제까지 이어질
지 모르지만, 이제는 적어도 단정하고 추하지 않은 '마무
리'가 얼마나 중요하고 또 쉽지 않을지 짐작한다.

엄마가 가벼운 당뇨를 앓는다. 심각해지지 않으려면
단 음식을 멀리하고 정갈한 식이요법을 유지해야 하지
만, 달고 기름진 음식을 좋아하는 일흔 남짓의 노인은 종
종 이렇게 말한다. "내가 살면 얼마나 더 살겠다고. 먹고
싶은 거는 그냥 먹을란다." 드세요, 너무 많이는 말고,
라며 나는 엄마의 욕구를 편들지만, 가끔은 섬뜩한 경고
를 참지 못한다.

"오늘 맛있는 거 먹고 내일 숨이 꼴깍 넘어가면 별
로 억울하지 않을 거예요. 근데 우린 그렇게 쉽게 죽을
수 없는 거 알죠? 오래오래 몸고생 마음고생 하면서 질
질질…."

그러면 엄마는 설탕 덩어리 프림 커피를 당분간, 죄책감을 느끼며 마신다.

코로나19 바이러스는 모두에게 그랬듯이 내게도 적잖이 충격이었다. 유럽 대다수 나라들처럼 프랑스도 모든 상업시설, 공공시설, 교육시설을 폐쇄하고 이동제한령을 발동했다. 사람들은 이 유례없는 조치가 시행되기 직전 슈퍼마켓 생필품 코너로 몰려갔고, 여건이 되는 이들은 파리를 탈출해 지방으로 몰려갔다. 그런가 하면 대다수 서민들이 파리의 비좁은 아파트에서 감금생활을 하는 동안 좀 '사는 이들'은 시골 별장으로 내려가 텃밭에서 얼쩡거리며 자연과 가까이 하는 삶이 얼마나 아름다우냐고 감격에 겨워하다가 빈축을 사는 일도 많았다. 파리에 정착한 지 1년 남짓밖에 되지 않았던 나는 동네 슈퍼마켓 매대에 쌀과 국수 따위가 빠르게 동이 나는 것을 보고는 황급히 시내 대형 아시아 마트로 향했다. 이동제한 하루 전이었다. 워낙 사재기니 뭐니 하는 뉴스에 발빠르게 대처하는 바지런한 성격이 아니지만, 이때는 마냥 모른 체하기 어려웠다. 낯선 나라에서 아는 사람도 거의 없고 자가용도 없는데 정말로 어떤 사달이 난다면 어린 두 아들을 보호할 방법이 없을 것 같았다. 영화처럼 아비규환이 될지도 몰랐다. 핸드 캐리어에 쌀자루와 라면 따위를 미어지게 사 담아가지고 집으로 돌아오는 길에, 나는 '문명 붕괴'에 대한 막막하고도 실질적인 공포가 가슴 밑바닥에 부옇게 차오르는 것을 느꼈다.

2020년 봄, 꼼짝없이 집에 갇힌 채 생태 관련 기사와 도서들을 찾아 읽기 시작했다. 아니, 찾았다기보다는 프랑스 주요 언론들이 봇물처럼 쏟아내던 지구 위기와 이른바 '붕괴론'에 관한 기사들을 쫓아 읽었다. 무엇보다 학교에 가지 못하는 아이들에게 뭐라도 설명해주고 싶었다. 그러다 파블로 세르비뉴와 라파엘 스티븐스의 『어떻게 모든 것이 붕괴할 수 있는가?』를 읽었고, 다시 로르 누알라의 『지구 걱정에 잠 못 드는 이들에게』를 읽었다. 이들과의 만남은 코로나 19와 이동제한이 내게 준 선물이었다. 이제 나는 아이들에게 우리가 사는 세상이 지금과 같이 오래 지속되기는 어려울 것이고, 인간은 앞으로 원시에 가까운 상태로 살아가야 할지도 모른다고, 그렇지만 그 '종말'이 아포칼립스 영화들처럼 한 순간에 모든 것이 끝장나는 방식으로 오지는 않을 거라고 설명할 수 있게 되었다. 열 살이던 두 아이는 인간이 어찌됐든 더 착한 방식으로 살아갈 수밖에 없는 것이 종말이라면 그런 종말은 빨리 왔으면 좋겠다고 기뻐했다. 물론 나는 그 붕괴의 과정 속에서 우리가 오래오래 몸고생 마음고생 하면서 질질질… 고통을 겪다 가리라는 설명은 덧붙이지 않았다.

누알라의 이 책이 내게 위로가 되었던 것은 그녀가 우리가 이렇게 하면, 또는 저렇게 하면 붕괴를 모면할 수 있으리라고 조건부 희망을 제시하는 대신, 붕괴가 이미 진행 중인 임연한 현실임을 확실히 보여주는 데서 시작하기 때문이었다. 인간 세상이 끝장난다는 데 무슨 위로가 되느냐고? 현실을 직시하고 인정하는 데는 묘한 쾌감과 이루 말할 수 없는 해방감이 따른다. 우리가 조금만 더 절제하고 조금만 더 열심히 노력하면 앞으로도 지금처럼 넉넉히 누리고 소비할 수 있을 거라고 속삭이는 '희망 고문'은 꼴찌에게 일등할 수 있다고 바람을 넣는 것만큼이나 허황되고 억압적이다. 어쩌라고, 난 이미 글렀는데.

현실을 온전히 인정하는 이 해방감 때문일까? 저자는 15년 경력 환경 전문 기자답게 풍부한 현장 경험과 온갖 연구 자료를 토대로 무너져가는 세계의 암울한 풍경을 묘사하지만, 그녀의 문장에서는 자주 깔깔거리는 웃음소리가 난다. 글러버린 인간 종에 대한 일종의 자학 개그랄까? 그녀 스스로 "유머는 절망의 예의"라는 유명한 정의를 인용하듯이, 저자의 유머는 절망의 한 절제된 표현이자, 붕괴의 시대를 살아가는 동료 인간들에 대한 따뜻한 연대의 손길이다. 당신이 지구 걱정에 잠 못 이루는 것은 너무나 당연하다고, 산불과 홍수와 가뭄과 해수면 상승과 폭염과 식량난과 자원고갈과 더욱 심화되는 경제적 불평등을 생각하며 만성적인 마음고생에 시달리는 것은 너무나 당연하다고, 그러니 이제부터는 우리와 우리 이웃들의 정신 건강을 잘 살피는 게 앞으로의 지난한 투병 과정을 버텨내는 가장 중요한 덕목이라고 우리를 다독인다.

붕괴의 현실을 인정하는 것이 어차피 죽을 테니 그냥 먹고 싶은 대로 먹고 쓰고 싶은 대로 쓰다 가자는 비관론은 결코 아니다. 오히려 그 반대다. 붕괴하는 것은

349

생명 그 자체가 아니라 우리 인간들이 세워온 허황된 환상들일 뿐이므로, 그 환상에 대한 희망을 버리는 것이야말로 진정한 변화의 시작이고, 더 큰 생명에 합류하는 구원의 시작이라는 뜻이다. "희망은 복종의 끈"이라고 라울 바네겜Raoul Vaneigem이 말했듯이, 환상을 유지할 수 있으리라는 희망은 우리를 현재의 시스템에 계속 복종하게 하는 굴레가 될 뿐이다. 그래서 저자는 우리가 이미 글렀다고 말하지만, 바로 그 지점에서 우리의 새로운 역할이 시작됨을 알린다. 희망을 버리되 비관하지 않는 저자의 이 태도는 생태 위기에 관한 그 어떤 무서운 경고보다 강력하게 지구 걱정인들의 무거운 엉덩이를 들썩이게 한다. 이렇게 지당하게. "이건 우리의 품위가 걸린 문제다. 공동으로 세든 지구에서 이만큼 난장을 피웠으면, 떠나기 전에 조금이라도 치우고 가야 할 것 아닌가."

지구 걱정에 잠 못 드는 이들에게

초판 1쇄 발행 2023년 4월 5일
초판 2쇄 발행 2023년 5월 25일

지은이 로르 누알라
옮긴이 곽성혜
펴낸이 이슬아
디자인 이슬아, 최진규
교정 교열 최진규
표지 그림 이영리
관리 장복희, 이상웅
제작 · 제책 세걸음

펴낸곳 헤엄 출판사
등록 2018년 12월 3일 제2018-000316호
팩스 050-7993-6049
전화 010-9921-6049
전자우편 hey_uhm_@naver.com

ISBN 979-11-976341-7-8 03450